Schwarmökonomie und Crowdfunding

Elfriede Sixt

Schwarmökonomie und Crowdfunding

Webbasierte Finanzierungssysteme im Rahmen realwirtschaftlicher Bedingungen

Springer Gabler

Elfriede Sixt
Bisamberg, Österreich

ISBN 978-3-658-02928-9 ISBN 978-3-658-02929-6 (eBook)
DOI 10.1007/978-3-658-02929-6

Die Deutsche Nationalbibliothek verzeichnet diese Publikation in der Deutschen Nationalbibliografie; detaillierte bibliografische Daten sind im Internet über http://dnb.d-nb.de abrufbar.

Springer Gabler

Gedruckt auf säurefreiem und chlorfrei gebleichtem Papier

Springer Gabler ist eine Marke von Springer DE. Springer DE ist Teil der Fachverlagsgruppe Springer Science+Business Media
www.springer-gabler.de

Vorwort

Anfang März 2014 erreichten die Finanzierungszusagen auf der momentan wohl bekanntesten U.S. Crowdfunding-Plattform Kickstarter[1] erstmals die Milliardengrenze in US-Dollar. Mehr als 5,7 Mio. Menschen aus der ganzen Welt (224 Länder)[2] haben sich in den letzten Jahren seit Gründung der Plattform im April 2009 bereit erklärt, Geld in innovative Projekte, die auf der Webseite von Kickstarter präsentiert wurden, zu investieren. Als die Plattform im dritten Quartal 2009 startete, haben gerade einmal 40 Leute am Tag insgesamt 1.084 US-$ investiert. Mittlerweile sammelt die Plattform pro Tag für die diversen Projekte 1 Mio. US-$ ein[3]. Obwohl die Plattform wohl vor allem für medienwirksame Projekte bekannt ist, wie die *Smartwatch Pebble* (April 2012) oder *Double Fine Adventure* (Februar 2012), die teilweise Millionenfinanzierungen erhielten, entfallen 98 % der erfolgreich finanzierten Projekte (über 156.000 bis Ende März 2014) auf Projekte mit einem Durchschnittsfinanzierungsvolumen von 6743 US-$, also auf kleine Projekte, bei denen die Finanzierung vor allem von den Fans und Freunden des Projektinhabers initiiert und unterstützt werden.[4]

Obige Zahlen versinnbildlichen sehr gut das inzwischen weltweit auftretende Phänomen Crowdfunding. Einerseits wird das immense Wachstum dieser alternativen Finanzierungsform – bei dem der Einzelne die Finanzierungs- oder Spendenentscheidung trifft – offensichtlich, andererseits wird auch deutlich, dass es vor allem die kleinen Finanzierungs- oder Spendenentscheidungen bei den vielen Projekten sind, die Crowdfunding – in welcher Ausprägung auch immer[5] – ausmachen.

[1] https://www.kickstarter.com/. Zugegriffen: 25. März 2014.

[2] Kickstarter heimst Zusagen von 1 Mrd. US-$ ein, http://www.golem.de/news/crowdfunding-kickstarter-heimst-zusagen-von-1-milliarde-us-dollar-ein-1403-104902.html. Zugegriffen: 15. März 2014.

[3] Aaron Souppouris: „Kickstarter celebrates over $ 1 billion in pledges from 5.7", veröffentlicht auf The Verge, am 3. März 2014, million people http://www.theverge.com/2014/3/3/5465232/kickstarter-1-billion-dollar-announcement. Zugegriffen: 15. März 2014.

[4] Christopher Mims und David Yanofsky: „How Kickstarter users raised nearly $ 1 billion: The really long tail of crowdfunding", veröffentlicht am 6. März 2014, http://qz.com/184019/how-kickstarter-users-raised-nearly-1-billion-the-really-long-tail-of-crowdfunding/. Zugegriffen: 15. März 2014.

[5] Ob jetzt Crowdlending, spendenbasierendes, reward- oder equitybasierendes Crowdfunding.

Die neuen für Viele nun verfügbaren technischen Kommunikations- und Vernetzungsmöglichkeiten durch das Web 2.0 resultieren in einer noch nie dagewesenen Mündigkeit des Konsumenten und einer neu definierten Selbstbestimmung des Bürgers (digitale Demokratisierung). Crowdfunding bildet damit auch die digitale Entsprechung zu wahrnehmbaren analogen Tendenzen, wie Rekommunalisierung und der Renaissance des Genossenschaftsgedankens. Die solidarische Ökonomie im Web 2.0 ist offensichtlich ein zentraler Bereich für das bürgerschaftliche Engagement der Zukunft (Warner, 2013).

Verstärkt wurde diese Entwicklung einer alternativen Finanzierungsform wohl auch durch die Subprime-Krise 2008, denn während durch die Strukturkrisen der Staaten und Banken die Volkswirtschaften gelähmt waren, konnte im World Wide Web eine evolutionäre *Graswurzel*-Entwicklung stattfinden, die zunächst relativ unbemerkt blieb.

Graswurzelbewegung ist die wörtliche Übersetzung des englischen „grass-roots movement", das eine politische oder gesellschaftliche Initiative bezeichnet, die aus der Basis der Bevölkerung entsteht. Der deutsche Terminus ist Basisbewegung.[6]

Die anhaltende Vertrauenskrise des traditionellen Finanzsystems unterstützt das Wachstum des Phänomens Crowdfunding und bewirkt, dass *schwarmbasierte* Finanzierung mittlerweile auch von der Europäischen Kommission und den Finanzaufsichtsbehörden weltweit als alternative Finanzierungsmöglichkeit für innovative und kreative Projekte betrachtet wird.

Crowdfunding ist keine Revolution, sondern entspricht dem vom österreichischen Ökonomen Josef Schumpeter formulierten Prinzips der *kreativen Zerstörung*.

Joseph Alois Schumpeter (* 8. Februar 1883 in Triesch, Mähren, österreichische Reichshälfte von Österreich-Ungarn; † 8. Januar 1950 in Taconic, Connecticut, USA) war ein österreichischer Ökonom und Politiker. Er nahm 1925 die deutsche und 1939 die US-Staatsbürgerschaft an.
In seinem Frühwerk *Theorie der wirtschaftlichen Entwicklung* (1911) stellt er sich dem Problem, die wirtschaftliche Entwicklung des Kapitalismus zu erklären. In seinem späten Opus *Kapitalismus, Sozialismus und Demokratie* (1942) geht er auch auf gesellschaftspolitische Implikationen ein. Mit seinen umfangreichen Werken gilt er als einer der herausragenden Ökonomen des 20. Jahrhunderts.[7]

Neue Technologien schaffen neue Strukturen und neue gesellschaftliche Anordnungen. Insofern ist Crowdfunding lediglich eine logische entwicklungstechnische Reaktion auf die Krise der alten Finanzindustrie.

[6] http://de.wikipedia.org/wiki/Graswurzelbewegung. Zugegriffen: 25. März 2014.

[7] http://de.wikipedia.org/wiki/Joseph_Schumpeter. Zugegriffen: 25. März 2014.

Inhaltsverzeichnis

Der Wandel zur Mitmachgesellschaft 1

"What is historically novel, with considerable consequences for social organization and cultural change, is the articulation of all forms of communication into a composite, interactive, digital hypertext that includes, mixes, and recombines in their diversity the whole range of cultural expressions conveyed by human interaction." – (Manuel Castells, Communication Power)

1.1 Strukturwandel von der Industrieökonomie hin zur Netzwerkökonomie

1.1.1 Entwicklung zur Informationsökonomie

Der Übergang von Kapital zu Wissen als wichtigstem Produktionsfaktor geht seit mehreren Jahrzehnten vor sich und hat bereits vor der weiten Verbreitung der Informations- und Kommunikationstechnologie eingesetzt.

Bereits 1968 beschreibt Peter Ferdinand Drucker, österreichischer US-Managementdenker, in seinem Buch *The Age of Discontinuity* Wissen als den wichtigsten Produktionsfaktor und prägte die Begriffe *Knowledge Society* and *Knowledge Economy*. Nach Peter F. Drucker (1968) ist die große Managementaufgabe dieses Jahrhunderts, Wissensarbeit produktiv zu machen, so wie es die große Aufgabe des vergangenen Jahrhunderts war, manuelle Arbeit produktiv zu machen.

Der amerikanische Zukunftsforscher Alvin Toffler (1983) definiert in seinem Buch *The Third Wave* den Übergang von der Industrie- zur Informationsgesellschaft als dritte Welle der gesellschaftlichen Entwicklung. Toffler identifiziert anhand der unterschiedlichen Muster der Rollenübernahme in der Produktion und Konsumation drei gesellschaftliche Zeitepochen: In der vor- und frühindustriellen Zeit war Produktion ursprünglich

E. Sixt, *Schwarmökonomie und Crowdfunding*, DOI 10.1007/978-3-658-02929-6_1 immer auf Selbstversorgung gerichtet. Jeder Produzent war zugleich Konsument seiner Produkte (*erste Welle*). Die Industrielle Revolution trennte die beiden Tätigkeitsprofile: Massenmarktproduktion stand im Vordergrund (*zweite Welle*: Zeitalter der Industrialisierung). Die *dritte Welle* führt in die sogenannte „Transmarkt-Gesellschaft", in der der Markt seine Dominanz verliert. Der Konsument wird Teil des Produktionsprozesses. Alvin Toffler führte in seinem Buch *The Third Wave* auch den Begriff *Prosument* ein. *Prosument* bezeichnet Personen, die gleichzeitig Konsumenten, also Verbraucher (englisch: „consumer"), als auch Produzenten sind und somit zu einem gewissen Grad auch zum Hersteller des Produkts werden. Im Rahmen der Personalisierung von Gütern gibt der Konsument (freiwillig) Informationen über seine Präferenzen preis, welche die Grundlage für die Erstellung des eigentlichen Gutes darstellen. Damit machen Massenprodukte und Massenkommunikation individualisierten Produkten Platz. Die Bereitschaft zur aktiven, freiwilligen Beitragsleistung durch den Konsumenten ist dabei durch das Aufkommen und die Durchsetzung neuer Wertvorstellungen motiviert. Die Werte Disziplin, Autorität und Gehorsam verlieren in der Transmarkt-Gesellschaft zugunsten der persönlichen Selbstbestimmung und Selbstbefreiung an Bedeutung.

Der Übergang von der Industriewirtschaft zur Informationsökonomie lässt sich durch den kontinuierlichen Anstieg der Anzahl der Informationsarbeiter im 20. Jahrhundert wissenschaftlich nachweisen. Weitere Indikatoren für die zunehmende Informationsintensität unserer Volkswirtschaft sind das gestiegene Ausmaß der Investitionen in Kommunikationstechnologie ebenso wie der exponentielle Anstieg des potenziell verfügbaren Speichervolumens an Daten und sonstigen gespeicherten Informationen der letzten Jahre.

1.1.2 Entwicklung zur Netzökonomie bzw. Internetökonomie

Seit der Entstehung des Internets (Ende der 60er Jahre) und dem darauf aufbauenden Word Wide Web (seit Anfang der 1990er Jahre) hat sich ein neues Medium des Informationsaustausches mit nie da gewesenen Möglichkeiten entwickelt. Die Infosphäre ist dabei entstanden aus der Verbindung von Kommunikations- und Informationstechnologie und umfasst heute Hunderte von Millionen von Informationsobjekten. Sie wird gespeist aus Daten und Prozessen, die in betrieblichen Informationssystemen aufgebaut wurden, Daten aus den durch PCs verbundenen Netzwerken und Tausenden von Online-Datenbanken. In dem Ausmaß wie die Interkonnektivität zwischen diesen Objekten zunimmt, sei es durch die Etablierung gemeinsamer Sprachen oder über Verbindungsdienste, wächst ihre Macht kombinatorisch (Meckel und Schmid 2008, S. 87).

Don Tapscott (1997) prägte in seinem Buch *Digital Economy* erstmals den Begriff digitale Ökonomie: Er definiert dabei digitale Ökonomie als Wissensökonomie, die von raschen globalen Innovationszyklen getrieben ist und auf Informationen in digitaler Form basiert, die in Netzwerken gespeichert sind.

Andere Autoren wiederum beschreiben mit dem Begriff Internet-Ökonomie eine auf einem digitalen Netz basierende Wirtschaft, die insbesondere durch die Leistungsexplosion der Informations- und Kommunikationstechniken geprägt ist.

Da der Begriff der Informationsgesellschaft die Änderung der Wirtschaft und Gesellschaft durch die Neuen Medien nicht mehr umfasst, spricht man neuerdings von einer digitalen Netzwerkökonomie. Die dabei entstandene neue Wirtschafts- und Gesellschaftsordnung weist dabei folgende konstituierende Merkmale auf (Stähler 2001):

1. Die digitale Informations- und Kommunikationstechnologie ist die Basistechnologie der digitalen Netzwerkökonomie. Diese Basistechnologie ist entstanden aus der Konvergenz von Informationstechnologie (Informationsverarbeitung) und Kommunikationstechnologie (Informationsübertragung).
2. Die Dematerialisierung setzt sich fort. Die Bedeutung von Wissen und Information nimmt weiter zu, sodass der Produktionsfaktor Arbeit bei Wissensarbeitern seinen Commodity-Charakter verliert.
3. Die Form von Informationen verändert sich. Sie liegen nicht mehr in Form passiver Informationsträger, wie z. B. Papier und Film vor; die Informationsträger der digitalen Netzwerkökonomie sind selbst aktive Wissensträger.
4. Diese aktiven Wissensträger sind durch Kommunikationsnetzwerke einerseits miteinander, andererseits aber auch mit menschlichen Agenten verbunden, sodass eine neue Infosphäre entsteht.
5. Die digitale Netzwerkökonomie ist eine potenzielle globale Ökonomie, da die Infosphäre nicht durch den Raum begrenzt ist.
6. Durch die schnelle Weiterentwicklung der zugrunde liegenden Basistechnologie kommt es zu einer Beschleunigung der wirtschaftlichen Entwicklung, da immer neue Anwendungsbereiche erschlossen werden.

1.2 Verhältnis der Unternehmen und der Kunden in der Netzökonomie

Die fundamentalen Änderungen, die die digitale Netzwerkökonomie auf das Verhältnis zwischen Kunden und Unternehmen hat, wurden von den Strategieberatern Don Tapscott und Anthony D.Williams (2006) in Form einer Studie erhoben und im Buch *Wikinomics* (2006) veröffentlicht:

Wiki bezeichnet dabei eine Software, die es den Nutzern ermöglicht, eine Website nicht nur anzuschauen, sondern zu verändern (siehe Abschn. 2. Definitionen und Phänomene des Web 2.0). Für die Autoren symbolisiert der Begriff *Wikinomics* aber vor allem den entscheidenden Paradigmenwechsel zu einem neuen Wirtschaftssystem: *...A wiki is more than just software for enabling multiple people to edit Web sites. It is a metaphor for a new era of collaboration and participation...*

Auch Don Tapscott und Anthony Williams erkennen, dass die im Wirtschaftssystem vor sich gehenden Änderungen verbunden mit den neuen technologischen Möglichkeiten zu einer erhöhten aktiven Involvierung des Kunden im Produktionsprozess führen.

Tapscott und Williams identifizieren drei sich wechselseitig verstärkende Faktoren als Auslöser dieses Prozesses:

- das Web 2.0 als neue Infrastruktur, die Massenkollaboration etc. erst ermöglicht;
- die Net Generation oder die Digital-Natives, die nun in großer Zahl in die Berufswelt drängen. Für die Netznutzer (Digital-Natives), die mit Internet, Mobiltelefonen und MP3-Playern aufgewachsen sind, sind Dinge wie Kooperieren, Teilen und Interagieren im Web selbstverständlich;
- sowie die stetig zunehmende Globalisierung, d. h. die potenziell globale Reichweite von allem und jedem.

Zusammen formieren diese Elemente den *perfect storm,* wie Tapscott und Williams sich ausdrücken. Von diesem *perfect storm* erwarten sich Tapscott und Williams eine Revolutionierung der Geschäftsprozesse. Dementsprechend müssen sich Firmen hinsichtlich Strategie und Architektur neu ausrichten. Im *age of participation* hat das einseitige Konkurrenzdenken ausgedient, die neue Maxime lautet *collaborate or perish*!

> …Thanks to Web 2.0, companies are beginning to conceive, design, develop, and distribute products and services in profoundly new ways. (…) The evidence continues to mount in support of our assertion that the corporation may be going through the biggest change in its short history…

Zusätzlich erlauben die dabei genutzten elektronischen Plattformen und Netzwerke hinsichtlich der Abwicklung von Informations-, Kommunikations- und Transaktionsprozessen eine massive Senkung der dabei anfallenden Kosten. Damit wird Internet zum Allgemeingut und zur Infrastruktur des 21. Jahrhunderts.

Tapscott und Williams gehen davon aus, dass als Konsequenz obiger Prozesse auch die Organisationsstrukturen künftiger Unternehmen auf Netzwerkdynamiken basieren. Hierarchie als vorherrschendes Ordnungsprinzip entspricht nicht mehr den reellen Gegebenheiten in Netzökonomien:

> …Throughout history corporations have organized themselves according to strict hierarchical lines of authority. (…) While hierarchies are not vanishing, profound changes in the nature of technology, demographics, and the global economy are giving rise to powerful new models of production based on community, collaboration, and self-organization rather than on hierarchy and control…

> …It takes a new kind of leader to have the confidence to give up control. (…) Networked models of collaboration and innovation can bring the prepared manager rich new possibilities to unlock human potential. But to succeed, one must challenge the conventional business

> wisdom that has companies and other institutions mired in twentieth-century thinking. (…) Leaders must think differently about how to compete and be profitable, and embrace a new art and science of collaboration we call wikinomics…

Eine damit einhergehende und bereits beobachtbare Veränderung ist, dass sich vor allem das traditionell interne Innovations-und Finanzierungsmanagement der Unternehmen externen Netzwerken öffnet. Es setzt sich langsam die Einsicht durch, dass Gebaren wie Offenheit, Zusammenarbeit und Interaktion nicht nur in der Wissenschaft, sondern auch für die Wirtschaft rentabel und produktiv sein können. Durch die Einbeziehung von Ideen potenzieller Kunden in einem sehr frühen Abschnitt eines Innovationsprozesses kann beispielsweise das Innovationsrisiko stark gesenkt werden.

Angelehnt an die von Don Tapscott und Anthony D. Williams in ihrem Buch *Wikinomics* entwickelten Ansätze: „*The new art and science of wikinomics is based on four powerful new ideas: openness, peering, sharing, and acting globally*" werden in der Wissenschaft vier hauptsächliche Prinzipien der Netzwerkökonomie identifiziert (Wippermann 2013): Connectivity, Collaboration, Coopetition und Co-Creation.

Diese vier Cs – alles Leitgedanken des Miteinanders – werden den Rahmen zukünftiger Wertschöpfung prägen.

1.2.1 Connectivity – Vernetze dich

Zugang zu Ressourcen und Kompetenzen stellen die Grundvoraussetzung für das Handeln im Netzwerk dar. Die Digital-Natives, die mit den Netzwerkmedien aufgewachsen sind, nutzen sie selbstverständlich. Es geht dabei für die Unternehmen jedoch nicht mehr darum, Aufmerksamkeit für ihr Produkt zu gewinnen, sondern darum, Beziehungen zu den Konsumenten aufzubauen. Die kleinste Einheit wird mit der Gesamtheit vernetzt. Der einzelne Adressat zählt – und das weltweit.

1.2.2 Collaboration – Verbünde dich

…Verbünde dich mit denen, die deine Ideale teilen… Die interaktiven Netzwerkmedien ermöglichen jederzeit einen Dialog unter den Menschen und zwischen Menschen und Unternehmen.

1.2.3 Coopetition – Trau dich

Durch die projektartige Zusammenarbeit, auch mit unterschiedlichen Adressaten, besteht die Möglichkeit, gemeinsame Ziele mit individuellem Nutzen zu vereinen.

1.2.4 Co-Creation – Öffne dich

Die Konsumenten-Demokratie des Internets erreicht die Unternehmen. Die Konsumenten wollen nicht mehr nur die Rolle der Käufer einnehmen, sie werden Partner bzw. Prosumenten des Unternehmers. Die Unternehmen und Marken werden gemeinsam neu definiert. Diese Veränderungen beginnen in dem virtuellen Raum des Internets und setzen sich in der realen Welt rasant fort. Es zeichnet sich eine Entwicklung von der eindimensionalen Ansprache von Unternehmen an ihre Stakeholder hin zu einer aktiven Einbindung aller Stakeholder ab.

Basierend auf obigen Prinzipien ermöglicht das Internet als Infrastruktur des 21. Jahrhunderts Geschäftsmodelle, die in kürzester Zeit ganze Branchenstrukturen verändern werden.

Literatur

Drucker PF (1968) The age of discontinuity. Harper & Row, New York

Meckel M, Schmid BF (Hrsg) (2008) Kommunikationsmanagement im Wandel: Beiträge aus 10 Jahren = mcminstitute. Gabler, Wiesbaden

Stähler P (2001) Reihe Electronic Commerce. In: Szyperski N, Schmid BF, Scheer A-W, Günther P, Stefan K (Hrsg) Geschäftsmodelle in der digitalen Ökonomie, 2. Aufl., Bd 7. EUL Verlag, St. Gallen

Tapscott D, (1997) The digital economy: promise and peril in the age of networked intelligence. McGraw-Hill, New York

Tapscott D, Williams AD (2006). Wikinomics: how mass collaboration changes everything. B & T, New York

Toffler A (1983) Die dritte Welle, Zukunftschance. Perspektiven für die Gesellschaft des 21. Jahrhunderts. (Übers The third wave, 1980). Goldmann, München

Wippermann P (2013) Die Zukunft der Gruendungsfoerderung – neue Trends und innovative Instrumente, Studie im Auftrag des Bundesministeriums für Wirtschaft und Technologie. Wie interaktive Netzwerke neue Möglichkeiten für die Gründungsförderung schaffen

2 Definition und Phänomene des Web 2.0

An increase of outsourcing with web services is nothing less than the start of what Scott Dietzen, CTO of BEA Systems, calls the Web 2.0, where the Web becomes a universal, standards-based integration platform. Web 1.0 (HTTP, TCP/IP and HTML) is the core of enterprise infrastructure –. (Eric Knorr (2003) zum Begriff Web 2.0…)

Der Begriff *Web 2.0* wurde im Dezember 2003 in der US-Ausgabe „Fast-Forward 2010 – The Fate of IT" der Zeitschrift CIO in dem Artikel „2004 – The Year of Web Services" von Eric Knorr, Chefredakteur des IDG Magazins InfoWorld erstmals gegenüber einer breiten Öffentlichkeit erwähnt (vgl. Knorr 2003).

Tim O'Reilly[1], Gründer des O'Reilly-Verlages, definiert den Begriff des Web 2.0 ähnlich wie Eric Knorr als eine neue Bewegung in der Computerindustrie hin zum Internet als Plattform.

Im Zuge der Analyse des neuen interaktiven Technologie- und Anwendungsangebotes sowie dem veränderten Nutzerverhalten der Internetteilnehmer prägte Tim O'Reilly den Begriff des Web 2.0 weiterführend:

> …the network as platform, spanning all connected devices, Web 2.0 applications are those that make the intrinisic advantages of that platform: delivering software as a continually-updated service that gets better the more people use, consuming and rmixing data from multiple sources, including individual users, while providing their own data and services in a form that allows remixing by others, creating network effects through architecture of participants and going beyond the page metaphor of Web 1.0 to deliver user experiences…

[1] Tim O'Reilly, Blogbeitrag: „What Is Web2.0, Design Patterns and Business Models for the Next Generation of Software" veröffentlicht am 30. September 2005, http://oreilly.com/web2/archive/what-is-web-20.html. Zugegriffen: 25. März 2014.

E. Sixt, *Schwarmökonomie und Crowdfunding,* DOI 10.1007/978-3-658-02929-6_2

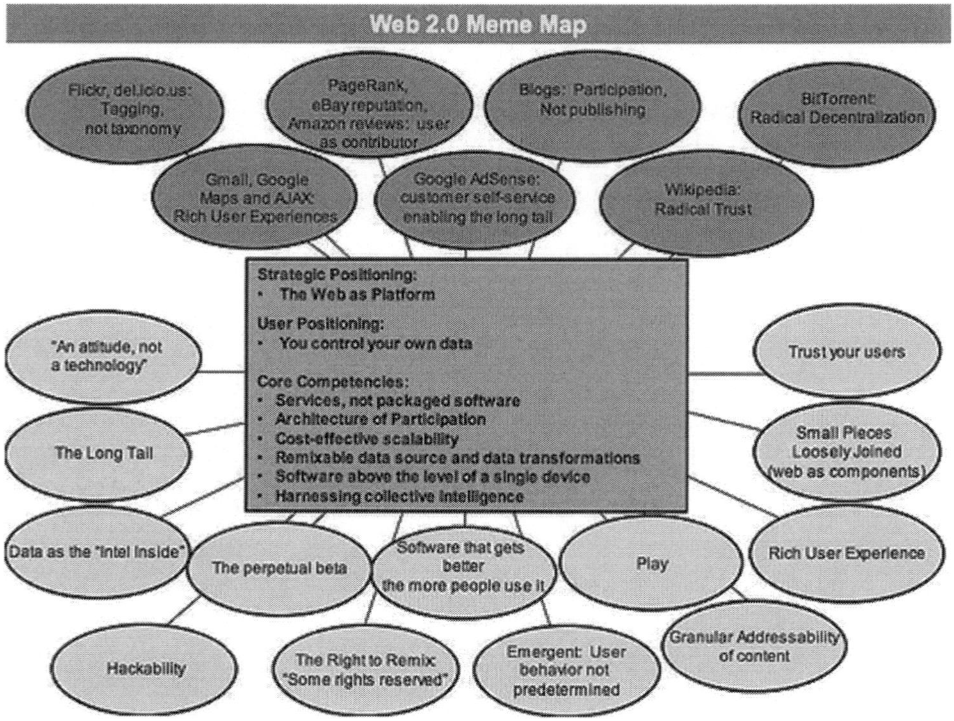

Abb. 2.1 Meme Map of Web 2.0 by Tim O'Reilly. (Quelle: Blog Readwrite veröffentlicht am 21. September 2005)

Zur Visualisierung der Charakteristika des Web 2.0 erstellte Tim O'Reilly in einer Brainstorming Session zum Thema Web 2.0 beim FOO Camp 2005 die in Abb. 2.1 dargestellte Meme Map[2], die eine Vielzahl von Ideen aufzeigt, die vom Web 2.0 Kern ausgehen.

Als grundlegendes Prinzip des Web 2.0 gilt der Mitmachgedanke, der vorher eher passive Internetnutzer bringt sich auf speziellen Plattformen aktiv ein und steuert eigene Inhalte bei (Partizipation, Vernetzung und Austausch). Mit dem Web 2.0 vollzieht sich die Änderung im Umgang mit dem Internet weg vom Abrufmedium hin zum Partizipationsinstrument. Vor allem das Thema Wissen bekommt durch den Mitmachgedanken des Web 2.0 eine völlig neue, nämlich kollektive Dimension verliehen Web 2.0 erleichtert nicht nur den Zugang und Austausch von Wissen beträchtlich, sondern motiviert auch ungemein, einen eigenen Beitrag zu leisten[3].

[2] http://readwrite.com/2005/09/21/web_20_meme_map#awesm=~oypygN3fkDyztK. Zugegriffen: 13. März 2014.

[3] Stefan Pfeiffer, Market Manager Lotus, IBM Software Group, Deutschland. http://www-03.ibm.com/press/de/de/pressrelease/39412.wss: Beitrag: IBM bringt Bildung 2.0 an die Universität, Zugegriffen 5.6.2014.

2.1 Soziale Medien

Andreas M. Kaplan und Michael Haenlein (2010) definieren Soziale Medien als eine Gruppe von Internetanwendungen, die auf den technologischen und ideologischen Grundlagen des Web 2.0 aufbauen und die Herstellung und den Austausch von nutzergenerierten Inhalten (User Generated Content) ermöglichen.

Bei den Sozialen Medien steht eine neue kollaborative Organisationsform im Mittelpunkt, die sich aus den Aktivitäten vieler im Web vernetzter Benutzer/-innen ergibt.

Mittels Theorien aus der Medienforschung (Medienreichhaltigkeitstheorie, Social-Presence-Theorie) und der Sozialforschung (Impression-Management, Self-Disclosure-Theorie), entwickelten Kaplan und Haenlein (2010) eine Klassifikation, die Soziale Medien in sechs unterschiedliche Gruppen einteilt:

- Kollektivprojekte (beispielsweise Wikipedia);
- Blogs und Mikroblogs (beispielsweise Twitter oder Tumblr);
- Content Communitys (beispielsweise YouTube);
- Soziale Netzwerke (beispielsweise Facebook);
- MMORPGs.

Ein *Massively Multiplayer Online Role-Playing Game* (auch „Massive" statt *Massively*, abgekürzt MMORPG, übersetzt *Massen-Mehrspieler-Online-Rollenspiel*) ist ein ausschließlich über das Internet spielbares Computer-Rollenspiel, bei dem gleichzeitig mehrere tausend Spieler eine persistente virtuelle Welt bevölkern können.[4]

- sowie soziale virtuelle Welten (Virtual Game Worlds und Virtual Social Worlds) (beispielsweise Second Life oder World of Warcraft).

Fred Cavazza, ein Journalist des Wirtschaftsmagazins Forbes, veröffentlicht jährlich eine aktualisierte Kartographie der Sozialen Medien[5] (Social Media Landscape) auf seinem Blog www.FredCavazza.net (Abb. 2.2)[6].

2013 nimmt Fred Cavazza bei Erstellung der Social Media Landscape erstmals eine Unterteilung in die vier Kategorien *Sharing, Discussing, Networking* und *Publishing* vor. Auch finden erstmals asiatische Soziale Medien Eingang in die Darstellung.

Facebook, Twitter und Google, als die größten Plattformen, finden sich im Zentrum des von Fred Cavazza dargestellten Social-Media-Ökosystems, aber viele Anwärter stehen in jeder Kategorie:

[4] http://de.wikipedia.org/wiki/MMORPG. Zugegriffen: 25. März 2014.

[5] Fred Cavazza: „The Social Media Landscape 2013", veröffentlicht am 17. April 2013 auf http://www.fredcavazza.net/2013/04/17/social-media-landscape-2013/. Zugegriffen: 13. März 2014.

[6] Zugegriffen: 25. März 2014.

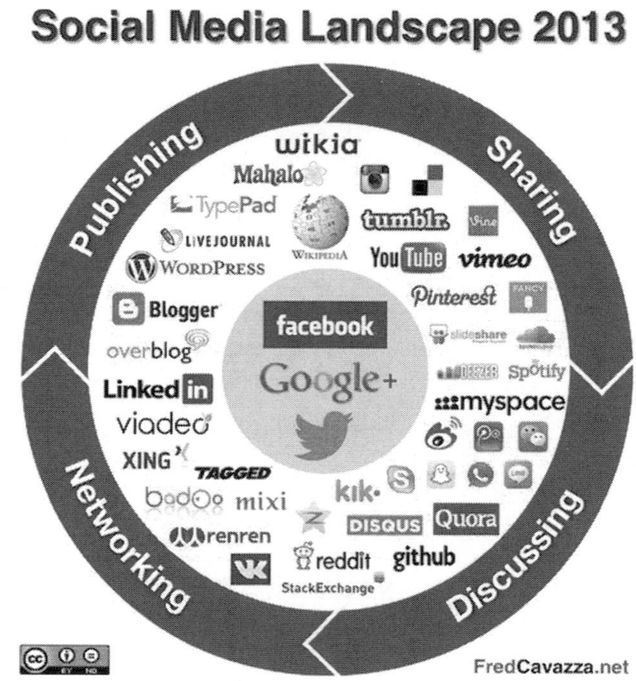

Abb. 2.2 Social Media Landscape 2013. (Quelle: Blog FredCavazza (www.FredCavazza.net))

...*Sharing-Dienste* für Bilder, Links, Videos, Musik, Produkte ... (Tumblr, Instagram, Pinterest, TheFancy, YouTube, Vimeo, Weinstock, Spotify, Deezer, Soundcloud, MySpace, Slideshare ...)

...*Diskussion* mit Wissensplattformen (Quoren, Github, Reddit, Stack ...), mobile Chat-Anwendungen (Skype, Kik, WhatsApp, SnapChat ...) und ihre asiatischen Kollegen (WeChat, Sina Weibo, Tencent Weibo, Kakaotalk, Linie, ...)

...*Networking* für B2C-Publikum (Badoo,..und Fachkräfte (LinkedIn, Viadeo, Xing, ...) sowie russische und asiatische Soziale Netzwerke (VKontakte, Qzone, RenRen, Mixi)

...*Veröffentlichen* (Publishing) mit Blogging-Plattformen (WordPress, Blogger, LiveJournal, TypePad, OverBlog ...) und Wikigemeinschaften (Wikipedia, Wikia, Mahalo ...).

2.1.1 Online Communities/Soziale Netzwerke: Kontakt- bzw. Beziehungsnetzwerke, beruflich (z. B. XING oder LinkedIn) oder privat (z. B. Facebook)

Nach Skibicki und Muhlenbeck (2008) versteht sich eine **Community** als eine Gruppe von Personen, die in sozialer Interaktion stehen, wobei der Austausch selbstgeschaffener Informationen oft den Schwerpunkt darstellt. Communities weisen oft gemeinsame Bindungen, beispielsweise durch gemeinsame Interessen, Ziele oder Aktivitäten auf und es wird zumindest zeitweise ein gemeinsamer Ort besucht (meist eine computergestützt erschaffene Webseite).

Communities sind demnach virtuelle Gemeinschaften, bei denen das Miteinander von hoher Relevanz ist. Im Unterschied zur Community weist ein **Soziales Netzwerk** durchschnittlich viel losere Bindungen auf. Bei einer Community liegt der Fokus auf der Gemeinschaft an sich, während in sozialen Netzwerken der Schwerpunkt vor allem auf der Selbstdarstellung der Akteure sowie auf den konzeptionell überwiegend schwachen Beziehungen zwischen den einzelnen Akteuren liegt.

In sozialen Netzwerken präsentieren sich Nutzer mit einem eigenen Profil und können vielfältige Funktionen zur Vernetzung, Kontaktpflege oder Kommunikation mit anderen Mitgliedern nutzen.

Das weltweit größte soziale Netzwerk mit über einer Milliarde Mitgliedern ist Facebook.

Mehrere Studien der letzten Jahre (ARD/ZDF-Onlinestudie 2011) haben ergeben, dass der Mitmachgedanke des Web 2.0 in erster Linie in privaten Communitys funktioniert. Innerhalb dieser Netzwerke wird aktiv partizipiert. Communitys sind für ihre Mitglieder netzbasierte Kommunikationszentralen, die um verschiedenste Dienste erweiterbar sind und die zudem die Funktionen anderer, eigenständiger Web 2.0 Anwendungen, wie beispielsweise Blogs oder Videoportale, in sich vereinen.

2.1.2 Soziale Netzwerke im Detail

Facebook
Am 4. Februar 2014 wurde Facebook zehn Jahre alt. Mit rund 1,2 Mrd. monatlichen Nutzern ist es das größte soziale Netzwerk weltweit. Laut einer BITKOM-Umfrage war Facebook im vergangenen Jahr 2013 auch in Deutschland das am meisten verwendete soziale Netzwerk: 56 % der deutschen Internetnutzer sind bei Facebook aktiv (BITKOM 2014). Mit Abstand folgen Stayfriends mit 9 % und Wer-kennt-wen mit 8 %. XING nutzen 7 % aktiv sowie Google+ und Twitter jeweils 6 %.

Auf dem Blog Allfacebook.de, dem inoffiziellen Facebook-Blog, werden Statistiken[7] geführt zur weltweiten Nutzung von Facebook. Mit Stand zum 15. Juni 2013 stellt sich die Nutzung von Facebook laut Abb. 2.3 wie folgt dar:

Microblogging (Twitter)
In den letzten Jahren hat Microblogging seine Stellung in den sozialen Netzwerken auf globaler Ebene ausbauen können. Im Oktober 2011 erreichte Twitter einen von zehn Internetnutzern weltweit und konnte sein Wachstum gegenüber dem Vorjahr somit um 59 % steigern. Ende des 2. Quartals 2013 wies Twitter 169 Mio. registrierte Nutzer weltweit auf.

[7] http://allfacebook.de/userdata/. Zugegriffen: 13. März 2014.

	Land	Nutzer	Entwicklung	+/-%
	Welt	1.060.627.980	+78.021.500	+7,94 %
1.	USA	168.000.000	+9.077.140	+5,71 %
2.	Brasilien	76.000.000	+4.135.140	+5,75 %
3.	Indien	72.000.000	+8.207.320	+12,87 %
4.	Indonesien	54.000.000	+6.028.560	+12,57 %
5.	Mexiko	46.000.000	+3.428.640	+8,05 %
6.	Großbritannien	34.000.000	+2.869.740	+9,22 %
7.	Türkei	34.000.000	+1.224.760	+3,74 %
8.	Philippinen	32.000.000	+1.715.180	+5,66 %
9.	Frankreich	28.000.000	+2.607.800	+10,27 %
10.	Deutschland	26.000.000	+1.029.900	+4,12 %

Abb. 2.3 Nutzerzahlen für Facebook. (Quelle: Blog Allfacebook)

In Deutschland ist die Nutzung von Twitter 2013 stark angestiegen gegenüber den Vorjahren. Mit insgesamt 3,89 Mio. Nutzern ab 14 Jahren – dies ist ein Zuwachs um 87 % gegenüber 2012 – weist der Dienst zwar deutlich weniger Nutzer auf als Facebook, aber mehr als jede weitere Community. Insgesamt haben 7 Prozent der Onliner ab 14 Jahren ein Profil bei Twitter, auch hier eher Jüngere (14- bis 29-Jährige: 14 %). Nur knapp ein Drittel der Twitternutzer setzt allerdings selbst Tweets ab, der überwiegende Teil der Nutzerschaft bleibt passiv (ARD/ZDF-Onlinestudie 2011; Abb. 2.4).

2.1.3 Analyse der Nutzerstrukturen

Laut einer Presseaussendung von BITKOM (Bundesverband Informationswirtschaft, Telekommunikation und neue Medien e. V.) (BITKOM 2013) haben 2013 Dreiviertel aller deutschen Internetnutzer (78 % der Gesamtbevölkerung) bei zumindest einem sozialen Netzwerk ein Profil, zwei Drittel (67 %) nutzen soziale Netzwerke aktiv. Das entspricht knapp 37 Mio. Deutschen. In den jüngeren Altersklassen ist die Nutzung auf hohem Niveau weiter leicht gewachsen. So sind 76 % der 30- bis 49-jährigen Internetnutzer bei einem sozialen Netzwerk angemeldet. 2011 waren es 72 %.

Bei den 14- bis 29-jährigen Internetnutzern sind es 90 %. Diese nutzen diese Dienste auch am häufigsten. Knapp 93 % der jüngeren Internetnutzer sind bei mindestens einem Dienst angemeldet.

Von den 50- bis 64-jährigen Internetnutzern sind gut zwei Drittel (68 %) bei mindestens einem der Dienste angemeldet. 2011 waren es nur 60 %. Bei den über 65-jährigen Internetnutzern ist der Anstieg noch größer. Vor zwei Jahren waren 40 % von ihnen bei sozialen Netzwerken angemeldet, 2013 sind es mittlerweile 66 %.

Unter den Erwerbstätigen sind Freiberufler und Selbstständige am häufigsten bei sozialen Netzwerken registriert. 84 % von ihnen haben ein Profil bei einem der Dienste. Bei

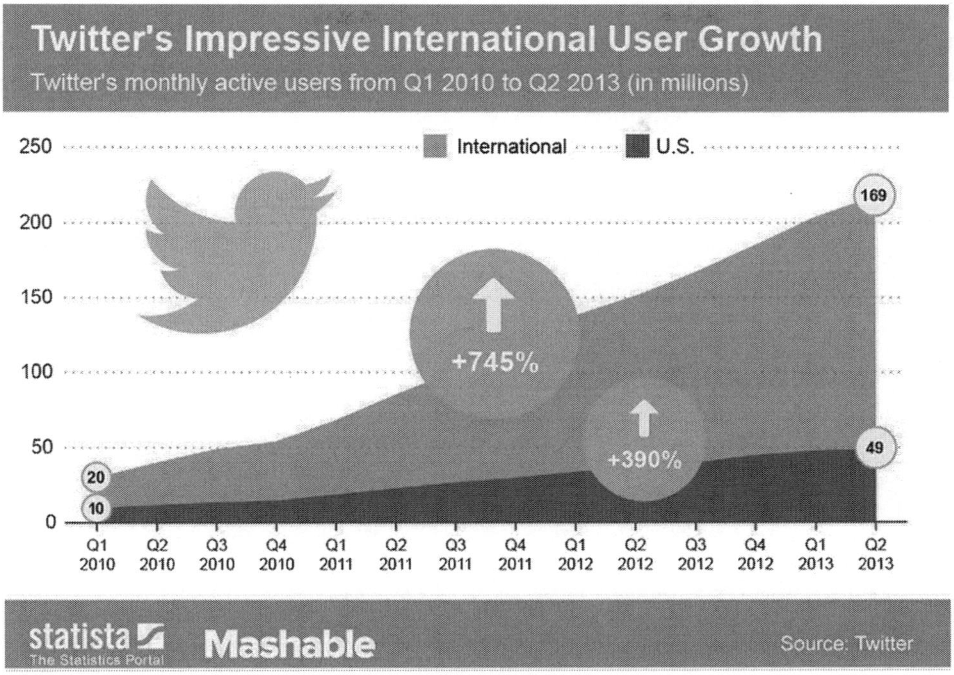

Abb. 2.4 Nutzerzahlen von Twitter. (Quelle: Richter 2013)

den Angestellten, die das Internet nutzen, sind es 77 %. Beamte sind dagegen seltener in sozialen Netzwerken anzutreffen. 70 % von ihnen sind bei entsprechenden Diensten angemeldet, bei den Arbeitern sind es mit 68 % kaum weniger.

Im Oktober 2011 rangiert soziales Netzwerken als beliebteste Nutzung des Internets auf Platz 1. Fast eine von fünf Onlineminuten (19 % der gesamten Onlinezeit) werden auf Social-Networking-Seiten verbracht – ein rasanter Anstieg gegenüber den Vergleichszahlen aus März 2007. Damals wurde nur 6 % der Onlinezeit für das Social Networking aufgewendet (Abb. 2.5).

Unterschiede Männer/Frauen

Interessant ist, dass es im deutschsprachigen Raum bei der Nutzung Sozialer Netzwerke keinen nennenswerten Unterschied zwischen den Geschlechtern gibt: 78 % der männlichen Internetnutzer sind bei mindestens einem Sozialen Netzwerk angemeldet. Bei den Frauen sind es 77 %. Gegensätzlich verhält es sich in den Vereinigten Staaten, wo der Nutzungsgrad der Sozialen Medien bei den Frauen massiv höher ist[8]:

[8] Philip Roth, Blogbeitrag: „Facebook Nutzerzahlen in Deutschland und Weltweit“ veröffentlicht am 15. Juni 2013, http://allfacebook.de/userdata/. Zugegriffen: 13. März 2014.

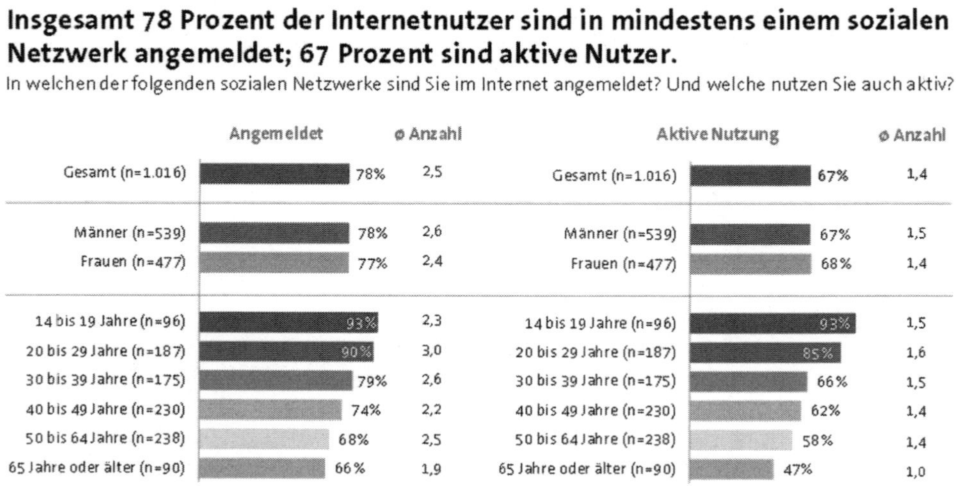

Abb. 2.5 BITKOM-Studie zur Nutzung der Sozialen Netzwerke 2013. (Quelle: BITKOM 2013)

- 75 % der weiblichen Internetnutzerinnen der USA nutzen soziale Netzwerke (wie Facebook), bei Männern sind es hingegen nur 63 %[9]
- Frauen nutzen soziale Netzwerke deutliche aktiver (bezogen auf die Zeit, in der sie dort online sind)
- 86 % der nordamerikanischen Frauen haben einen Social-Media-Account/ein Social-Media-Profil
- durchschnittlich werden 2,2 Accounts/Profile geführt
- 81 % nutzen Facebook
- durchschnittlich werden zwölf Stunden/Woche für Aktivitäten in den Sozialen Medien genutzt
- 19 % der nordamerikanischen Frauen sagen, dass sie ihren besten Freund/ihre beste Freundin nur über Facebook oder Twitter kennen.

Weltweit wurden 2013 statistisch je Sekunde

- zwei Blogs gegründet,
- 30 Domains registriert,
- 3.400 Google-Suchen gestartet und
- 5,3 Mio. Sofortnachrichten verschickt.

[9] Blogbeitrag auf Social Media Statistiken zu Nutzerzahlen Facebook und Twitter: http://www.socialmediastatistik.de/monatlich-aktive-nutzer-bei-twitter-wachsen-weniger-stark/#more-2254.

2.2 User Generated Content (UGC)

Ein User Generated Content (UGC) erfüllt laut OECD (2007)[10] folgende Kriterien: i) es handelt sich um einen über das Web publizierten Inhalt, ii) mit einem gewissen Anteil an Kreativität und iii) der Inhalt wurde außerhalb professioneller Routinen erstellt.

Beispiele von UGCs sind Kommentarfunktionen in Blogs, Nutzervideos auf Videoportalen, wie YouTube und Clipfish, Webforen, Social Bookmarking Services, wie Technorati und digg.com.

Der Begriff „User Generated Content" ist erst im Zusammenhang mit dem Begriff Web 2.0 entstanden. Einige Websites mit UGC sind in den letzten Jahren rasant gewachsen (z. B. MySpace, Flickr, YouTube). Dazu gehören auch Webseiten der Wikimedia mit dem Projekt der freien Enzyklopädie Wikipedia. Der Anstieg ist vor allem durch die verbesserten technischen Entwicklungen des Internets der letzten Jahre, aber auch durch sinkende Kosten für Speicherplatz, und Computer-Ausrüstung erklärbar und bedingt. Einen großen Beitrag hat sicher auch die zunehmende Verfügbarkeit von Breitbandanschlüssen geleistet.

Anzumerken ist hier, das lt. einer ARD/ZDF-Oninestudie (2011) nur rund 30 % der deutschen Internetuser entweder stark oder zumindest eingeschränkt daran interessiert sind, sich aktiv einzubringen in den Onlinecommunites, wobei vor allem die Generation der Digital-Natives eigene Inhalte im Netz bereitstellt. Hinsichtlich der aktiven Teilnahmebereitschaft gibt es aber deutliche Unterschiede zwischen den diversen Web 2.0 Angeboten.

2.3 Prinzip des Long Tail

The Long Tail (englisch für „Der lange Schwanz") ist eine auf den Arbeiten von Malcolm Gladwell aufbauende Theorie.

Malcolm Gladwell (* 3. September 1963 in Gosport, Hampshire, England) ist ein Journalist, Autor und Unternehmensberater. Gladwell wuchs in Kanada auf und lebt heute in New York City, USA. Er machte seinen Abschluss in Geschichte 1984 an der Universität Toronto und arbeitete zunächst beim American Spectator, dann von 1987 bis 1996 für die Washington Post. Seit 1996 schreibt er als Redaktionsmitglied für die Zeitschrift The New Yorker und hat mit seinen Features eine große Anhängerschaft gewonnen.[11]

---

[10] Unclassified DSTI/ICCP/IE(2006)7/FINAL, Organisation de CoopÈration et de DÈveloppement Economiques, Organisation for Economic Co-operation and Development, 12-Apr-2007 DIRECTORATE FOR SCIENCE, TECHNOLOGY AND INDUSTRY, COMMITTEE FOR INFORMATION, COMPUTER AND COMMUNICATIONS POLICY Working Party on the Information Economy PARTICIPATIVE WEB: USER-CREATED CONTENT, http://www.oecd.org/internet/ieconomy/38393115.pdf. Zugegriffen: 13. März 2014.

[11] http://de.wikipedia.org/wiki/Malcolm_Gladwell. Zugegriffen: 25. März 2014.

Der US-amerikanische Journalist und Chefredakteur des Wired Magazine Chris Anderson (2004)[12] stellte das Prinzip des Long Tail folgendermaßen vor: Das Internet und die damit verbundene Überwindung geografischer Beschränkungen bringt Erleichterungen beim Zusammentreffen von Angebot und Nachfrage und damit Vorteile, vor allem für Nischenprodukte. Auf dem konventionellen, realen Markt sind die Kosten für Nischenprodukte häufig zu hoch, da die Nachfrage nach den Produkten aus den jeweiligen Nischen in einem geografisch begrenzten Gebiet zu gering ist. Global ist die Nachfrage jedoch enorm. Diese geografischen Beschränkungen gibt es im Internet nicht. Angebot und Nachfrage können sich hier auf einer virtuellen Ebene treffen, die keine realen Entfernungen kennt. Anderson hat im Detail drei Wirkungsmechanismen herausgearbeitet, die den Long Tail ermöglichen:

Demokratisierung der Produktionsmittel: Indem die Produktionsmittel jedermann zur Verfügung stehen, kann auch jeder etwas herstellen.

Demokratisierung des Vertriebs: Indem der Vertrieb mithilfe von Aggregatoren, wie eBay oder Amazon, bei denen jeder zum Anbieter werden kann, demokratisiert wird, wird der Zugang zu Nischenprodukten erleichtert.

Verbindung von Angebot und Nachfrage: Suchmaschinen sowie diverse Kunden-Empfehlungen filtern Angebot und Nachfrage. Diese Filter helfen dem Benutzer, die von ihm begehrten Inhalte möglichst schnell und effizient zu finden. Die Suchkosten werden somit reduziert. Der daraus resultierende Effekt ist eine Umschichtung vom Anfang des Long Tail in die hinteren Bereiche.

Der Begriff Long Tail leitet sich von der Ähnlichkeit der Verkaufsgrafik mit einem langen Schwanz ab. Auf der Y-Achse ist die Anzahl der Verkäufe und auf der X-Achse sind die Produkte nach Reihenfolge ihrer Verkaufsstatistik aufgelistet. Beide Flächen sind gleich groß (Abb. 2.6).

Zusammengefasst besagt der Long-Tail-Ansatz (Anderson 2004, S. 170–177), dass langfristig die Summe der verkauften Nischenprodukte höher oder gleich hoch ist wie bei bisherigen Verkaufsschlagern. Chris Anderson[13] zeigte diesen Effekt anhand der Verkaufsstatistik des amerikanischen Online-Musikdienstes Rhapsody, bei der eine große Anzahl wenig gefragter Produkte mehr Umsatz erzielte als wenige Bestseller. Durch Bewertungssysteme und Produktempfehlungen für Kunden, die auf Basis deren Kaufverhaltens er-

[12] Chris Anderson, Blogbeitrag: "The Long Tail, Forget squeezing millions from a few megahits at the top of the charts. The future of entertainment is in the millions of niche markets at the shallow end of the bitstream." Page 1 of 5, veröffentlicht im Oktober 2004, http://www.wired.com/wired/archive/12.10/tail.html. Zugegriffen: 25. März 2014.

[13] Chris Anderson, Blogbeitrag: "The Long Tail, Forget squeezing millions from a few megahits at the top of the charts. The future of entertainment is in the millions of niche markets at the shallow end of the bitstream." Page 1 of 5, veröffentlicht im Oktober 2004. http://www.wired.com/wired/archive/12.10/tail.html. Zugegriffen: 25. März 2014.

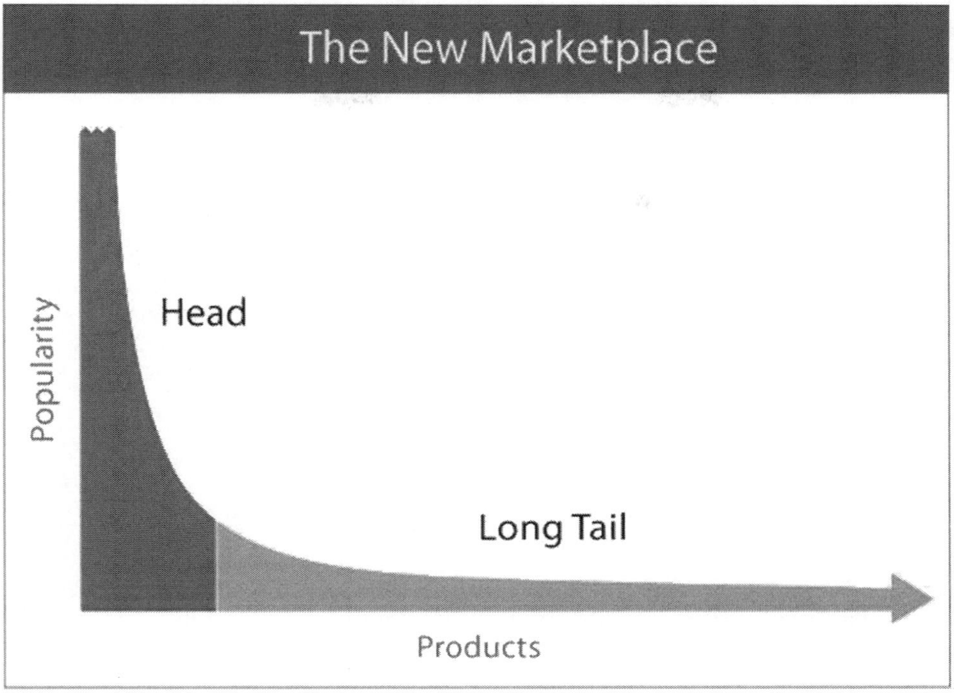

Abb. 2.6 The Long Tail

stellt wurden, können kundenspezifische Angebote aus der Masse an Nischenprodukten herausgefiltert werden. Durch die Vielfältigkeit des Long Tails wird die natürliche Nachfrage gestillt und damit ein höherer Grad der Bedürfnisbefriedigung erreicht.

2.4 Societing ersetzt Marketing

Nach dem Marketingprofessor Vernard Cosa versteht man unter *Societing* Marketing nach den Spielregeln der Netzwerkökonomie im Web 2.0.

Die Grundvoraussetzung für ein solches *Societing* ist eine Gemeinschaft, die von ihren Mitgliedern als solche anerkannt wird.

Nach Prof. Peter Wippermann, Professor für Kommunikationsdesign an der Folkwang Universität der Künste, Essen dient die Gemeinschaft selbst und die Kommunikation zwischen den Menschen dem Zusammenhalt des Sozialen. Er definiert (Wippermann 2014) als wichtigste Währung des Netzzeitalters den *Like-Button* von Facebook, der zu einer Art Kultobjekt geworden ist:

> …Ohne das digitale Schulterklopfen wären wir auch im Social Web nur Einzelgänger. Das Like verbindet uns, gibt uns Halt.

Nach Prof. Wippermann übernimmt der *Link* eine ähnliche Funktion wie ein Verweis auf andere Inhalte und Personen.

> ...Der Link ist nicht nur ein Medium der Verknüpfung, sondern wird selbst zur Botschaft, stellt Anschlussfähigkeit her, knüpft Beziehungen und ermöglicht Anerkennung. Wenn in der Produktökonomie noch das Produkt im Mittelpunkt steht, Anerkennung oder Ausschluss ermöglicht, so steht in der Netzwerkgesellschaft die Information bzw. die Kommunikation im Mittelpunkt. „Likes" und „Links" werden zu Garanten von Empfehlung und Reputation und erhöhen damit das Vertrauenskapital desjenigen, auf den verwiesen wird. Vertrauen wird zur neuen Währung in der Netzwerkgesellschaft. Das gilt nicht nur für die Menschen untereinander, sondern auch für die Beziehung der Unternehmen zu den Menschen. Dabei wird Transparenz der Unternehmen immer wichtiger. Die Menschen möchten verstehen, für welche Werte ein Unternehmen steht und welche Ziele es verfolgt...

2.5 Vermeintliche Gratismentalität des Web 2.0

Früher dominierten die Angebote der großen Unternehmen den digitalen Markt. Inzwischen führt die zunehmende Verbreitung des Mitmachgedankens des Web 2.0 zu verstärkter Konkurrenz in Form von Blogs und anderen freien, durch Privatpersonen erstellten Inhalten. Im Unterschied zur analogen Welt sind die Kosten für die Bereitstellung eines digitalen Gutes online oft ausgesprochen gering und die Kosten für die Bereitstellung einer weiteren Einheit eines digitalen Gutes gleich Null. Daher gibt es im Internet ein umfangreiches Angebot an kostenlosen Inhalten.

Dieser Wandel hin zu einer vermeintlichen Gratis-Mentalität setzt die vor allem die traditionellen Unternehmen zunehmend unter Druck, neue Geschäftsmodelle zu entwickeln, um ihre Kosten zu decken bzw. Gewinne zu erwirtschaften. Andererseits stehen jedoch auch wachsende freie Angebote mit zunehmender Professionalisierung und Größe unter Kostendruck, sodass auch hier zunehmend eine Monetarisierung der Arbeit angestrebt wird. Oft gestaltet sich der Wechsel vom kostenlosen Angebot hin zu einer gegen Erlös finanzierten Lösung als schwierig, wodurch auch ganz neue Geschäftsmodelle für Anbieter entstehen[14]: Beispielsweise kann es sinnvoll sein, als Anbieter eines Produktes soviel davon wie möglich, frei zur Verfügung zu stellen, um auf diesem Wege möglichst viel Aufmerksamkeit zu schaffen und auf diese Art eine besonders große Community – die in der Folge bereit sind für zukünftige Produkte einen Finanzbeitrag zu leisten – aufzubauen.

Ansätze einer Lösung für diese Problematik bestehen auch im Schalten von Werbebannern und Anzeigen. Da diese Ansätze einige quantitative Voraussetzungen (eine große Menge von Nutzern und damit verbunden, eine hohe Anzahl von Seitenaufrufen) mit sich bringen, lassen sie sich auf kleinere Projekte so gut wie nicht anwenden.

[14] http://www.in.tu-clausthal.de/fileadmin/homes/techreports/ifi1010loll.pdf, Zugegriffen 26. März 2014.

2.6 Demokratisierung der Technologie und der Information

Der Einsatz modernster IT-Technologie ist heute nicht mehr nur Privileg der Großunternehmen, die sich schon immer eigene IT-Abteilungen, effizientes Servermanagement und Datensicherheit leisten konnten. Durch Angebote wie Cloud Computing sind moderne Technologien ohne Beeinträchtigungen in der Professionalität, Sicherheit und Funktionalität heute auch für Klein- und Mittelbetriebe leistbar[15].

Eng verbunden mit dieser feststellbaren zunehmenden Demokratisierung der Technologie (Cloud Computing) ist auch die Demokratisierung der Information über das World Wide Web. Der Konsument ist während seines Kauf- und Entscheidungsprozesses Teil der Infosphäre und kann auf alle in ihr enthaltenen Informationen zurückgreifen. Eine beinahe unbegrenzte Informationsfülle über Produkte und Preise steht ihm zur Verfügung. Die Informationsasymmetrie zwischen Anbieter und Nachfrager, die bisher zu Übergewinnen bei den Besserinformierten geführt hat, wird abgebaut, sodass niedrigere Preise und effizientiere Märkte zu erwarten sind.

2.7 Kollektive Intelligenz (auch Schwarmintelligenz)

Heylighen (2012), Kybernetiker an der Vrije Universiteit Brussel, betrachtet in seinem 2011 erschienen Aufsatz *Conceptions of a Global Brain: An Historical Review* das Internet und seine Nutzer als Superorganismus: *Eine Gesellschaft kann als vielzelliger Organismus angesehen werden, mit den Individuen in der Rolle der Zellen. Das Netzwerk der Kommunikationskanäle, die die Individuen verbinden, spielt die Rolle des Nervensystems für diesen Superorganismus*. Diese Sicht geht konform mit der Betrachtung des Internets als Informationsinfrastruktur. Die Bedeutung des Begriffes verschiebt sich dabei jedoch weg von künstlicher Intelligenz hin zu einer Art Aggregation menschlicher Intelligenz.

James Surowiecki (2005) beschreibt in seinem Buch *The Wisdom of Crowds* das Phänomen der Weisheit der Vielen. Seine Ausgangsthese ist, dass unter den richtigen Umständen Gruppen bemerkenswert intelligent sind und oft klüger als die Gescheitesten in ihrer Mitte. Viele von uns nähmen instinktiv an, schreibt Surowiecki, dass Experten und wenige Hochbegabte nicht nur über mehr Spezialwissen verfügen, sondern auch zuverlässig bessere Entscheidungen treffen als Gruppen von Durchschnittsbegabten.Tatsächlich seien aber Teams von wahllos zusammengewürfelten Menschen dank ihrer kollektiven Intelligenz in der Lage, erstaunlich komplexe Probleme zu lösen und dies meist sogar besser als selbst die gescheitesten Einzelpersonen in ihrer Mitte.

Surowiecki ist sich jedoch der Relevanz der *richtigen Umstände* bzw. Voraussetzungen bewusst, unter denen eine erfolgreiche Nutzung dieser Intelligenz erfolgen kann.

---

[15] http://www.in.tu-clausthal.de/fileadmin/homes/techreports/ifi1010loll.pdf, Zugegriffen 26. März 2014.

- **Unabhängigkeit der Mitglieder**
  Zunächst einmal müssen die Schwarm-Mitglieder unabhängig voneinander sein. Dadurch existiert eine niedrigere Wahrscheinlichkeit der Beeinflussung durch Meinungsführer.
- **Dezentralisierung der Mitgliederstruktur**
  Die Dezentralisierung führt dazu, dass sich Fehler an den Rändern ausbalancieren können und daher bessere Resultate erzielt werden.
- **Meinungsvielfalt zwischen Mitgliedern**
  Meinungsvielfalt kann dann besonders gut entstehen, wenn den einzelnen Mitgliedern des Schwarms eine größere Menge an Informationen als Basis für ihre Entscheidungsfindung zur Verfügung steht.
- **Meinungsaggregation unter Mitgliedern**
  Gute Meinungsaggregation heißt, dass die richtige Aufnahme und Auswertung aller Meinungen gefördert werden muss, um zu besseren Resultaten führen zu können.

Letztlich lässt sich dies in dem treffenden Zitat von Surowiecki zusammenfassen:

Ein Schlüssel zu erfolgreichen Gruppenentscheidungen liegt darin, die Menschen zu bewegen, weniger auf das zu hören, was die anderen sagen. (Surowiecki 2005, 3. Kapitel, letzter Satz im E-Book).

Exkurs: Das Oregon-Experiment
Auch Sascha Lobo sieht das so in seinem Artikel für den Spiegel Online *S.P.O.N. – Die Mensch-Maschine: Den Schwarm interessiert nur das Ergebnis* (Lobo 2014): Anhand des Oregon-Experiments zeigt er auf, das es vor allem die ergebnisorientierte Zusammenarbeit einer Gruppe ist, die zu überragenden Ergebnissen führen kann: Ende der 60er Jahre beherrschten Proteste die Universität von Oregon. Die Studenten kämpften für die damals handelsüblichen politischen Ziele – aber auch für Mitbestimmung bei der Umgestaltung der Universität. Nach anfänglichem Zögern engagierte die akademische Administration den Wiener Architekten Christopher Alexander. Dieser war überzeugt, dass die Studenten selbst besser als jeder Spezialist wüssten, wie der Campus umgebaut werden müsse. Seine Erkenntnisse aufgrund des Projektes und seinen Plan für betreutes Gruppengestalten veröffentlichte er später als Buch unter dem Titel *The Oregon Experiment* (1975).

Es braucht eine geeignete Koordination von Einzelleistung und Gruppenverhalten. Nach Meinung von Sascha Lobo ist Schwarmintelligenz keine personenhafte Intelligenz, sondern vernetzte Kollaboration ist die eigentliche Schwarmqualität.

Literatur

Anderson C (2004) The long tail. The future of entertainment is in the millions of niche markets at the shallow end of the bitstream. Wired Magazine 12(10):170–177

ARD/ZDF-Onlinestudie (2011). http://www.ard-zdf-onlinestudie.de/index.php?id=439. Zugegriffen: 30. Mai 2014

BITKOM (2013) Dritte, erweiterte Studie: Eine repräsentative Untersuchung zur Nutzung sozialer Netzwerke im Internet, Soziale Netzwerke 2013. http://www.bitkom.org/files/documents/SozialeNetzwerke_2013.pdf. Zugegriffen: 13. März 2014

BITKOM (2014) Presseinformation BITKOM: Vor zehn Jahren wurde Facebook gegründet. http://www.bitkom.org/de/markt_statistik/64018_78533.aspx. Zugegriffen: 26. März 2014

Heylighen F (2012) Conceptions of a global brain. In: Grinin LE, Carneiro RL, Korotayev AV, Spier F (eds) Evolution: cosmic, biological, and social. In: Rodrigue B, Grinin L, Korotayev A (eds) From big bang to global civilization: a big history anthology. Uchitel Publishing University of California Press, pp. 274—289

Kaplan AM, Haenlein M (2010) Users of the world, unite! The challenges and opportunities of social media. http://www.sciencedirect.com/science/article/pii/S0007681309001232, Bus Horiz 53(1):59–68

Knorr E (2003) 2004 – The year of web services. CIO-Magazin, „Fast-Forward 2010 – The Fate of IT" 17(6)

Lobo S (2014) Die S.P.O.N. – Die Mensch-Maschine: Den Schwarm interessiert nur das Ergebnis. Spiegel online. http://www.spiegel.de/netzwelt/web/sascha-lobo-missverstaendnis-schwarmintelligenz-a-891986.html. Zugegriffen: 17. Feb. 2014

Richter F (2013) Chart: Twitter's impressive international user growth. The statistics portal, statistics and studies from more than 18,000 sources. http://www.statista.com/chart/1522/twitters-user-growth/. Zugegriffen: 25. Mai 2014

Skibicki K, Mühlenbeck F (2008) Verbrauchermacht im Internet, Bd. 1. Geld sparen – Geld verdienen – Recht bekommen. Web 2.0. BrunoMedia Buchverlag, Mainz

Surowiecki J (2005) Die Weisheit der Vielen. Warum Gruppen klüger sind als Einzelne („The wisdom of crowds"). Bertelsmann, München

Wippermann P (2014) Werte ersetzen Ästhetik Trust-Design. Fischers-Archiv Nr. 198. https://phaven-prod.s3.amazonaws.com/files/document_part/asset/469032/fk1P1ZN7e-cq-N49_gA23g7i674/Fischers-Archiv_Nr-198.pdf. Zugegriffen: 25. März 2014.

3 Nutzung der Schwarmintelligenz

> *...Crowdsourcing ist die Strategie des Auslagerns einer üblicherweise von Erwerbstätigen entgeltlich erbrachten Leistung durch eine Organisation oder Privatperson mittels eines offenen Aufrufes an eine Masse von unbekannten Akteuren, bei dem der Crowdsourcer und/oder die Crowdsourcees frei verwertbare und direkte wirtschaftliche Vorteile erlangen....-(Christian Papsdorf 2009, S. 69)*

Mit der Entwicklung des Internets zur einer weit entwickelten interaktiven Kommunikationsplattform-Plattform gewinnt die Nutzung der kollektiven Intelligenz über das World Wide Web für Unternehmen, Gesellschaft und Politik immer mehr an Bedeutung. Dabei wird ein Bottom-up-Lösungsansatz angewandt: Jedes Individuum im Schwarm nimmt eigenständig Informationen auf und verarbeitet sie, indem es sich mit anderen austauscht. Auch wenn dann jeder über sein Verhalten selbst entscheidet, kann die Weisheit der Vielen andere, womöglich bessere Lösungen hervorbringen als ein zentralistisch und hierarchisch strukturiertes System (Surowiecki 2005).

Beispiele für das Phänomen, dass durch die größtenteils *unwillkürliche* und *unabhängige* Kollaboration der Internetznutzer ein Nutzen für die Plattformen und letztendlich für das gesamte Web geschaffen werden, sind beispielsweise die Verkäuferbewertungen seitens der Käufer auf Verkaufs-Plattformen wie eBay oder Amazon. Die einzelnen, mit geringem Aufwand produzierten Bewertungen bilden in ihrer Gesamtheit Verkäuferprofile, die zukünftige Kaufentscheidungen beeinflussen. Damit wird ein Mehrwert in Form eines Bewertungs- und Qualitätssystems für die Plattform geschaffen. Ein weiteres bedeutendes Beispiel der Nutzbarmachung der kollektiven Intelligenz ist die freie Enzyklopädie Wikipedia. Nutzer können auf der Plattform Wikipedia Wissensbeiträge selbst verfassen und bereits bestehende Einträge bearbeiten. Durch die Kooperation vieler einzelner Verfasser werden Fehler korrigiert und der Umfang der Online-Enzyklopädie permanent erweitert.

E. Sixt, *Schwarmökonomie und Crowdfunding,* DOI 10.1007/978-3-658-02929-6_3

3.1 Crowdsourcing, der Mitmachgedanke des Web 2.0

Der Begriff Crowdsourcing entstand in den 1990 Jahren und wurde von dem amerikanischen Journalisten des bekannten US-Techmagazins Wired Jeff Howe (2014) erstmals 2006 in seinem Artikel: *The Rise of Crowdsourcing* artikuliert. Unter Hinweis auf Phänomene wie OpenSource und Wikipedia, Ebay and myspace zeigt Jeff Howe auf, wie durch das Medium Internet die *Crowd*, also die Masse der Internetnutzer, gezielt für Innovationen genutzt werden kann.

Nach der Definition nach Nicole Martin et al. (2008) ist Crowdsourcing eine interaktive Form der Leistungserbringung, die kollaborativ oder wettbewerbsorientiert organisiert ist und eine große Anzahl extrinsisch oder intrinsisch motivierter Akteure unterschiedlichen Wissenstandes unter Verwendung moderner IKT-Systeme auf Basis des Web 2.0 einbezieht. Leistungsobjekte sind Produkte oder Dienstleistungen unterschiedlichen Innovationsgrades, welche durch das Netzwerk der Partizipierenden reaktiv aufgrund externer Anstöße oder proaktiv durch selbsttätiges Identifizieren von Bedarfslücken bzw. Opportunitäten entwickelt werden.

Als Grundprinzipien des Crowdsourcings lassen sich folgende Komponenten nennen:

- moderne Form der Arbeitsteilung;
- technologischer Fortschritt und das Aufkommen des Internets, insbesondere Web 2.0;
- Nutzung der Schwarmintelligenz oder Weisheit der Vielen durch leichte Erreichbarkeit der User (Web 2.0).

Die Motivation für die Mitglieder der Crowd, bei Crowdsourcing-Aktionen von Unternehmen teilzunehmen, besteht in der Aussicht, Produkte nach eigenen Vorstellungen und Wünschen in seiner Entwicklung beeinflussen zu können. Lässt man kritische Stimmen beiseite, so profitieren im Ergebnis Unternehmen, wie auch Zugehörige der Crowd von der produktspezifischen Beteiligung via Internet.

3.2 Crowdsourcing-Plattformen

Nach Oliver Gassmann[1], Ordinarius für Technologiemanagement mit besonderer Berücksichtigung des Innovationsmanagements an der Universität St. Gallen, ist die Keimzelle der neuen Innovationsstrategie die vorherrschende Open-Innovation-Philosophie, also die Öffnung des Innovationsprozesses von Unternehmen hin zu einer aktiven strategischen Nutzung der Außenwelt und somit zur Vergrößerung des eigenen Innovationspotenzials durch Nutzung des Internets.

Dabei unterscheidet Gassmann fünf Typen von Crowdsourcing-Plattformen:

[1] Oliver Gassmann: „Crowdsourcing: Findige Köpfe finden und aktivieren" http://derstandard.at/1350260118071/Crowdsourcing-Findige-Koepfe-finden-und-aktivieren.

Intermediäre Crowdsourcing-Initiativen, auch Intermediäre genannt. Die einzelnen Webseiten verstehen sich dabei als Bindeglied zwischen Fragendem und Lösendem. Die Teilnehmer erhalten meist eine Belohnung für ihre Lösungsvorschläge oder für das beste, vom Auftraggeber ausgewählte Ergebnis. Vier verschiedene Typen von Intermediären stehen zur Verfügung:

- Forschungs- und Entwicklungs-Plattformen: Auf diesen Webseiten werden Fragen aus Forschung und Entwicklung (F&E) gelöst. Plattformen wie TekScout, InnoCentive, oder IdeaConnection,vernetzen Unternehmen mit Forschern und erlauben ihnen so den Zugriff auf einen enormen Wissenspool.
- Marketing- und Design-Plattformen: Hier werden Fragen zu Marketing oder Design ausgeschrieben. Bei crowdSPRING beispielsweise sind 50.000 Designer registriert, die im Wettbewerb die Gestaltung von Internetseiten, Logos oder Marketingkampagnen bearbeiten. Vergleichbare Dienstleistungen bietet 99designs mit rund 180.000 Designern an. Bei Brand Tags lassen sich eigene Assoziationen zu Marken eingeben und man kann das Feedback der anderen damit einholen.
- Plattformen für Freelancer: Diese Plattformen bringen Unternehmen und Freelancer zusammen. Es geht dabei um die Lösung unterschiedlichster Problemstellungen: Überprüfen von Links oder Inhalten einer Homepage bis zum Erstellen von Businessplänen oder Pressemitteilungen. Eine entsprechende Plattform ist Spudaroo.
- Ideen-Plattformen: Bei dieser Gruppe von Intermediären steht der Lösungsprozess für unterschiedlichste Problemstellungen aller möglichen Branchen im Vordergrund. Beispielsweise erschaffen Mitglieder der Schweizer Plattform Atizo neue Geschäftsmodelle. Die 2006 an der Berliner Akademie der Künste entstandene Kreativschmiede Jovoto vernetzt weltweit schöpferische Talente.

Gemeinsam eine freie Lösung finden: Im Vergleich zu den Intermediären stellt hier kein Unternehmen Fragen und bezahlt für Lösungen, sondern die freie Lösung steht jedem zur Verfügung und lässt sich über unterschiedlichste Lizenzmodelle nutzen. Zu unterscheiden sind hier zwei Gruppen:

- Internetseiten: Die Idee dieses Typs ist es, Wissen und Können von vielen gemeinsam zu nutzen und jedermann zugänglich zu machen. Bekanntestes Beispiel ist Wikipedia – die freie Enzyklopädie: eines der wohl erfolgreichsten Beispiele für Crowdsourcing.
- Open-Source-Software: Weltweit arbeiten Programmierer an einem Softwaresystem. Software wie der Internetbrowser Firefox oder das Betriebssystem Linux gehören zu dieser Gruppe. Die Software ist allgemein zugänglich, der Source-Code muss in der Regel offengelegt werden.

Unternehmenseigene Plattformen: Unternehmen mit einem bekannten Namen, die nicht auf eine Intermediäre Plattform zurückgreifen möchten, erstellen eigene Plattformen. Unterscheiden lassen sich zwei Ausprägungen:

- Produktideen und Problemlösungen: Gesucht werden neue Produkte oder Lösungswege. Starbucks beispielsweise fragt die Kunden nach Zukunftswünschen oder Autofirmen rufen in einer virtuellen Innovationsagentur zur Mitgestaltung des zukünftigen Autos auf (z. B. AUDI[2]).
- Branding und Design: Hier versuchen die Unternehmen, das Design- und Marketingverständnis ihrer Kunden zu nutzen. Bei Burdastyle handeln fast 300.000 Mitglieder mit Schnittmustern; bei Muji können alte Produkte überarbeitet oder neue vorgeschlagen werden.

Marktplätze für eigene Ideen: Diese Internetseiten bieten Kreativen und Erfindern die Möglichkeit, ihre Ideen oder selbstentworfenen Produkte anzubieten: Auf Spreadshirt kann jeder einen eigenen Shop zur Vermarktung der von ihm entworfenen Logo-T-Shirts einrichten; auf Dream Heels selbstentworfene Pumps verkaufen; auf Create My Tattoo seine eigenen Tattoo-Entwürfe zu Geld machen.

Öffentliche Initiativen: Diese Initiativen orientieren sich meist am Gemeinwohl, Auftraggeber für solche Initiativen ist meist ein öffentlicher Auftraggeber.

Neben einer raschen, effektiven und kostengünstigen Problemlösung und einer kostenlosen Unternehmensbewerbung sind die Vorteile einer Crowdsourcing-Kampagne vor allem die Möglichkeit, effiziente Kundenbindung aufzubauen und latente Kundenbedürfnisse zu entdecken. Die größte wahrnehmbare Barriere in den Unternehmen ist die Angst, beim Crowdsourcing das eigene Know-how preiszugeben sowie das Not-invented-here-Syndrom (NIH-Syndrom).

Das NIH-Syndrom stellt eine Grundhaltung gegenüber der Akquisition externen Wissens dar, die eine negativere Ausprägung annimmt, als auf Basis ökonomischer Erwägungen notwendig wäre. Das NIH-Syndrom entsteht oftmals aufgrund unzureichender oder unbefriedigender Erfahrungen im Prozess der Akquisition externen Wissens, was zu einer Abneigung gegenüber diesem führt (Lichtenthaler und Ernst 2006, S. 367–386).

Crowdsourcingblog.de[3] definiert Crowdsourcing als einen Neologismus, der sich aus *Crowd* und *Outsourcing* zusammensetzt. Der Prozess beschreibt die Auslagerung von Arbeits- und Kreativprozessen an die Masse der Internetnutzer. Crowdsourcing hat nach dieser Definition verschiedene Unterkategorien, u. a.:

- Crowdfunding (die Community finanziert gemeinsam ein Projekt)
- Co-Creation (die Community erschafft gemeinsam ein kreatives Werk) oder
- Mircroworking (die Community erfüllt jeweils kleinere [Teil-]Aufgaben, wie z. B. Texterkennung, die final wieder zu einem Gesamtergebnis zusammengesetzt werden).

Grafisch kann Crowdsourcing auch wie folgt aufgelöst werden (Abb. 3.1):

[2] http://www.crowdsourcing.org/document/audi-crowdsources-the-design-of-their-race-car-inspired-chair/13717. Zugegriffen: 23. Mai 2014.

[3] http://www.crowdsourcingblog.de/. Zugegriffen: 30. Mai 2014.

Abb. 3.1 Grafische Auflösung des Crowdsourcings. (Quelle: Crowdsourcingblog.de, Crowdsourcing Technologie. http://www.crowdsourcingblog.de/blog/2011/02/12/terminologie/. Zugegriffen: 23. Februar 2014)

In seinem Beitrag Crowdsourcing präzisiert Jeff Howe (2006) vier Ausprägungen des Crowdsourcings, die als Crowdwisdom, Crowdcreation, Crowdvoting und Crowdfunding bezeichnet werden. Inzwischen gibt es die verschiedensten weiteren Ausprägungen.

Crowdwisdom

Die „Weisheit der Vielen" hilft bei der Lösung von Problemen, sei es durch die Unterstützung mit Wissen oder durch die aktive Mitarbeit an Innovationsprozessen (Open Innovation).

Crowdvoting

Crowdvoting nutzt die Meinung der Masse, um Projekte bzw. Produkte zu bewerten. Oft beziehen Unternehmen ihre Kunden in den Produktgestaltungsprozess mit ein, um bereits in der Entstehungsphase die Meinung der potenziellen Käufer des Produktes zu erfahren.

Crowdcreation

Bei Crowdcreation ist die Kreativität der teilnehmenden Personen gefragt. Führt man das Beispiel der Produktgestaltung aus dem Crowdvoting weiter, so wird hier nicht nur die Meinung des Partizipienten abgefragt, vielmehr wird um kreative Vorschläge für neue Produkte geworben.

Crowdperforming

Der Begriff des Crowdperformings wurde auf dem deutschen Crowdsourcingblog.de geprägt und meint das Abarbeiten einfacher Aufgaben, die nicht von Computern durchgeführt werden können, z. B. das Verifizieren von Adressdaten. Ergänzend dazu seien auch verschiedeneWerkzeuge, die die Zusammenarbeit und Kommunikation von Gruppen unterstützen, erwähnt (z. B. das Online-Projektmanagement-Tool „Smart Sheet", www.smartsheet.com). (Koch, 2013, S.31)

Crowdrating

Die Masse als Crowd übernimmt die Bewertung von Büchern, Hotels, Urlaubszielen, Produkten, Dienstleistungen usw. Als führende Beispiele sind eBay und Amazon zu nennen. Im Wikirating übernimmt die Crowd die Aufgabe der Ratingagenturen.

3.3 Crowdfunding

> *There are now nearly 7 billion of us, with over 2 billion having Internet access. Never before has there been such potential to bridge the collective creative and productive capacity with capital and other resources which are required to translate that capacity into social and economic activities. Even as exciting, is that crowdfunding links funding with the social dynamics and affinity groups which naturally surround efforts that resonate with our many motivations. That alone, is enough to cause a monumental shift in the way business and organizations operate. – (Kevin Lawton)*

Die Idee des Crowdfundings als Parallelentwicklung zum Crowdsourcing ist, dass mit vielen kleinen Beträgen ausreichend finanzielle Mittel für die Umsetzung eines Projektes unter Nutzung der Möglichkeiten des World Wide Web gesammelt werden kann. Als Sammelstellen agieren dabei im verstärkten Umfang Online-Finanzierungs-Plattformen.

Dabei wird die Idee des Austausches über die sozialen Netzwerke um eine ökonomische Dimension erweitert, indem sie es den Initiatoren eines Vorhabens erlauben, finanzielle Unterstützung direkt über ihre sozialen Netzwerke bei einer Vielzahl von Internet-Nutzern – der *Crowd* – einzuwerben. Ermöglicht wird diese Art der Mittelaufbringung durch die neuartige Form der Vernetzung durch die Sozialen Medien und durch zunehmendes Vertrauen in neue Geschäftsmodelle des Internets. Dabei basiert Crowdfunding auf dem Ansatz, dass Leute anderen helfen wollen oder Projekte realisieren wollen, die ihnen emotional oder regional nahestehen. Damit entspricht Crowdfunding dem zunehmenden sozio ökonomischen Trend der Selbstbestimmung und Selbsthilfe und ist auch ein Zeichen neuer Formen von Unternehmertum im digitalen Zeitalter.

Ideenträger, die mit digitalen Technologien aufgewachsen sind, bewerten eine Finanzierungs entscheidung der Vielen positiver als die durch einzelne, ggf. wenig netzaffine Institutionen. Ihr Tenor: „Die uns verstehen, sind im Netz, sie bitten wir um Unterstützung" (Warner 2012).

Wie beim Crowdsourcing kann jeder, der sich für die Projektidee interessiert, etwas zum Projekt beitragen, wobei das Hauptgewicht beim Crowdfunding auf einen finanziellen Beitrag gerichtet ist.

Die Vernetzung der Geldgeber über die Sozialen Medien, die Transparenz der Geldströme und Partizipation der Geldgeber an den finanzierten Inhalten, die durch die Möglichkeiten des World Wide Web gegeben sind, führen zu einer starken emotionale Bindung zwischen den Unterstützern als Geldgebern und den Geldempfängern.

Die Social-Media- und Finanzierungs-Plattformen im World Wide Web entstanden in etwa zur selben Zeit und zeigen einen unbestreitbaren Zusammenhang: Facebook als größtes soziales Netzwerk wurde im Jahr 2004 in den USA gegründet, die ersten Online-Finanzierungs-Plattformen waren Zopa (Großbritannien) im Jahr 2005 und Prosper (USA) im Jahr 2006. 2008 wurde in den USA die Plattform Indiegogo gegründet, 2009 entstand die inzwischen wohl erfolgreichste Crowdfunding-Plattform in den USA: Kickstarter.

Ausgehend von den USA haben sich weltweit in Anlehnung und in Abhängigkeit von den jeweiligen rechtlichen Rahmenbedingungen der Länder entsprechende Plattformen weltweit etabliert.

3.3.1 Beispiele für sonstige partizipative Finanzierungsmodelle: Genossenschaften

Der Aphorismus von Friedrich Wilhelm Raiffeisen (einer der Gründer der genossenschaftlichen Bewegung in Deutschland und Namensgeber der Raiffeisenorganisation) „*Was der Einzelne nicht vermag, das vermögen viele*“ (Thurm 2012) bringt den Kern aller Genossenschaften auf den Punkt: Menschen schließen sich – ohne ihre Selbstständigkeit aufzugeben – freiwillig zusammen, weil sie bestimmte Ziele gemeinsam besser erreichen. Im Zentrum der Genossenschaften steht der Mensch. Das Kapital hat nur dienenden Charakter. Derartige Zusammenschlüsse zielen darauf ab, die wirtschaftlichen, sozialen und kulturellen Belange ihrer Mitglieder zu fördern.

Die Wesensmerkmale, die den Kern der Genossenschaftsidentität bilden, sind neben dem Förderungsprinzip, die Grundsätze der Selbsthilfe, der Selbstverantwortung, der Selbstverwaltung und das Identitätsprinzip. Letzteres besagt, dass die Miteigentümer/Träger zugleich Geschäftspartner (Abnehmer, Lieferant) und Eigenkapitalgeber sind (Dreifachbeziehung) (Koch, 2013, S. 10ff).

Das Genossenschaftswesen hat eine lange Tradition in Europa und ist auch in Deutschland die mitgliederstärkste Wirtschaftsorganisation: Aktuell gibt es in Deutschland rund 7600 Genossenschaften mit über 20 Mio. Mitgliedern. Insgesamt gibt es sechsmal soviele Genossenschaftsmitglieder als Aktionäre. Fast jeder Erwachsene besitzt Anteile an einer Genossenschaft. Die mehr als 600.000 eingetragenen Vereine haben zusammen mehr Mitglieder, als es überhaupt Bundesbürger gibt. Einer Studie des Wissenschaftszentrums Berlin für Sozialforschung zufolge spenden Bürger, die in Vereinen oder Verbänden engagiert sind, häufiger und mehr als andere.

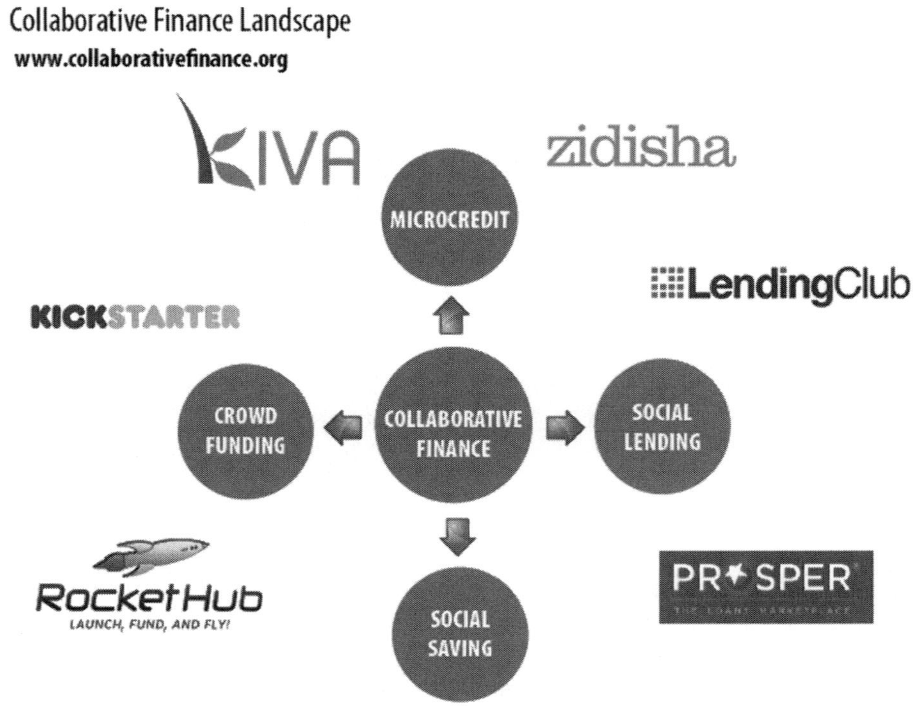

Abb. 3.2 Formen des Collaborative Finance. (Quelle: Collaborative Finance, Banking on each other. http://www.collaborativefinance.org/. Zugegriffen: 13. März 2014)

Genossenschaften sind ebenso wie die verschiedenen Ausprägungen von Crowdfunding eine Art von Collaborative Finance: Der Begriff Collaborative Finance meint dabei Finanztransaktionen unter Ausschaltung der traditionellen Finanzdienstleister (Banken usw.) und stellt vor allem einen Ausdruck der Selbsthilfe dar (Abb. 3.2).

Motivatoren für Collaborative Finance

Neben extrinsischen (also von außen kommenden) Einflussfaktoren, wie aktuell jenem des Vertrauensverlustes in Banken und ihren Systemen, geben meist vor allem intrinsische Motive den Ausschlag zur Beteiligung an den gemeinschaftlichen Finanzierungsformen (Koch 2013, S. 36):

- **Economization**
  Einer der Hauptgründe, warum Geldgeber und Finanzierungssuchende auf den Collaborative Finance-Plattformen tätig sind, sind die Ertrags- bzw. Kostenkomponenten. Investoren erwarten durch die direkte Kreditvergabe höhere Erträge; kreditnehmende Personen und Unternehmen hingegen gehen von niedrigerem Zinsaufwand im Vergleich zuherkömmlichen Finanzierungsvarianten aus.
- **Kooperation**
  Eines der Hauptmerkmale des Collaborative Finance ist die Kooperation der teilnehmenden Personen, vor allem in Form des ständigen Informationsaustauschs.

- **Community**
  Die Gemeinschaft als Ganzes ersetzt zumindest teilweise den Nachteil des fehlenden Dienstleisters. Dies passiert beispielsweise durch Foren oder Chatsysteme. Auch dieses Element gilt – wie die Kooperation – als soziales Bindeglied unter den Gruppenmitgliedern, ist jedoch bei manchen Plattformen (z. B. bei Crowdfunding-Plattformen) noch unterrepräsentiert.
- **Social Responsibility**
  Nur bei den Mikrokrediten kommt das Bewusstsein einer sozialen Verantwortung zum Tragen. Hier geht es nicht in erster Linie um Ertrag, sondern darum gemeinschaftlich und in Kooperation mit anderen, gleichdenkenden Mitgliedern der Community, Menschen in Schwellen- und Entwicklungsländern zu helfen.

3.3.2 Abgrenzung zu anderen Finanzierungs/Erlösmodellen im Web 2.0

Durch die unter Abschn. 2 beschriebenen Phänomene des Web 2.0 wird sich sowohl die Gesellschaft als auch wirtschaftliches Handeln an sich künftig massiv verändern. Die dabei beobachtbare vor sich gehende Entwicklung nachhaltiger ökonomischer ertragreicher Erlösmodelle im Web 2.0 ist noch im vollen Gange und steht bei vielen Branchen (beispielsweise Medienunternehmen oder auch Finanzdienstleistungsunternehmen) noch am Anfang.

Erlösquellen wie personalisierte Inhalte und Werbungen stellen ebenso wie *Subscriber Modelle* bis dato noch keine wirkliche Alternative zu den bisherigen Einnahmequellen der Medienunternehmen dar.

The *subscription business model* is a business model where a customer must pay a subscription price to have access to the product/service. The model was pioneered by magazines and newspapers, but is now used by many businesses and websites.[4]

3.3.3 Erlöse aus Social Communities (auch Social Payments genannt)

Erlöse aus Social Communities, zu denen wohl auch Crowdfunding im weitesten Sinne zu rechnen ist – stehen erst am Anfang der Entwicklung, reflektieren aber die neuen Grundwerte und Möglichkeiten des Web 2.0 am besten. Der Begriff Social Payment bezeichnet dabei eine freiwillige Kleinabgabe für vorrangig digitale Güter im Internet. Der Unterschied zwischen Social Payments und Paid Content besteht in der Freiwilligkeit, mit der Social Payments den Gewohnheiten des Internets (Gratis-Mentalität) Rechnung tragen. Die Geldsummen, die im Bereich des Social Payment verwendet werden, sind normalerweise sehr gering. Häufig handelt es sich nur um Cent-Beträge. Social Payment wird da-

[4] http://en.wikipedia.org/wiki/Subscription_business_model. Zugegriffen: 30. Mai 2014.

her oft zusammen mit Micropayment genannt. Der Ausdruck Micropayment bezieht sich in diesem Zusammenhang jedoch nur auf die Höhe des Betrags und die Art der Zahlung.

Die Entwicklung von Erlösmodellen durch Social Payments steht noch ganz am Beginn.

Beispielhaft wird in der Folge die Vorgangsweise bei den Flattr und Kachingle – beide Formen des Social Payments haben eine gewissen Verbreitungsgrad in Europa bereits erreicht – dargestellt: Jeder Nutzer zahlt monatlich freiwillig eine in der Regel feste Summe bei einem der Social-Payment-Dienste ein. Mithilfe von Buttons (Flattr) bzw. Medaillons (Kachingle) auf Webseiten kann in der Folge jeder Nutzer frei entscheiden, für welche Inhalte er bezahlen möchte. Die Anzahl der Inhalte, die der Benutzer anklickt, ist hierbei nicht ausschlaggebend für die Höhe der monatlichen Rechnung. Am Ende des Monats wird die eingezahlte Summe (abzüglich Anbieter- und Transaktionsgebühren der eingesetzten Bezahldienste) anhand der Anzahl der Klicks auf die jeweiligen Anbieter verteilt.

Kachingle

Cynthia Typaldos, frühere Sun/Open Office Managerin, startete im Sommer 2009 den Service Kachingle. Kachingle leitet sich aus dem Geräusch einer Registrierkasse „Ka-Ching“ sowie dem Begriff „to jingle“ (Schütteln eines Geldsackes) ab. Content Provider können sich bei Kachingle registrieren und ein spezielles Widget auf ihren Seiten installieren (sogenanntes Kachingle-Medaillon). Wenn den aktiven Kachinglern der angebotene Inhalt der jeweiligen mit dem Kachingle-Medaillon gekennzeichneten Webseite gefällt, klicken sie ganz einfach das Medaillon an und zählen damit zu den offiziellen Unterstützern dieser Seite. Jeder neue Besuch wird von nun ab automatisch gezählt.

Flattr

Ein ähnliches Prinzip verfolgt auch der schwedische Pirate-Bay-Sprecher Peter Sunde mit seinem Projekt Flattr. Flattr ist ein Wortspiel aus *to flatter* and flatrate. „*With a flat rate fee, you can flatter people*“, sagt Sunde. (Warner, 2013)

Bei Flattr werden individualisierte Medieneinheiten (z. B. Artikel, Podcasts oder Webcomics) eingespeist und können geflattert (angeklickt) werden.

Der Flattr-Button zeigt an, wie oft ein Objekt geflattert wurde. Dabei wird jedoch anonym gehalten, wer wen unterstützt. Das gesamte Flattr-Investment wird monatlich im Vorhinein festgelegt und dann auf die geflatterten Artikel usw. verteilt. Zahlungsabwicklung erfolgt über Paypal.

Während Flattr auch im Jahr 2013 noch floriert – jeder Zweite von mehr als 100.000 Mitgliedern stammt aus Deutschland – konnte Kachingle die selbst gesteckten Ziele nicht erreichen (Warner, 2013).

Die Motivation der Nutzer von Flattr und Kachingle liegt darin, Dinge zu belohnen, die ihnen gefallen.

Die Unterschiede zwischen Crowdfunding und Social Payments sind vor allem:

- Während Crowdfunding für noch nicht existierende Inhalte, d. h. für die in Planung befindlichen Projekte genutzt wird, wird mit Social Payments für bereits existierende Inhalte jeglicher Art bezahlt.
- Beim Crowdfunding kann der Projektinhaber für unterschiedliche Unterstützungsbeträge verschiedene Gegenleistungen zusagen, um den Unterstützer dementsprechend zu honorieren. Bei Social Payments dagegen werden alle eingehenden Unterstützungen gleich behandelt.

Sowohl beim Crowdfunding als auch bei den Social Payments erfolgt jedoch die Unterstützung stets freiwillig und nicht verpflichtend.

3.3.4 Paid Content

Beim klassischen Paid Content Geschäftsmodell wird vorab für das Konsumieren der digitalen Inhalte verpflichtend bezahlt.

Nutzerverhalten beim Paid Content

Nach einer aktuellen Studie des W3B-Reports zu Trends im Nutzerverhalten (2013)[5] ist die Hälfte der befragten Internet-Nutzer nach eigenen Angaben bereit, für digitale Inhalte zu zahlen. Gut ein Viertel dagegen lehnt Paid Content grundsätzlich ab. Ungeachtet der öffentlich geführten Diskussionen über die Notwendigkeit, digitale Inhalte kostenpflichtig anzubieten, ist bei diesen Werten über die Jahre keine positive Tendenz zu verzeichnen – eher im Gegenteil. Innerhalb der letzten drei Jahre hat sich der Anteil der zahlungsbereiten Onlinenutzer rückläufig entwickelt (Abb. 3.3).

Interessant ist, dass der relativ hohe Anteil der zahlungsbereiten Internet-Nutzer größtenteils auf die aus Nutzersicht attraktiven multimedialen Inhalte zurückzuführen ist, so z. B. auf Musikdownloads sowie dem Download, Streamen und Ausleihen von Filmen. Zahlungsbereitschaft für digitale redaktionelle Inhalte in Form von Nachrichten, Artikeln und Informationen signalisiert dagegen lediglich jeder sechste Befragte (Abb. 3.4).

---

[5] Blog der Flittkau Maß Consulting, Internet Research and Consulting Services: „Print goes digital – und welche Leser gehen bei Paid Content mit?", veröffentlicht am 5. Juni 2013 http://www.w3b.org/nutzungsverhalten/print-goes-digital-leser-von-paid-content.html. Zugegriffen: 13. März 2014.

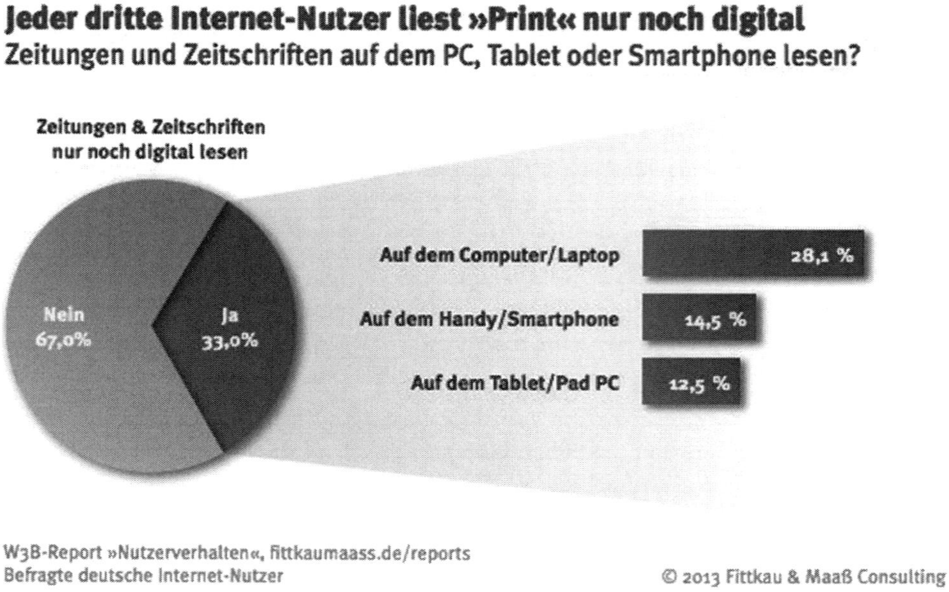

Abb. 3.3 Nutzerverhalten beim Paid Content. (Quelle: W3B-Reports zu Trends im Nutzerverhalten 2013)

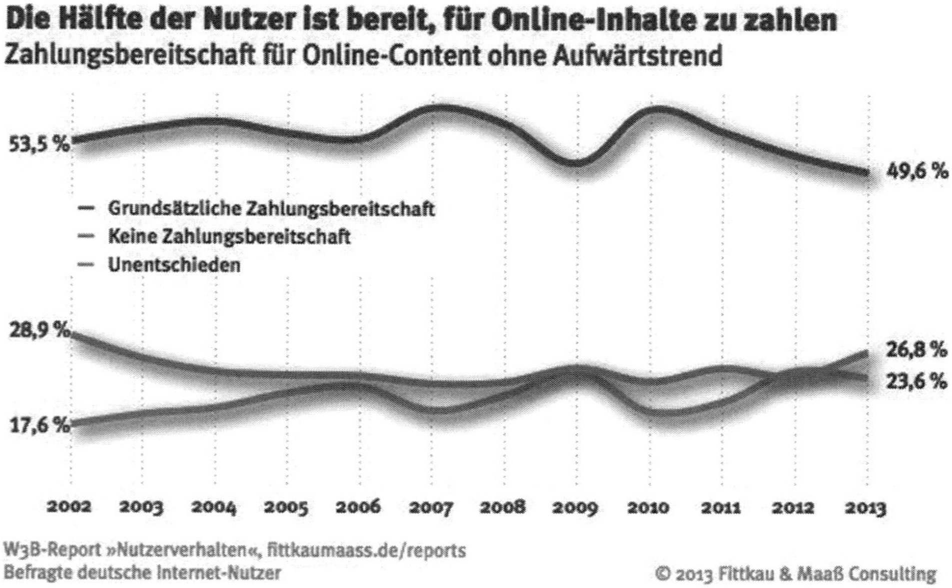

Abb. 3.4 Nutzerverhalten beim Paid Content (Teil 2). (Quelle: W3B-Reports zu Trends im Nutzerverhalten 2013)

3.3.5 Fundraising

Unter Fundraising[6] ist die Mittelakquisition bzw. Mittelbeschaffung, die systematische Analyse, Planung, Durchführung und Kontrolle sämtlicher Aktivitäten einer steuerbegünstigten Organisation zu verstehen, die darauf abzielen, alle für die Erfüllung des Satzungszwecks benötigten Ressourcen (Geld-, Sach- und Dienstleistungen) durch eine konsequente Ausrichtung an den Bedürfnissen der Ressourcenbereitsteller (Privatpersonen, Unternehmen, Stiftungen und öffentliche Institutionen) zu möglichst geringen Kosten zu beschaffen.

3.3.6 Sponsoring

Unter Sponsoring[7] versteht man die Förderung von Einzelpersonen, einer Personengruppe, Organisationen oder Veranstaltungen durch eine Einzelperson, eine Organisation oder ein kommerziell orientiertes Unternehmen in Form von Geld-, Sach- und Dienstleistungen mit der Erwartung, eine die eigenen Kommunikations- und Marketingziele unterstützende Gegenleistung zu erhalten. Dabei spielen „Analyse, Planung, Umsetzung und Kontrolle" dieser Maßnahmen und eine vertragliche Beziehung zwischen Sponsor und Gesponserten, wie sich Leistung und Gegenleistung darstellen, eine wichtige Rolle.

Literatur

Howe J (2006) The rise of crowdfunding. Wired Magazin. http://www.wired.com/wired/archive/14.06/crowds.html. Zugegriffen: 25. Mai 2014

Koch R (2013) Crowdinvesting and Peer-to Peer Lending Genossenschaftsbanking 2.0 als neue Strategie der Unternehmensfinanzierung. In: Wenzlaff K, Eisfeld-Reschke J (Hrsg) Crowdfunding-Studienreihe

Lichtenthaler U, Ernst H (2006) Attitudes to externally organizing knowledge management tasks: a review, reconsideration and extension of the NIH syndrome. R&D Manage 36(4):367–386

Martin N, Lessmann S, Voß S (2008) Crowdsourcing: Systematisierung praktischer Ausprägungen und verwandter Konzepte. Institut für Wirtschaftsinformatik, Universität Hamburg, Hamburg

Papsdorf C (2009) Wie Surfen zu Arbeit wird. Crowdsourcing im Web 2.0. Campus Verlag, Frankfurt a. M.

Surowiecki J (2009) Die Weisheit der Vielen. Warum Gruppen klüger sind als Einzelne („The wisdom of crowds"). Bertelsmann, München (2005)

Thurm M (2012) Das Wirtschaftsmodell der Genossenschaften. Fazit. http://www.fazitmagazin.at/2012/11/das-wirtschaftsmodell-der-genossenschaften/. Zugegriffen: 13. März 2014

Warner A (2012) (2013) Krautfunding: Deutschland entdeckt die Dankeschön-Ökonomie. E-Book-News. PressBooks.com, Berlin

Wenzlaff K, Eisfeld-Reschke J (Hrsg) (o. J.) Crowdinvesting and Peer-to Peer Landing, Robert Koch R (2013) Crowdinvesting and Peer-to Peer Lending Genossenschaftsbanking 2.0 als neue Strategie der Unternehmensfinanzierung, Wenzlaff K, Eisfeld-Reschke J (Hrsg), Crowdfunding-Studienreihe

[6] http://de.wikipedia.org/wiki/Fundraising. Zugegriffen: 30. Mai 2014.

[7] http://de.wikipedia.org/wiki/Sponsoring. Zugegriffen: 30. Mai 2014.

4 Spezifika neuer Geschäftsmodelle im Web 2.0

Jede ökonomische Entwicklung (im Sinne von nicht bloß quantitativer Entwicklung) baut auf dem Prozess der schöpferischen bzw. kreativen Zerstörung auf. Durch eine Neukombination von Produktionsfaktoren, die sich erfolgreich durchsetzt, werden alte Strukturen verdrängt und schließlich zerstört. Die Zerstörung ist also notwendig – und nicht etwa ein Systemfehler –, damit Neuordnung stattfinden kann. -Definition der „kreativen Zerstörung", übernommen aus Wikipedia (Definition der „kreativen Zerstörung", übernommen aus Wikipedia) (http://de.wikipedia.org/wiki/SschöpferischeZerstörung) *Zugegriffen: 21. 10.2014)*

Die neuen Geschäftsmodelle der Netzwerkökonomie weisen einige Besonderheiten auf:

- viele Produkte dieser neuen Geschäftsmodelle sind digitale Produkte, die ohne oder mit minimalen Zusatzkosten vervielfältigt werden können;
- die Innovationen sind vergleichsweise wenig wissenschaftlich geprägt, viel stärker auf die Marktseite orientiert und haben meist auch weniger technologische Unsicherheiten, als dies bei Projekten in anderen Technologiefeldern der Fall ist;
- durch die Viralität des Web 2.0 zeigt sich der Markterfolg der neuen Geschäftsmodelle viel schneller als bei traditionellen Vertriebsschienen;
- schnelle Fokussierung auf die Anwenderanforderungen und die Marktbedingungen sowie die Gewinnung strategischer Partner in den Zielbranchen (vor allem bei e-Commerce) ermöglicht mit begrenztem Kapitaleinsatz den raschen Nachweis der Tragfähigkeit eines Geschäftsmodells;
- Projekte aus dem Web 2.0 wachsen im Erfolgsfall schneller, was zu einem besseren Chancen-/Risiko Verhältnis als sonstige Technologiegründungen führt;

E. Sixt, *Schwarmökonomie und Crowdfunding,* DOI 10.1007/978-3-658-02929-6_4

- gute Skalierbarkeit im Verhältnis zu Consultant Unternehmen (kaum) bzw. Hochtechnologie Unternehmen (in sehr langen Zeitrahmen);
- es sind nur geringe Investitionen aufgrund der neuen technischer Möglichkeiten des Marktes notwendig (Demokratisierung der Technologie);
- viele Web 2.0 Projekte haben keinen oder nur einen geringen Bedarf für weitere Finanzierungsrunden; nach Erreichung der Marktziele ist meist die weitere Finanzierung mittels Cashflow möglich;
- es besteht die Möglichkeit für Investoren/Unterstützer, mit einem darstellbaren niedrigen Kapitaleinsatz das Projekt zu unterstützen.

5 Finanzierung innovativer Unternehmen

"Through crowdfunding, entrepreneurs will have access to capital, create innovative products and services, create jobs and contribute to economic growth. Crowdfunding is a more reliable, long-term and local investment method than any other investment method in the market and it will help to stabilize the financial system." ... (European Crowdfunding Network)

Es besteht auf europäischer Ebene Einigkeit darüber, das dem zunehmenden Wettbewerbsdruck einer vernetzwertigten und globalisierenden Wirtschaft – wohlstandswahrend – nur mit einer entsprechenden Innovationskraft der Unternehmen begegnet werden kann.

Innovation setzt jedoch ausreichende Finanzierungsmöglichkeiten voraus.

Die Rahmenbedingungen für die Finanzierungsmöglichkeiten haben sich in den letzten Jahren verschlechtert.

Laut den Daten der European Chamber of Commerce (Gajda 2013) haben 30 % der Klein- und Mittelunternehmen in Europa Liquiditätsschwierigkeiten, hervorgerufen vor allem auch durch die Zurückhaltung der Banken bei der Kreditvergabe. 2013 ist europaweit ein Rückgang des gesamten aushaftenden Kreditvolumens von 23 % gegenüber den Vorjahren zu bemerken. Gleichzeitg erhöhten sich das Sicherheitenausmaß und die Zinssätze im gleichen Zeitraum um 34 bzw. um 54 %. Dies vor dem Hintergrund, dass in Europa vor allem die Klein- und Mittelunternehmen Arbeitsplätze schaffen und mehr als 67 % der Arbeitsplätze in Europa repräsentieren.

Festzuhalten ist hier auch, das durch oben dargestellte Spezifika der neuen Web 2.0 Unternehmen (vgl. Abschn. 4 Spezifika neuer Geschäftsmodelle im Web) die Finanzierungsanforderungen von Projekten in der digitalen Wirtschaft nicht zu den Finanzierungstätigkeiten der privaten Banken passen,

E. Sixt, *Schwarmökonomie und Crowdfunding,* DOI 10.1007/978-3-658-02929-6_5

- da oftmals nur geringe Beträge benötigt werden, bei denen der Due Diligence Aufwand und die damit verbundenen Kosten der Bank in keiner Relation zu den möglichen Erträgen stehen.
- Die Banken häufig auch über keine entsprechenden Kompetenzen zur Bewertung der Marktfähigkeit und -chancen neuer Geschäftsmodelle verfügen.

Alternative Finanzierungsinstitute wie Venture Capital Fonds und Business Angels spielen traditionell in Europa im Vergleich zu den USA eine sehr geringe Rolle in der Gesamtfinanzierung von Klein- und Mittelunternehmen. Die im Rahmen der Frühphasenfinanzierung in Europa 2011 geflossenen 3 Mrd. € an Venture Capital kamen weniger als 5000 Klein- und Mittelunternehmen zugute. Dies entspricht nur rund 0,02 % aller Klein- und Mittelunternehmen in Europa. Business Angels investierten 2011 weniger als 150 Mio. € in knapp 1000 Transaktionen. Anzumerken ist auch, dass insgesamt das von 2007 bis 2009 in europäische Unternehmen investierte Risikokapital (in Prozent vom BIP) um knapp 70 % zurückgegangen ist und nur langsam wieder ansteigt. Erklärbar ist der drastische Rückgang damit, dass europaweit vor allem die Finanzinstitute mit ihren Risikokapitalunternehmen den Großteil des zur Verfügung gestellten Wagniskapitals beisteuerten. Das hat sich mit der Finanz- und Wirtschaftskrise 2007 nachhaltig geändert und wird sich zukünftig bedingt durch die erhöhten Eigenkapitalerfordernisse der Basel-III-Vorschriften auch nicht mehr revidieren.

Einzig der Bereich der staatlichen Förderungen für innovative, wachstumsorientierte Klein- und Mittelunternehmen sowie technologieorientierte junge Unternehmen ist in den letzten Jahren in den einzelnen europäischen Ländern stark gestiegen. Dies resultiert vor allem aus den seit 2011 auf europäischer Ebene laufenden Initiativen zur Verbesserung der Finanzierungssituation von innovativen Unternehmen.

5.1 Situation der traditionellen Finanzdienstleister im Detail

> … According to statistics, some 30 % of Europes 23 million SMEs face liquidity problems and only 30 % of SMEs access bank credit at any given time. The availability of bank loans for SMEs has declined by 23 % over recent years, while collateral requirements have increased by 34 % and interest rates by 54 %. Traditional methods of financing such as bank loans are often not available, factoring and other forms of finance do not focus on the majority of SMEs. And public funding is rarely a viable option either…(Crowdfunding_ECN_paper)

5.1.1 Finanzkrise ab 2007

Als Beginn der noch immer herrschenden weltweiten Banken- und Finanzkrise wird immer wieder der 7. August 2007 genannt: An diesem Tag stiegen die Zinsen für Interbankfinanzkredite in den USA sprunghaft an. Die Krise war eine Reaktion auf hohe Abschreibungsverluste der Banken in Folge eines spekulativ aufgeblähten Immobilienmarkts (US-

Sub-Prime-Blase) in den USA. Der hohe Verschuldungsgrad vieler Banken bedingt durch hohe Abschreibungsverluste erforderte den Verkauf von Vermögenswerten und führte zu einer restriktiveren Kreditvergabe.

Die internationale Vernetzung der Banken und Finanzmärkte führte dazu, dass seit September 2008 auch viele Schwellenländer und mittel- und osteuropäischen Länder (MOEL) die Finanzmarktkrise zu spüren bekamen.

Die Finanzkrise veranlasste mehrere Staaten, große Finanzdienstleister (u. a. American International Group, Fannie Mae, Freddie Mac, UBS und die Commerzbank) durch riesige staatliche Fremdkapital- und Eigenkapitalspritzen am Leben zu erhalten. Auch wurden die Diskontsätze niedrig gehalten bzw. noch weiter gesenkt, um die Banken mit billigem Geld zu versorgen und dadurch die Kreditvergabe aufrechtzuerhalten[1].

Die Krise übertrug sich in der Folge durch Produktionssenkungen und Unternehmenszusammenbrüche auf die Realwirtschaft. Viele Unternehmen, wie der Autohersteller General Motors (US), meldeten Konkurs an und entließen Mitarbeiter.

Im April 2009 schätzte der Internationale Währungsfonds (IWF) die weltweiten Wertpapierverluste infolge der Krise auf vier Billionen US-$[2].

Die Krise des Finanzsektors führte zu folgenden Entwicklungen, deren massiven Auswirkungen erst nach und nach spürbar werden:

- Es werden international Bestrebungen gesetzt, um die Banken in der nächsten Finanzkrise resistenter zu machen (Basel II, Basel III).
- Der Finanzsektor hat vor allem durch die bei der Finanzkrise offensichtlich gewordene Intransparenz des Systems einen immensen Vertrauensverlust erlitten.

5.1.2 Basel II und Basel III

Im Frühjahr 2013 bestätigte das Europäische Parlament die endgültige Umsetzung der internationalen Basel III Vereinbarung.

Erklärte Ziele der erhöhten Anforderungen an das Eigenkapital der Banken sind laut den diesbezüglichen Ausführungen des Europarates (Karas 2013):

- Stabilisierung und Stärkung des Bankensektors;
- die Rückführung der Bankinstitute zum Kern ihrer Aufgaben: der Finanzierung der Realwirtschaft;
- im Bereich der Corporate Governance soll ein Kulturwandel eingeleitet werden.

[1] http://de.wikipedia.org/wiki/Finanzkrise_ab_2007. Zugegriffen: 15. März 2014.

[2] IWF schätzt Verluste auf 4 Billionen $, veröffentlicht am 21. April 2004, http://www.faz.net/aktuell/wirtschaft/finanzkrise-iwf-schaetzt-verluste-auf-4-billionen-dollar-1784272.html. Zugegriffen: 15. März 2014.

Nach Basel II, dem derzeit gültigen Regelwerk, teilen sich die bankenaufsichtlichen Eigenmittel auf drei Säulen auf:

Tier 1 – Kernkapital, bestehend aus hartem Kernkapital wie klassische Aktien und einbehaltene Gewinne und hybridem Kernkapital, beispielsweise nachrangige Bankschuldverschreibungen.

Tier 2 – Ergänzungskapital, das der Bank nicht auf Dauer zur Verfügung steht (Genussrechte, Vorsorgereserven, Neubewertungsreserven).

Tier 3 – Drittrangmittel als kurz- bis mittelfristige nachrangige Verbindlichkeiten mit einer Laufzeit von mindestens zwei, aber weniger als fünf Jahren.

Mit Basel III werden die Drittrangmittel Tier 3 abgeschafft. Damit müssen Marktpreisrisiken mit härterem Kapital unterlegt werden. Ferner soll das harte Kernkapital (core tier 1) in Tier 1 verstärkt werden und als „wichtigster Bestandteil" 50 bis 85 % des Kernkapitals ausmachen. Dem Kernkapital werden zukünftig drei wesentliche Merkmale abverlangt. Erstens: Es muss effektiv eingezahlt worden sein, zweitens dauerhaft zur Verfügung stehen und drittens nötigenfalls zur Verlustabdeckung dienen können. Bei Tier 2 soll die Aufteilung in Ergänzungskapital erster (Vorsorgereserven, Neubewertungsreserven, Genussrechtskapital) und zweiter Klasse (längerfristige, nachrangige Verbindlichkeiten) entfallen.

Die generell verlangte Eigenkapitalquote von 8 % bleibt unverändert. Die Zusammensetzung der Quote verändert sich jedoch: Das Kapital von höchster Qualität, das harte Kernkapital, muss künftig 4,5 % statt wie bisher 2 % der Eigenkapitalquote ausmachen. Zusätzlich wird ein Kapitalerhaltungspuffer von 2,5 % eingeführt, der ebenfalls in der Form von hartem Kernkapital aufzubauen ist. Dies gilt für alle Bankinstitute innerhalb der EU. Systemisch relevante Institute müssen darüber hinaus weitere Kapitalpuffer anlegen. Auch bei den Liquiditätsvorschriften für die Banken gibt es Verschärfungen: Die Liquiditätsanforderungen enthalten zwei neuartige Liquiditätskennziffern. Durch die kurzfristige Kennziffer („Liquidity Coverage Ratio" – LCR) werden Banken dazu verpflichtet, liquide Mittel zu halten, durch die die selbstständige Erfüllung aller Verpflichtungen über einen Stresszeitraum von 30 Tagen gewährleistet ist. Der LCR wird schrittweise ab 2015 eingeführt und ist ab 2018 zu 100 % zu erfüllen.

Bei Beibehaltung des momentanen Ertragsniveaus wird die Einführung der Basel-III-Regelungen jedenfalls zu einer massiven Senkung der Eigenkapitalrendite (Return on Equity – RoE) der Banken führen. Davon werden britische und europäische Banken wesentlich stärker betroffen sein als die US-Banken. Grund dafür ist die historisch niedrige Eigenkapitalausstattung der europäischen Banken im Vergleich zu den US-Banken und die Tatsache, dass es sich bei vielen US-Banken um gelistete Unternehmen handelt, die in den letzten Jahren bereits ihre Eigenkapitalerfordernisse vermehrt über den Kapitalmarkt decken konnten. Eine Aufrechterhaltung des jetzigen RoE-Niveaus kann nur durch massive Einsparungen oder massive Kostenüberwälzung auf die Kunden erfolgen.

5.1.3 Auswirkungen von Basel III für die Realwirtschaft

Nach Angaben der Deutschen Bundesbank beträgt die durchschnittliche Eigenkapitalquote der deutschen Unternehmen 2010 22 %. Wobei gilt, desto kleiner das Unternehmen, desto geringer ist meist die Eigenkapitalquote: Bei Klein- und Mittelunternehmen beträgt diese durchschnittlich 20 %, bei Großunternehmen beträgt die Eigenkapitalquote durchschnittlich 27,9 %. Rund 30 % der deutschen Klein- und Mittelunternehmen sind unterkapitalisiert (Eigenkapitalquote liegt unter 10 %). Anzumerken dabei ist jedoch, das dass sich im deutschen Mittelstand zwischen 1997 und 2010 ein grundlegender Wandel in der Finanzierungsstruktur vollzogen hat[3]. Die Eigenkapitalausstattung steigt stetig an: Bei größeren Unternehmen mit mehr als 50 Mio. € Jahresumsatz fiel die Steigerung im Vergleich zu den deutschen Klein- und Mittelunternehmen von 1997 bis 2010 deutlich geringer aus, nämlich von 25 auf 29 %. Die bessere Eigenkapitalausstattung reflektiert bereits die erkannte Notwendigkeit die Eigenkapitalausstattung in Hinblick auf verschärfte Kreditbedingungen zu erhöhen.

Folgende Statistik zeigt die durchschnittlichen Eigenkapitalquoten von mittelständischen Unternehmen in Deutschland nach Beschäftigtengrößenklassen in den Jahren von 2005 bis 2012. Im Jahr 2005 betrug die durchschnittliche Eigenkapitalquote aller mittelständischen deutschen Unternehmen 22,5 %.

Die Tendenz der letzten Jahre (2005–2012) zeigt, dass sich die Diskrepanz zwischen den Großunternehmen und den kleinen Unternehmen (weniger als 10 Mitarbeiter) noch verschärft hat (Abb. 5.1).

Im internationalen Vergleich haben sich die europäischen Unternehmen und speziell die Unternehmen im deutschsprachigen Raum traditionell immer mehr über Bankkredite finanziert. Jetzt wirken sich die niedrigen Eigenkapitalquoten der Unternehmen jedoch überproportional negativ auf das Kreditrating der Unternehmen aus, wobei die Banken zusätzlich noch erhöhte Anforderungen an die Sicherheit des Finanzierungserfolges stellen.

Gemäß einer Prognose der Ratingagentur Standard & Poors (S&P) benötigen die mittleren Unternehmen Europas bis 2018 Kredite im Umfang von 3,5 Billionen € (Frühauf und Weingartner 2013): Circa 2,7 Billionen € benötigten die mittleren Unternehmen zur Refinanzierung und weitere 800 Mrd. € würden bis 2018 für Wachstums- und Innovationsinvestitionen benötigt.

Durch die mit Basel III einhergehenden Restriktionen wird es zunehmend unmöglich für Klein- und Mittelunternehmen, Investitionen für den Aufbau neuer Geschäftsbereiche mit Bankkrediten zu finanzieren. Die Erhebungen der österreichischen Nationalbank zum Wachstum der Kredite an Nichtbanken zeigen die fallende Tendenz (Abb. 5.2).

Da sich die Wirtschaftsdynamik ständig beschleunigt und Unternehmen dementsprechend in neue risikoreichere Geschäftsbereiche investieren müssen, um wettbewerbsfähig

[3] KMU-Finanzierung, Eigenkapitalquote von Kleinunternehmen seit 1997 verdreifacht, veröffentlicht am 8. Mai 2013. http://www.haufe.de/controlling/controllerpraxis/deutscher-mittelstand-steigert-eigenkapitalquote_112_176876.html. Zugegriffen: 15. März 2014.

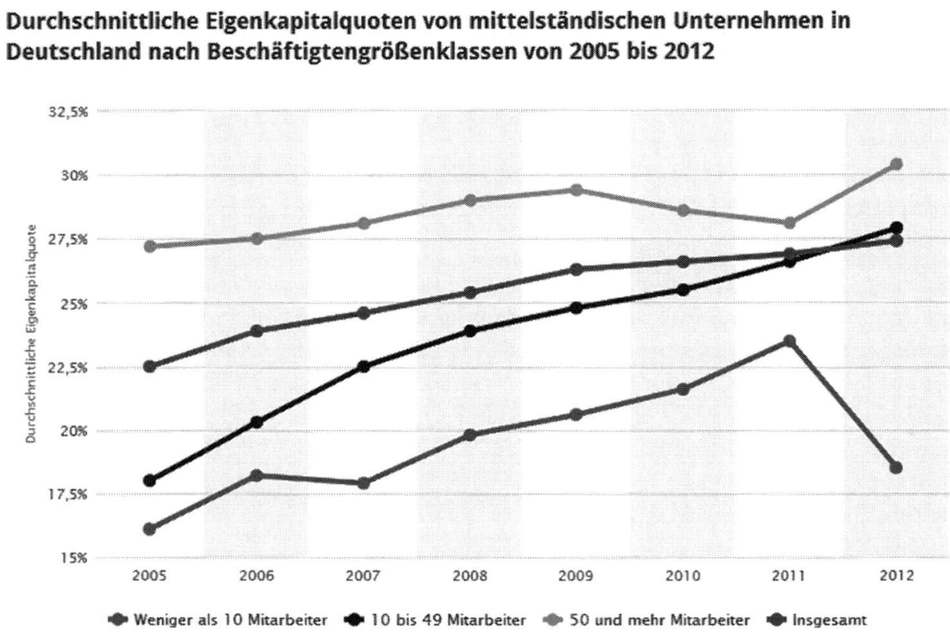

Abb. 5.1 Eigenkapitalquoten von mittelständischen Unternehmen in Deutschland. (Quelle: http://de.statista.com/statistik/daten/studie/150148/umfrage/durchschnittliche-eigenkapitalquote-im-deutschen-mittelstand/. Zugegriffen: 23. Mai 2014)

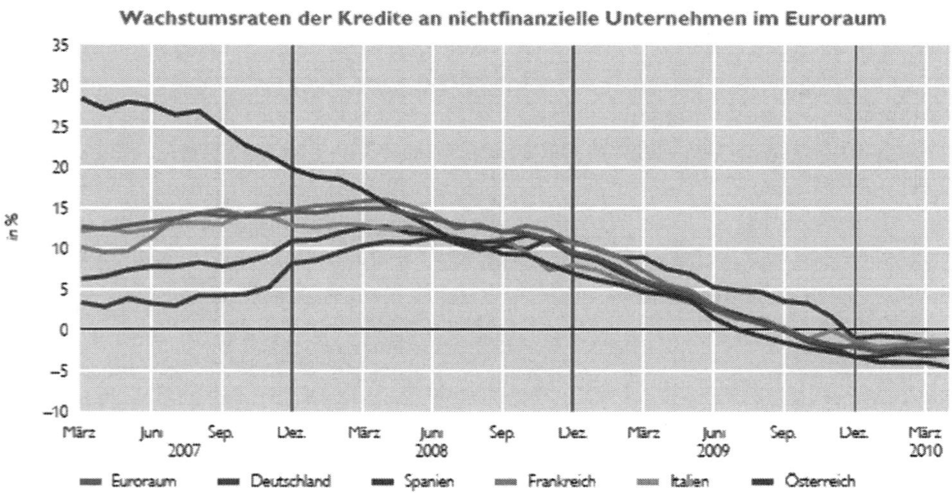

Abb. 5.2 Wachstum der Kredite an nichtfinanzielle Unternehmen im Euroraum. (Quelle: Entwicklung des Kreditvolumens an Nichtbanken im Euroraum, Martin Bartmann, Statistiken Q3/2010 der österreichischen Nationalbank)

zu bleiben, könnte es in Europa bei den momentan sehr risikoaversen Bankregelungen zu einem fatalen Investitionsstop in innovative Geschäftsbereiche kommen.

Dies alles vor dem Hintergrund, dass bis zum Ausbruch der Finanzkrise der Bankensektor ein wichtiger Player auch im Risikokapitalbereich war und sich nunmehr aus diesem Bereich zurückgezogen hat.

Da es im europäischen Raum bis dato nie gelungen ist, eine – dem angloamerikanischen Raum vergleichbar – gut funktionierende Private Equity bzw. Venture Capital Szene aufzubauen, gelang es bis dato nicht, die durch die Kreditklemme entstandene Lücke aufzufüllen. Diese Kombination aus fehlendem Private Equity-Markt und erhöhter Eigenkapitalanforderung an die Banken, welche dies in Form von erhöhten Anforderungen an das Eigenkapital bzw. an die Sicherheiten der Kreditnehmer weitergeben, wird aller Voraussicht nach zu einer weiteren Benachteiligung der kontinental-europäischen Wirtschaft führen.

5.1.4 Vertrauensverlust in den Bankensektor

Der Global Consumer Banking Survey wird von der weltweit tätigen Wirtschaftsprüfungsgesellschaft Ernst & Young (2012) jährlich durchgeführt. Ziel der Studie ist die Ermittlung aktueller Trends in der Finanzindustrie und die Erhebung des Kundenvertrauens, der Kundenzufriedenheit, des Kundenverhaltens und der Kundenpräferenzen.

Weltweit wurden für die Studie 2012 28.521 Bankkunden befragt, davon in Deutschland 1003.

Die Resultate der Studie fielen sehr ernüchternd aus, repräsentieren aber die Stimmung der Bankkunden seit der Finanzkrise wohl sehr gut:

- Bei der Mehrheit der Bankkunden in Deutschland (58 %) ist in den letzten zwölf Monaten das Vertrauen in die Bankenbranche gesunken. Als maßgebliche Gründe hierfür werden die Unzufriedenheit mit der Art und dem Umfang der Bonuszahlungen an die Geschäftsführungsmitglieder der Banken sowie makroökonomische Gründe (wie z. B. die lange Phase niedriger Realzinsen in der ersten Hälfte dieses Jahrzehnts) genannt.
- 31 % der Bankkunden in Deutschland nennen als wichtigstes Instrument zur Steigerung der Kundenzufriedenheit die Verbesserung der Gebührenstruktur. An zweiter Stelle folgt der Umgang der Banken mit einem lebensverändernden Ereignis ihrer Kunden;
- 62 % der Bankkunden in Deutschland haben Geschäftsbeziehungen zu mehr als einer Bank. Wichtigster Grund für Multibanking ist das Streben nach den besten Gebühren für das jeweilige Produkt. 6 % der Bankkunden in Deutschland planen einen Wechsel ihrer Hausbank.
- Nur 44 % der Kunden in Deutschland geben an, Banken als Informationsquelle über neue Bankprodukte zu bevorzugen. 69 % hingegen präferieren einen Austausch im Familien-, Freundes- oder Kollegenkreis. Auch alternativen Informationsquellen, wie Online-Vergleichsportalen (58 %), kommt eine große Bedeutung zu.

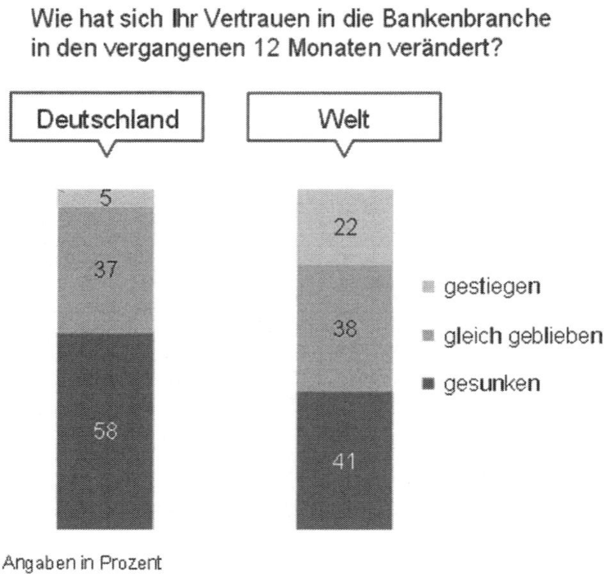

Abb. 5.3 Vertrauensverhältnis in die Bankenbranche. (Quelle: GfK 2014)

- Nur 47 % der Bankkunden in Deutschland geben an, dass die Hausbank ihre Angebote an Produkten und Dienstleistungen an die finanziellen Bedürfnisse ihrer Kunden anpasst.
- Zur besseren Personalisierung der Angebote wäre die Mehrheit der Kunden (58 %) bereit, der Hausbank genauere Informationen über sich und die Familie zur Verfügung zu stellen.
- Nur jeder 20. Bankkunde in Deutschland (5 %) nimmt an einem Loyalitätsprogramm seiner Bank teil. Weltweit liegt die Teilnahmequote mit 27 % deutlich höher.

Die Studie hält auch fest, dass sich das Vertrauensverhältnis immer mehr verschlechtert.

Eine Anfang Februar 2013 veröffentlichte Studie „Global Trust Report" des GfK Vereins (GfK 2014), zeigt ebenfalls eine andauernde Verschlechterung der Vertrauenswerte auf, so belegte die Finanzbranche zwar schon im Vorjahr den letzten Platz, büßte aber im Vergleich mit anderen Wirtschaftsbranchen in der aktuellen Erhebung noch einmal sieben Prozentpunkte ein. Nur mehr 29 % der deutschen Bevölkerung vertraut den Banken. Im internationalen Vergleich bildet Deutschland mit seinen Werten fast das Schlusslicht, nur Italiener und Spanier sind gegenüber dem Finanzsektor noch misstrauischer. Dort traut nicht mal jeder Fünfte den Banken und Versicherungen (GfK 2013, 2014; Abb. 5.3).

Finanzierungsphasen

	EARLY-STAGE (Gründungsphase)			LATER-STAGE (Expansionsphase)		
Phase	Seed	Start-up	First-Stage	Second-Stage	Third-Stage	Bridge bzw. IPO
HAUPT-AUFGABE	Forschung Marktanalyse	Unternehmensgründung	Produktionsbeginn, Markteinführung	Nationale Expansion	Internationalisierung	Vorbereitung bzw. Börsengang
Unternehmernahes Eigenkapital	Privatvermögen, Freunde, Förderungen			(Eventuell) Strategischer Partner		
Externes Eigenkapital	Incubator, Business Angel	Business Angel	Venture Capital	Venture Capital	Private Equity	Private Equity, Public Equity
Mezzaninekapital				Mezzaninekapital		
Fremdkapital	Wenig Fremdkapital, mit Privatvermögen oder mit staatlicher Haftung besichert			Fremdkapitalanteil steigt	Hoher Fremdkapitalanteil	

Abb. 5.4 Finanzierungsphasen eines Unternehmens. (Quelle: http://www.netzwerk-nordbayern.de/home/downloads/arbeitshilfen-vorlagen.html. Zugegriffen: 15. März 2014)

5.2 Entwicklung des Private Equity Marktes

5.2.1 Typische Finanzierungsphasen eines Unternehmens

Typischerweise werden folgende Phasen bei technologieorientierten, wissensbasierten oder innovativen Unternehmen unterschieden (Abb. 5.4):

Die *Gründungsphase* (auch Early-Stage oder Frühphase genannt) unterteilt sich in die Seed-, Startup- und First-Stage-Phase (Fraunhofer ISI Gutachten 2012), Fraunhofer ISI Gutachten, Venture Capital und weitere Rahmenbedingungen für eine Gründungskultur, für das Sekretariat der Enquete-Kommission „Internet und digitale Gesellschaft" des Deutschen Bundestages, Dr. Marianne Kulicke, Fraunhofer Institut für System- und Innovationsforschung ISI.

Die **Seed-Phase** wird teilweise noch der Vorgründungsphase zugeordnet, d. h. eine formale Gründung hat noch nicht stattgefunden. So definiert der Bundesverband Deutscher Kapitalbeteiligungsgesellschaft (BVK e. V.) Seed-Kapital als Kapital, das der Finanzierung der Ausreifung und Umsetzung einer Idee in verwertbare Resultate bis hin zum Prototypen dient, auf dessen Basis ein Geschäftskonzept für ein zu gründendes Unternehmen erstellt wird.

Die **Startup-Phase** ist geprägt durch den Unternehmensaufbau. Diese Phase umfasst den Produktions- und Dienstleistungsaufbau von der Idee zur Konzeption.

In der **First-Stage-Phase** erfolgt die breite Markteinführung, der Auf- und Ausbau des Mitarbeiterstamms, die Steigerung der Umsätze, Anpassungs- und Weiterentwicklung des Leistungsangebots und die Sicherung von Geschäftsbeziehungen. Die Risiken für die Beteiligungskapitalgeber sind ab dieser Phase bereits besser einschätzbar, da erste Markterfolge vorliegen und die Marktresonanz und damit die Renditemöglichkeiten besser abschätzbar sind. Langsam nimmt die Bedeutung von Fremdkapital zu.

In der *Expansionsphase* geht es um die Finanzierung verschiedener Expansionsschritte oder um spezielle Finanzierungsanlässe, wie beispielsweise die Übernahme anderer Unternehmen.

Die **Second-Stage-Phase** hat die Marktdurchdringung im nationalen Markt und die Vorbereitung der Internationalisierung zum Ziel. Maßgeblich für diese Phase ist das Erreichen des Breakevenpunktes, das heißt in dieser Phase erfolgt die Ausweitung des Leistungsangebots, die Erweiterung des Mitarbeiterstamms, des Organisationswachstums, die Erschließung neuer Geschäftsbereiche usw. Durch Erreichen des Breakevenpunktes signalisiert das Unternehmen eine gesunde Gewinnzone und kann die beschriebene weitere Unternehmensentwicklung zumindest teilweise aus eigener Kraft finanzieren. Da die Beteiligungsrisiken besser einschätzbar werden, sind wachsende Technologieunternehmen, die die Marktfähigkeit ihres Leistungsangebots bereits durch deutliche Umsätze bewiesen haben, attraktiv für Venture Capital Gesellschaften und Private Equity Gesellschaften. Unter Private Equity wird dabei im weiteren Sinne der gesamte Bereich der außerbörslichen Eigenkapital- bzw. eigenkapitalähnlichen Finanzierung von Unternehmen verstanden.

In der **Third-Stage-Phase** erfolgt schwerpunktmäßig die Etablierung des Unternehmens auf internationalen Märkten, verbunden mit einem weiteren Wachstum aller Bereiche des Unternehmens.

5.2.2 Informelles Beteiligungskapital

Zu Beginn des Lebenszyklus eines innovativen Unternehmens (*Gründungsphase*) erfolgt die Finanzierung meist durch informelles Beteiligungskapital in Form von finanziellen Mitteln, die von Familienmitgliedern oder Freunden bzw. Business Angels zur Verfügung gestellt werden.

Bei Business Angels handelt es sich um vermögende, unternehmerisch denkende Personen, die sich in einer frühen Phase der Unternehmensentwicklung an jungen, innovativen Unternehmen mit Wachstumspotenzial und interessanter Geschäftsidee beteiligen. Sie bieten meist *Smart Capital,* d. h., sie bringen neben Kapital auch fachliche Kompetenz und ein Kontaktnetzwerk in das Unternehmen ein (Fraunhofer ISI, Gutachten 2012, S. 30).

Business Angels investieren meist kleinere Beträge als formelle Wagniskapitalgeber und finanzieren vorrangig Unternehmen in einem ganz frühen Stadium ihrer Entwicklung.

Sie investieren zwar vorrangig, um eine angemessene Rendite zu erzielen, aber von Bedeutung ist ebenso das Motiv, am Aufbau eines Unternehmens mit innovativer Geschäftstätigkeit mitzuwirken und das eigene Know-how einzubringen.

Das Business Angels Netzwerk Deutschland (BAND 2013) schätzt die Anzahl der Business Angels in Deutschland auf rund 5000, welche jährlich insgesamt zwischen 200 und 300 Mio. € investieren. Bei rund 500 dieser Business Angels handelt es sich um Investoren mit breiter und langjähriger Informations- und Kommunikationstechnik-Expertise. Ihre Zahl und Bedeutung steigt zunehmend, was daraus resultiert, dass die erste erfolgreiche Gründergeneration aus der IKT-Welt nun auf die Investorenseite wechselt. Diesem Umstand ist auch die Entstehung der Seed Accelerators bzw. der Company Builder (auch bezeichnet als Inkubatoren) zuzuschreiben: Beide Formen der Startup-Entwicklung werden nachstehend näher betrachtet:

Seed Accelerators

2005 entstand in Silicon Valley/USA mit YCombinator[4] der erste Seed Accelerator, der in den letzten Jahren weltweit Nachahmer fand. YCombinator ist mit TechStars[5] (entstanden 2006 in Boulder/Colorado) und Seedcamp[6] (2007 gegründet) die führende Einrichtung weltweit.

Accelerator-Programme bieten innovativen Startups in der Frühphase (*Gründungsphase*) einerseits Kapital, aber vor allem auch ein Bündel an Unterstützungsleistungen und Trainings.

Typische Unterstützungsleistungen für die Startup Teams im Accelerator sind:

- 35.000 bis 50.000 US-$ Finanzierung pro Vorhaben gegen die Abgabe von Anteilen am Gesellschaftskapital (mit großer Schwankungsbreite zwischen 2 und 40 %);
- ein drei- bis sechsmonatiges Programm mit intensiver Managementunterstützung und intensivem Mentoring, meist in den Arbeitsräumen des Inkubators.

Wichtiger Bestandteil des Inkubatorprogramms ist meist auch der Zugang zum Netzwerk des Inkubators (Venture Capital Firmen usw.).

Company Builder

Hier werden nach dem Copy-Paste-Verfahren erprobte Geschäftsmodelle auf neue Märkte angewandt. Die Company Builder unterstützen das Unternehmen in der Form, dass sie das entsprechende Managementteam zum bereits vorhandenen Geschäftsmodell suchen. Einer der bekanntesten Company Builder sind die Samwer-Brüder mit *Rocket Internet*.

Die *Rocket Internet GmbH* ist ein deutsches Unternehmen der Internet-Industrie mit Sitz in Berlin. Rocket Internet hält oder hielt Beteiligungen an unterschiedlichen Startups, darunter an den Firmen Zalando, Groupon und eDarling. Es wurde im Jahr 2007 von den Brüdern Marc, Oliver und Alexander Samwer gegründet und ist mit dem *European Founders Fund* verbunden.[7]

Die Konzeption der Inkubatoren hat den Vorteil, dass die Gründer in der *Gründungsphase* des Unternehmens ohne finanzielle Probleme für eine bestimmte Zeit intensiv an ihrem Businessplan und Geschäftsmodell arbeiten können. Als Nachteil wird immer wieder diskutiert, dass solche Trainingsprogramme im Gegenzug die Abgabe von Unternehmensanteilen in einem frühen Stadium bei einer noch geringen Bewertung der Geschäftsidee erfordern. Die Gefahr des Know-how- und Ideenabflusses besteht vor allem, wenn im gleichen Unterstützungsprogramm mehrere ähnliche Vorhaben betreut werden.

---

[4] http://ycombinator.com/. Zugegriffen: 30. Mai 2014.

[5] http://www.techstars.com/. Zugegriffen: 30. Mai 2014.

[6] (http://www.seedcamp.com/). Zugegriffen: 30. Mai 2014.

[7] Wikipedia: http://de.wikipedia.org/wiki/Rocket_Internet. Zugegriffen: 27. Februar 2014.

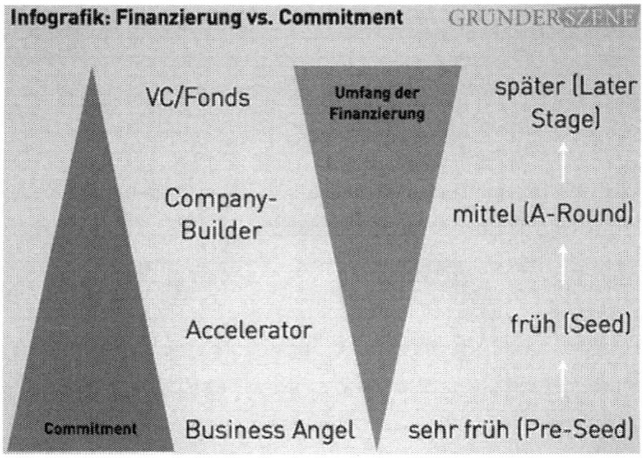

Abb. 5.5 Intensität der Unterstützung in Sachen Commitment, Know-how und Netzwerk. (Quelle: www.gründerszene.de)

Deutsche Seed Accelerators bieten eine Unterstützung bis zu zwölf Monaten. In dieser Zeit soll die Entwicklung eines Geschäftsmodells und Schärfung des Kundennutzens, erste Marketingschritte und die Markenpositionierung erfolgen. Meist sind bei solchen Gründungsvorhaben keine aufwendigen Forschungs- und Entwicklungsaufwendungen und die Anschaffung kapitalintensiver Ausrüstungen erforderlich. Für die eigentliche Seed-Phase ist damit der Kapitalbedarf überschaubar. Zu den angebotenen Unterstützungsleistungen zählt auch die Übernahme von rechtlichen und administrativen Aufgaben.

Die Inkubatoren sind auf die Besonderheiten der Geschäftsmodelle von Internet-Gründungen ausgelegt, die innerhalb eines überschaubaren Zeitraums ihre Marktfähigkeit beweisen und zu Markterfolgen führen können. Eine lange Forschungs- und Entwicklungsphase ist nicht erforderlich und ein Erfolg für den Investor schnell sichtbar.

Laut eigenen Angaben hat Rocket Internet – der wohl bekannteste Inkubator Deutschlands – bis dato mindestens 140 Unternehmen mit einer Exit-Quote von 25 % gegründet[8]. Pro Woche gründet Rocket Internet in etwa ein Unternehmen.

Generell gilt dabei: Je später im Wachstumsprozess sich das Unternehmen befindet, desto höher sind die benötigten Finanzmittel, sodass eine andere Form der Finanzierungsart attraktiv wird. Vor allem zahlen Investoren zu späteren Zeitpunkten auch höhere Bewertungen, weil das Risiko einer Gründung durch die gewonnenen Einsichten und Erfahrungen bereits reduziert wurde.

Dabei nimmt mit steigender Höhe der Finanzierung häufig auch die Intensität der Unterstützung in Sachen Commitment, Know-how und Netzwerk ab. Oder anders formuliert: Ein VC ist in der Regel weniger *comitted* als ein Business-Angel, sodass sich folgende Finanzierungs-Committment-Grafik ableiten lässt (Abb. 5.5)[9].

[8] „Deine Idee ist scheiße", sagte aber Oliver Samwer, „aber dich finde ich gut", erschienen auf Gründerszene.de, am 25. Februar 2014, http://www.gruenderszene.de/rocket-internet. Zugegriffen: 27. Februar 2014.

[9] Alex Hofmann, Blog Gründerszene.de: Serie: „So finden Gründer den richtigen Investor", veröffentlicht am 26. Juli 2012 http://www.gruenderszene.de/allgemein/investor-finden-venture-capital. Zugegriffen: 15. März 2014.

5.2.3 Vergleich des formellen Beteiligungskapitalmarktes Europa/USA

2012 betrug das für junge, innovative und rasch wachsende Unternehmen zur Verfügung gestellte Venture Capital in den Vereinigten Staaten etwas mehr als 26 Mrd. US-$ (19 Mrd. €), was einen Rückgang um 3 Mrd. bzw. 10 % gegenüber dem Vorjahr darstellt (Rooney 2013).

Der im Jahr 2000 (New Economy) erreichte absolute Höhepunkt von mehr als 104 Mrd. US-$ aufgebrachtem Venture Capital erreichte 2002 nach Platzen der New-Economy-Blase einen Tiefpunkt von 19,7 Mrd. US-$. Das investierte Kapital stieg dann wieder kontinuierlich an, erreichte 2007 wieder ein Volumen von 35 Mrd. US-$ und sank im Zuge der Finanz- und Wirtschaftskrise auf wiederum rund 20 Mrd. US-$. Interessant dabei ist, dass das Ausmaß der Investitionen in das Frühphasensegment über die letzten Jahre immer eher konstant blieb (30 % des Venture Capital Betrages). wir nehmen die Abbildung heraus.

Laut den Daten aus dem European Private Equity and Venture Capital Association (EVCA) Yearbook 2013 für die Jahre 2012 und 2013 betrug das gesamte investierte Private Equity Volumen in Europa 2013 36 Mrd. €, wobei hier auch Buyouts usw. inkludiert sind, dass heißt die Zahlen sind nur bedingt vergleichbar: Nimmt man nur die Zahlen für den Venture-Bereich, dann stehen den obigen aktuellen US Venture Capital Investments von 26 Mrd. US-$ (19 Mio. €) 3,1 Mrd. € gegenüber, wobei auch in Europa ein starker Rückgang in den Jahren 2012 und 2013 feststellbar ist.

Laut den Statistiken des Dow Jones VentureSource[10] betrug der Gesamtbetrag der europäischen Venture Capital Investments für das erste Halbjahr des Jahres 2013 1,5 Mrd. €, wobei auf England 524 Mio. €, auf Frankreich 319 Mio. € und auf Deutschland (und die anderen deutschsprachigen Regionen) 274 Mio. € anteilig entfielen. Hält dieser Trend an, verliert England seine massive Vormachtstellung, denn bis dato hatte England regelmäßig den deutlich größten Anteil mit rund 40 % an den gesamteuropäischen Investitionen. In der ersten Hälfte 2013 ist der Anteil Englands deutlich zurückgegangen (unter 40 %). Deutschland und Frankreich, deren Anteile von 15 % auf rund 20 % gestiegen sind, haben dagegen aufgeholt.

In der *Gründungsphase* werden in Europa jährlich zwischen 500 und 1000 Unternehmen mit Beträgen unter jeweils 4 Mio. € finanziert. Vergleichbar mit den USA sind es ähnlich viele Unternehmen (750 bis 1000).

Das große Problem Europas im Venture Capital Bereich ist, dass es nach der Seed-Phase ungleich schwerer wird, in Europa zu weiterem benötigten Geld zu kommen. Während in den USA jährlich etwa 1000 Unternehmen eine Anschlussfinanzierung mit Beträgen über 4 Mio. € bzw. 5 Mio. US-$ bekommen, beläuft sich die Zahl der europäischen Unternehmen, die eine Anschlussfinanzierung bekommt, nicht einmal auf ein Drittel: Nur etwa

[10] Dow Jones Venture Source US quarterly Report – 2. Quartal 2013, http://venturecapitalreport.blogspot.co.at/2013/07/dow-jones-venturesource-us-quarterly.html. Zugegriffen: 27. Februar 2014.

200 Unternehmen erhalten in Europa jährlich eine Anschlussfinanzierung über jeweils 4 Mio. €.

5.2.4 Öffentliche-rechtliche Finanzmittel

Auch bedingt durch die Bemühungen der Europäischen Union steigen die in junge und/oder klein- und mittelständische Technologieunternehmen investierten öffentlichen Mittel in den vergangenen Jahren massiv an. Dementsprechend entstanden in den letzten Jahren in Deutschland – nicht zuletzt unter Ausnutzung der finanziellen Spielräume aus dem Europäischen Fonds für regionale Entwicklung (EFRE) und der ERP/EIB-Dachfonds-Förderung – eine ganze Reihe öffentlich-rechtlicher Beteiligungsfonds, die das Finanzierungsangebot für typische Mittelstandsfinanzierungen um Angebote für Innovationsfinanzierungen ergänzen (Fraunhofer ISI, Gutachten 2012, S. 51).

Ein gutes Beispiel für die diesbezüglichen Bemühungen ist der deutsche High-Tech Gründerfonds (HTGF)[11] (geführt in Form einer Public-Private-Partnership), der seit 2005 zu einer deutlichen Steigerung von Seed-Finanzierungen in Deutschland führte und deutliche Hebeleffekte auf Anschlussfinanzierungen durch private Kapitalgeber bewirken konnte. Der High-Tech Gründerfonds investiert Risikokapital in junge, chancenreiche Unternehmen aller Branchen, wobei sich der Fonds als Seedfinanzierer versteht, der die Finanzierung bis zur Bereitstellung eines Prototypen bzw. eines „Proof of Concept“ oder zur Markteinführung übernimmt.

Der Fonds wirbt auf seiner Webseite auch damit, das neben dem Geld den Startups auch ein erfahrenes Investmentmanagementteam zur Seite gestellt wird, das Knowhow einbringt, gleichzeitig ist der Fonds auch aktiv im Einwerben von Drittmitteln für die Seedunternehmen.

Investoren der Public-Private-Partnership sind das Bundesministerium für Wirtschaft und Technologie, die KfW Bankengruppe sowie die 17 Wirtschaftsunternehmen ALTANA, BASF, B. Braun, Robert Bosch, CEWE Color, Daimler, Deutsche Post DHL, Deutsche Telekom, Evonik, Lanxess, media + more venture Beteiligungs GmbH & Co. KG, METRO, Qiagen, RWE Innogy, SAP, Tengelmann und Carl Zeiss. Der High-Tech Gründerfonds verfügt insgesamt über ein Fondsvolumen von rund 573,5 Mio. € (272 Mio. € Fonds I und 301,5 Mio. € Fonds II). Der Fonds beteiligt sich initial mit 500.000 €; insgesamt stehen bis zu zwei Millionen. € pro Unternehmen zur Verfügung.

Gegründet 2005 hat die Organisation bis dato in 300 Unternehmen investiert und gehört damit zu den aktivsten internationalen Seedfonds.

Lt. einer Pressemitteilung vom Juli 2013 wurden 2012 im Gesamtportfolio in 550 Folgefinanzierungsrunden über 560 Mio. € aus Drittmitteln in das Portfolio eingeworben, darunter Corporates, VC's und Business Angels.

[11] http://www.high-tech-gruenderfonds.de/. Zugegriffen: 31. Mai 2014.

Das Förderangebot des Bundes wird in Deutschland durch Länderfonds ergänzt. So gibt es in vielen deutschen Bundesländern einen Fonds für die Frühphase und einen für spätere Phasen. Absolut und in Relation zum Investitionsvolumen privater, eindeutig renditeorientierter Beteiligungskapitalgeber dürfte ihre Finanzierungstätigkeit erheblich sein.

Das Engagement der öffentlichen Förderfonds ist insbesondere vor dem Hintergrund zu sehen, dass viele private, eindeutig renditeorientierte Beteiligungskapitalgeber das Segment der Frühphasenfinanzierung weitgehend meiden.

5.2.5 Zusammenfassung

Die feststellbare Tendenz des Rückzugs der Banken, sowohl aus dem Risikokapitalbereich als auch aus der Finanzierung der Innovationinvestments der Klein- und Mittelunternehmen, kann in Kombination mit der nicht ausgereiften Venture Capital Finanzierungslandschaft in Europa zu einem Problem für die Finanzierung junger Wachstumsunternehmen werden.

Momentan füllen vor allem öffentlich rechtliche Fonds die Lücke im Frühphasensegment. Diese sind nach dem Boom 2000 und dem Rückzug der Venture-Capital-Gesellschaften entstanden.

Langfristig muss jedoch ein nachhaltig funktionierendes Venture Capital Ökosystem in Europa aufgebaut werden, welches über ein ausreichendes Angebot an

- risikotragendem Kapital;
- unternehmerischen Aktivitäten sowie
- aus rechtlichen und wirtschaftlichen Rahmenbedingungen, die es ermöglichen, dass besonders aussichtsreiche Aktivitäten durch informelles oder formelles Wachstumskapital unterstützt werden können, bestehen muss (Fraunhofer ISI, Gutachten, 2012, S. 68).

Nachhaltig bedeutet in diesem Zusammenhang, dass das System dauerhaft selbstversorgend ist und es vor allem auf privatem Engagement und Investitionen beruht. Idealerweise sollen öffentliche Maßnahmen eine Ausnahme und nicht den Regelfall darstellen.

Literatur

Business Angels Netzwerk Deutschland (BAND) (2013) Privates Kapital für die Zukunft der Volkswirtschaft mobilisieren. http://www.business-angels.de/privates-kapital-fur-die-zukunft-der-volkswirtschaft-mobilisieren/. Zugegriffen: 27. Feb. 2014

Ernst & Young (2012) Global consumer banking survey. The customer takes control. http://www.ey.com/Publication/vwLUAssets/Global_Consumer_Banking_Survey_2012_The_customer_takes_control/$FILE/Global_Consumer_Banking_Survey_2012.pdf. Zugegriffen: 16. Feb. 2014

Frühauf M, Weingartner M (2013) Europas Mittelstand droht Billionenlücke. FAZ vom 23. Juni 2013. http://www.faz.net/aktuell/finanzen/anleihen-zinsen/mittelstandsanleihen/mittelstandsanleihen-europas-mittelstand-droht-billionenluecke-12243988.html. Zugegriffen: 27. Feb. 2014

Gajda O (2013) Proceedings of the highlevel workshop on crowdfunding and webentrepreneurship, 4th June 2013. European Crowdfunding Network AISBL, Brüssel

GfK-Verein (2013) Studie: Deutsche misstrauen Bankern – und lieben die Polizei. Spiegel Online. http://www.spiegel.de/wirtschaft/unternehmen/deutsche-haben-kein-vertrauen-in-die-finanzindustrie-a-881565.html. Zugegriffen: 6. März 2013

GfK-Verein (2014) Studie: global trust report. http://www.gfk-verein.com/index.php?article_id=263&clang=0. Zugegriffen: 25. Mai 2014

Karas O (2013) Basel III: Banken stabilisieren und Wachstum finanzieren. Wirtschaftstreuhänder, Heft 4

Rooney B (2013) Europe starved of Later Stage Venture Capital. Wallstreet Journal Online. http://blogs.wsj.com/tech-europe/2013/07/22/europe-starved-of-later-stage-venture-capital. Zugegriffen: 14. März 2014

Crowdfunding als mögliche Finanzierungsalternative

6

Therefore, crowdfunding constitutes a bridge to traditional sources of financing for many projects and start-ups. Both, in the social entrepreneurship and non-profit sector as well as in the for profit industries. It also smoothes income for the self-employed and microenterprises, a vital function in our economy. Following a successful crowdfunding round, many crowd-financed projects and start-ups have the opportunity to supplement their financing by borrowed capital because of the strengthened capital base.... (Crowdfunding_ECN_paper)

6.1 Entwicklung der gemeinschaftlichen Finanzierung

Historisch gesehen war die Idee *der gemeinschaftlichen Finanzierung* immer schon eine beliebte Finanzierungsmethode, wenn die klassischen Geschäfts- oder Finanzierungsmodelle nicht oder nicht mehr funktioniert haben:

Die ersten Genossenschaften im deutschsprachigen Raum wurden Mitte des 19. Jahrhunderts von Hermann Schulze-Delitzsch im sächsischen Delitzsch und von Friedrich Wilhelm Raiffeisen im rheinland-pfälzischen Weyerbusch als Antwort auf die notleidende ländliche Bevölkerungssituation gegründet (vgl. auch Abschn. 3.3.1. Beispiele für sonstige partizipative Finanzierungsmodelle: Genossenschaften).

Als Beispiel für ein sehr erfolgreiches gemeinschaftliches Finanzierungsprojekt wird auch immer wieder auf die Errichtung der Freiheitsstatue in New York vor 130 Jahren hingewiesen: 1885 schenkte Frankreich den Vereinigten Staaten von Amerika die Statue, zerlegt in ihren Einzelteilen. Da der Gouverneur von New York für den Bau des Sockels kein Geld der Stadtkasse zur Verfügung stellen wollte und der Kongress sich nicht auf eine Finanzierung des Sockels einigen konnte, konnte die Freiheitsstatue nicht errichtet

E. Sixt, *Schwarmökonomie und Crowdfunding,* DOI 10.1007/978-3-658-02929-6_6

werden. Joseph Pulitzer und seine Zeitung „The New York World" retteten schließlich die Statue. Sie riefen die New Yorker medial zum Spenden auf. Innerhalb von fünf Monaten kamen so 250.000 US-$ zusammen, was heute etwa einer Summe von 4,8 Mio. € entsprechen würde. Viele kleine Beträge ermöglichten die Errichtung der Freiheitsstatue. Schon damals galten die Regeln einer erfolgreichen gemeinschaftlichen Finanzierung: Jeder einzelne Spender wurde mit einer Erwähnung auf der Titelseite der Zeitung „The New York World" bedacht.

Im Oktober 2003 startete in den USA der professionelle Musiker und Produzent Brian Camelio die Internetplattform ArtistShare[1] als Reaktion auf die Entwicklungen des Raubkopierens und den Bestrebungen der Musikindustrie bezüglich eines digitalen Rechtemanagements. Die Webseite ermöglichte den Musikern erstmalig eine Vorfinanzierung der Produktion eines Musikalbums durch das Einsammeln vieler kleiner Beträge von Fans unter Verwendung des Internets. Als SellaBand (https://www.sellaband.com/de/) – ebenfalls eine Musikcrowdfunding-Plattform – im August 2006 in Europa startete, galt es, je 50.000 US-$ für Musiker und Bands mithilfe sogenannter Believer zu erreichen, um ein Album zu produzieren.

Das Besondere an der als Crowdfunding oder auch mit dem deutschen Begriff *Schwarmfinanzierung* bezeichneten Form des „Einsammelns kleiner Beträge" von vielen Beteiligten liegt in der Nutzung der interaktiven Möglichkeiten des Web 2.0.

Die Anzahl der Crowdfunding-Plattformen – in den unterschiedlichsten Ausprägungen – hat sich in den letzten Jahren parallell zur massiven Verbreitung der sozialen Kanäle (wie Twitter und Facebook), ausgehend von den USA, weltweit exponenziell erhöht.

Obwohl momentan das Gesamtausmaß dieser Finanzierungen – gesehen am Gesamtvolumen der Finanzierungen – noch gering ist, ist das Potenzial dieser neuen alternativen Finanzierungsmöglichkeit bereits jetzt deutlich erkennbar.

6.1.1 Die verschiedenen Arten des Crowdfundings

Eines der momentan am heftigsten diskutierten Themen in der deutschsprachigen Crowdfunding-Szene ist die Terminologie für die verschiedenen Arten des Crowdfundings, wobei es vor allem um eine Übersetzungsproblematik geht.

Einigkeit besteht jedoch großteils darin, dass die Definitionen des Crowdfunding Industry Reports (CIR) des auf die Crowdfunding-Branche spezialisierten US-Marktforschungsunternehmen Massolution[2] Anwendung finden sollen.

[1] http://www.artistshare.com/v4/. Zugegriffen: 23. Mai 2014.

[2] Massolution is a unique research, advisory and implementation firm that specializes in crowdsourcing solutions for private, public and social enterprises (http://www.massolution.com/about). Zugegriffen: 28. Februar 2014.

In Abhängigkeit von der Art der Gegenleistung für die erfolgte Finanzierung wird unterschieden in Crowdfunding **ohne finanzieller Gegenleistung (non financial returns),** hierunter fallen das

- **Reward-based-Crowdfunding** (rewardbasierendes Crowdfunding): der Unterstützer der Crowdfunding-Kampagne erhält als Gegenleistung für seine finanzielle Unterstützung materielle Dinge. Unter den Begriff des rewardbasierenden Crowdfundings fallen auch die Kampagnen, bei denen die Unterstützer des Projektes Anzahlungen für technische Gadgets usw. leisten (Presales). Teilweise kann der materielle Wert der Gegenleistung wesentlich geringer sein als der gezahlte Betrag. Teilweise kann jedoch der ideelle Wert der erhaltenen Gegenleistung viel höher sein wie beispielsweise ein persönliches Gespräch mit dem unterstützten Musiker oder Eintrittskarten für sein Konzert.
- **Donation-based-Crowdfunding** (spendenbasierendes Crowdfunding): Dabei gewährt der Spender eine finanzielle Unterstützung, ohne sich eine Gegenleistung zu erwarten, die auch nur annährend dem Wert der geleisteten Spende entspricht.

Und jene Crowdfundingarten bei denen die **Gegenleistung finanzieller Art** ist **(financial returns):**

- **Equity-based-Crowdfunding**[3] (equitybasierendes Crowdfunding der Investor erhält für seinen Beitrag am Crowdfunding-Projekt als Gegenleistung eine Beteiligung am Eigenkapital (umfasst auch *Mezzaninekapital*) bzw. am finanziellen Erfolg des Unternehmens.

Mezzaninkapital: Finanzierung mit Hybridkapital. Sie bezieht ihre Position zwischen dem stimmberechtigten Eigenkapital und dem erstrangigen Fremdkapital. Eine Mezzanine-Finanzierung enthält sowohl Eigenschaften der Eigen- als auch der Fremdkapitalfinanzierung.[4]

Der Investor erwartet sich einen finanziellen Ertrag aus seiner Investition. Für diese Art von Crowdfunding wird häufig auch der Begriff des Crowdinvestings verwendet.

- **Lending-based-Crowdfunding** (lendingbasierendes Crowdfunding oder Crowdlending): Hier werden meist kurzfristige Kredite unter Ausschaltung der Finanzdienstleistungsunternehmen von *Peer2Peer (P2P)* oder Peer2Company (P2C) gewährt.

Peer-to-Peer (P2P) Connection (von englisch *peer* ‚Gleichgestellter' ‚Ebenbürtiger') und Rechner-Rechner-Verbindung sind synonyme Bezeichnungen für eine Kommunikation unter Gleichen, hier bezogen auf ein Rechnernetz. In einigen Kontexten spricht man auch von Querkommunikation.[5]

---

[3] Anzumerken ist, dass die SEC inzwischen nicht mehr von Equity-based-Crowdfunding spricht, sondern von Securities-based-Crowdfunding.

[4] http://wirtschaftslexikon.gabler.de/Definition/mezzanine-finanzierung.html. Zugegriffen: 16. April 2014.

[5] http://de.wikipedia.org/wiki/Peer-to-Peer. Zugegriffen: 28. Oktober 2013.

Die Kreditgeber erwarten sich einen Zinsertrag, der über den von Banken gewährten Habenzinssatz liegt, die Kreditnehmer zahlen einen Sollzinssatz, der unter den von den Banken geforderten Überziehungszins liegt.

Momentan entwickeln sich auf den diversen Crowdfunding-Plattformen auch viele Mischmodelle (hybride Modelle). Beispielsweise bieten teilweise Künstler beim rewardbasierenden Crowdfunding neben einer materiellen Belohnung für die finanzielle Unterstützung auch einen aliquoten Erlösanteil des beim Verkauf der ausgelobten Musikproduktion oder Filmproduktion realisierten Umsatzes an. Hybride Modelle beim Crowdinvesting können zusätzlich zum erhaltenen Unternehmensanteil auch die lebenslange Rabattierung auf Produkte des finanzierten Unternehmens vorsehen. Beispielhaft sei hier das überaus erfolgreiche Crowdinvesting-Modell der Brewdogs[6] (aus Schottland) genannt. Abbildung entfernen.

6.1.2 Volumen des aufgebrachten Kapitals über Crowdfunding

Der Ursprung der Crowdfunding-Plattformen liegt, ausgehend von den USA, hauptsächlich in der Sammlung finanzieller Mittel für Kreativ- (vor allem Film, Musik) bzw. Wohltätigkeitsprojekte in der Form des spenden- und rewardbasierenden Crowdfundings. Die bisher in diesem Bereich in den USA eingeworbenen Beträge sind in den anderen Ländern noch unerreicht. Historisch und gesellschaftlich bedingt war es in den USA seit jeher üblich, für kreative und karitative Projekte Gelder einzusammeln. Diese Kultur entwickelt sich in Europa erst nach und nach.

Bedingt durch die strengen gesetzlichen Auflagen in den USA entstanden die ersten Plattformen im Bereich des Crowdinvestings in Australien, Großbritannien und den Niederlanden. Durch die in den Jahren 2013 und 2014 stattfindende Umsetzung und damit des bereits teilweisen Inkrafttretens des US JOBS Act's, der die rechtlichen Rahmenbedingungen für das Crowdinvesting in den USA regelt, ist Europa gerade dabei, die Vormachtsstellung auch im Bereich des Crowdinvestings an Amerika zu verlieren.

Peer-to-peer-Plattformen im Bereich des Crowdlendings breiten sich ebenfalls ausgehend von den USA in die anderen Staaten aus und entwickeln sich stetig in den Unternehmensbereich (P2C) hinein. Diesen Plattformen wird ebenfalls ein großes Wachstum prognostiziert.

Laut einem Bericht der International Organization of Securities Commission (IOSCO) im Februar 2014 belief sich das Volumen der über die Crowdlending- und Crowdinvesting-Plattformen aufgebrachten Mittel auf über 6,4 Mrd. US-$ 2013, wobei vor allem die US-Crowdlending-Plattformen ein massives Wachstum mit einer jährlichen Verdoppelung des vermittelten Kreditvolumens für die Jahre 2011 bis 2013 aufweisen. Damit wurde das vom internationalen Beratungsunternehmen Deloitte in seinen TMT (Techno-

[6] http://www.brewdog.com/. Zugegriffen: 31. Mai 2014.

logy, Media and Telecommunication) Predictions 2013[7] für die US vorausgesagte große Wachstum vor allem der Crowdlending-Plattformen sogar überschritten: Speziell in den USA müssen Konsumenten mit schlechtem Kreditrating hohe Zinsen für kurzfristige Kredite zahlen. Auch wenn Bonitätsbeurteilungen auf den Peer-to-peer-Plattformen ebenfalls eine wichtige Rolle spielen, sind doch die Zinssätze noch beträchtlich niedriger als bei den US-Bankinstituten.

Vor allem im Bereich der Crowdinvesting-Plattformen wird durch die zunehmende Adaptierung der gesetzlichen Rahmenbedingungen durch die lokalen Finanzmarktaufsichtsbehörden für 2014 ein massives Wachstum erwartet. So sollen die Bestimmungen des JOBS Acts, die auch nicht institutionellen Anlegern ein Investment im Zuge eines Crowdinvestings ermöglichen sollen, voraussichtlich Mitte 2014 in den USA wirksam werden.

6.1.2.1 Internationale Zahlen

Anfang April 2013 wurde der vom amerikanischen Marktforschungsunternehmen Massolution erstellte Crowdfunding Industry Report 2012 veröffentlicht.

Das gesamte international erhobene Crowdfunding-Volumen und die Zahl der Crowdfunding-Plattformen stiegen stark und exponentiell. Im Jahr 2012 betrug das über Crowdfunding-Plattformen aufgebrachte Kapital 2,7 Mrd. US-$ und ist somit gegenüber dem Vorjahr (1,5 Mrd. US-$) um 81 % gestiegen.

Der Anstieg 2012 gegenüber 2011 verteilte sich dabei mit 105 % auf Nordamerika (1,6 Mrd. US-$), mit 65 % in Europa (945 Mio. US-$) und mit 125 % über die restlichen Märkte (insgesamt wurden die Daten von 308 Crowdfunding-Plattformen weltweit erhoben).

Das Volumen des Peer to peer Lendings stieg dabei um 111 % auf 1,2 Mrd. US-$, das klassische Crowdfunding (spenden- und rewardbasierendes Crowdfunding) stieg um 85 % auf 1,4 Mrd. US-$ (hier sind auch die großen US-Plattformen wie Kickstarter und Indiegogo inkludiert). Das Crowdinvesting (equity-based crowdfunding) stieg weltweit um 30 % auf 116 Mio. US-$.

In Gesamteuropa entfielen 2012 beinahe 50 % der gesamten Einnahmen auf die reward-based Crowfunding-Plattformen, 25 % entfallen auf Spenden-Plattformen, Crowdinvesting und Crowdlending-Plattformen machen den Rest aus.

In den USA stellen die Spenden-Plattformen den Hauptteil, gefolgt von den Crowdlending-Plattformen und den rewardbasierenden Plattformen.

Nach den Ergebnissen des Massolution-Berichts (2013) investiert der durchschnittliche Investor in ein oder zwei Kampagnen, und nur 10 % der Investoren nehmen an mehreren Projekten teil. Von den Projektinhabern führen 70 % eine oder zwei Kampagnen durch, 30 % führen mehrere Kampagnen durch. Bei der durchschnittlichen rewardbasierenden und equitybasierenden Crowdfunding-Kampagne dauert es drei Wochen, um die ersten

[7] Deloitte: Technology, Media & Telecommunications Predictions 2013. http://www.deloitte.com/view/en_GX/global/industries/technology-media-telecommunications/tmt-predictions-2013/tmt-predictions-2013-. Zugegriffen: 16. April 2014.

25 % der Finanzmittel einzutreiben. Crowdfunding-Kampagnen dauern durchschnittlich zwischen fünf und zehn Wochen, Crowdlending-based-Kampagnen dauern meist nur wenige Tage.

Die erfolgreichste Plattform in den USA ist Kickstarter, eine rewardbasierende Crowdfunding-Plattform. Auf dieser Plattform wurden bis dato 56.094 Crowdfunding-Projekte[8] mit einem gesamten aufgebrachten Volumen von 975 Mio. US-$ finanziert. Das Portal verzeichnet über 5,6 Mio. Unterstützer. Insgesamt wurden 132.722 Projekte gestartet und 44 % davon erfolgreich finanziert. (Stand: 12. Februar 2014).

6.1.2.2 Zahlen für Deutschland im Vergleich

In Europa und hier vor allem im Deutschland wurden die ersten Erfolge für das rewardbasierende Crowdfunding als auch für das Crowdinvesting erst im Jahr 2011 verzeichnet.

In Deutschland[9] wurden 2013 über die diversen **rewardbasierenden Crowfunding-Plattformen** über 5,36 Mio. € eingesammelt: ein Plus von 175 % gegenüber 2012. Insgesamt wurden seit Anfang 2011 damit 7,8 Mio. € per Crowdfunding aufgebracht. Die Gesamtzahl der gestarteten Projekte stieg 2013 im Vergleich zu 2012 um 40 % auf über 1600. Im Jahr 2011 waren es nur 442 Projekte. 2013 konnten nahezu 1000 Projekte erfolgreich beendet werden, nachdem es im Jahr zuvor knapp 500 waren. 2011 erreichte die Zahl der erfolgreichen Projekte hingegen lediglich 170. Einen noch größeren Sprung gab es beim vermittelten Kapital.

Damit stiegen sowohl die Anzahl der vermittelten Projekte als auch das Ausmaß der finanzierten Projekte. Ausschlaggebend hierfür waren zwei Gründe. Einerseits erhöhte sich die Erfolgsquote der Projekte im Jahr 2013 merklich und erreichte 57 %, andererseits wurden die Projekte im Vorjahresvergleich größer und erreichten ein durchschnittliches Volumen von 5808 €. Im Jahr zuvor lag dieser Wert noch bei knapp unter 4000 €.

Das größte Einzelprojekt erreicht 217.892 €; durchschnittlich gab es 86 Unterstützer bei den erfolgreichen Projekten; 18 % lagen die erfolgreichen Projekte im Schnitt über dem angestrebten Zielbetrag, 82 % des Gesamtvolumens wurde über die Plattform Startnext[10] eingesammelt, die im Bereich der Reward-based-Crowdfunding-Plattformen unbestritten führend ist.

Auf den deutschen **Crowdinvesting-Plattformen** wurden insgesamt für mehr als 105 Projekte bis 31. Dezember 2013 bereits mehr als 20 Mio. € seit dem Start Ende 2010 eingesammelt, wovon 15 Mio. auf 66 Projekte aus dem Geschäftsjahr 2013 entfielen.

2012 waren es noch 4,3 Mio. € und 45 Finanzierungen, nachdem im Startjahr 2011 lediglich 0,45 Mio. € bei fünf Finanzierungen eingesammelt wurden. Diese Zahlen gehen auch einher mit einem feststellbaren Anstieg des durchschnittlichen Finanzierungsvolu-

[8] http://www.kickstarter.com/help/stats?ref=footer. Zugegriffen: 28. Februar 2014.

[9] Crowdfunding-Monitor: Daten, Zahlen und Fakten zum Markt, Für-Gründer.de, http://www.fuergruender.de/kapital/eigenkapital/crowd-funding/monitor/. Zugegriffen: 28. Februar 2014.

[10] „ http://www.startnext.de/. Zugegriffen: 31. Mai 2014.

mens je Unternehmen im Jahr 2013. So betrug das durchschnittliche Finanzierungsvolumen pro Projekt

- 2011 etwa 90.000 €;
- 2012 rund 95.000 € und
- 2013 bereits 227.000 €.

Anzumerken ist, dass in obigen Zahlen für 2013 auch die erste erfolgreiche Crowdinvesting-Kampagne auf der Plattform Bergfürst mit einem Finanzierungsvolumen von 2,99 Mio. € für ein Projekt (Urbanara) enthalten ist.

Die erfolgreichste Crowdinvesting-Plattform in Deutschland ist momentan (Sommer 2014) unbestritten Seedmatch mit einem Marktanteil von 50 %, gefolgt von Bergfürst[11] (20 %), Companisto[12] (17 %) und Innovestment (7 %).

6.1.3 Ablauf einer Crowdfunding-Kampagne

Der Ablauf einer Crowdfunding-Kampagne[13] (Ausnahme: Crowdlending) kann vereinfacht wie folgt zusammengefasst werden:

1. **Schritt:** Bewerbung und Auswahlverfahren durch die Crowdfunding-Plattform
   Die Initiatoren einer Crowdfunding-Plattform erhalten über ihre Seite Bewerbungen von Projektinhabern, die ihre Geschäftsidee auf der Plattform präsentieren wollen und eine Crowdfunding-Kampagne durchführen wollen.
   Einige Plattformen führen eine Vorauswahl der Ideen auf Grundlage ihrer eigenen Kriterien durch, während andere automatisch jede Idee veröffentlichen und die Auswahl der Crowd überlassen. Plattformen, die eine zumindest grobe Due Diligence durchführen, überprüfen den Hintergrund des Projektteams und führen eine grobe Plausibilitätsprüfung des Geschäftsmodells des Crowdfunding-Projektes durch. Eine auf manchen Plattformen festellbare Adaptierung ist die Durchführung eines Crowdrating-Prozesses, d. h., es wird für jedes Projekt, bevor das eigentliche Crowdfunding startet, eine Bewertung durch die Crowd eingeholt. Erst nach dem Erreichen einer vordefinierten Anzahl an positiven Bewertungen wird das Crowdfunding gestartet.
2. **Schritt:** Pitch des Projektes auf der Crowdfunding-Plattform
   Nachdem ein Projekt von der Online-Plattform akzeptiert wird, muss der Projektinitiator sein Finanzierungsziel definieren und seine Präsentation (Pitch) (meist in Form eines Videos) vorbereiten. Ebenso beginnt der Projektinitiator über die Nutzung seiner sozialen Kanäle, potenzielle Geldgeber zu kontaktieren.

[11] https://de.bergfuerst.com/. Zugegriffen: 31. Mai 2014.

[12] https://www.companisto.com/de/. Zugegriffen: 31. Mai 2014.

[13] Darstellung umfasst nicht Crowdlending.

3. **Schritt:** Crowdfunding-Kampagne läuft
Ein wichtiger Faktor für den Erfolg der Kampagne ist das Vertrauen Dritter in das Projekt. Eine umfassende PR-Kampagne unter Einbezug von Social-Media-Kanälen gilt als nahezu unabdingbar. Je früher entsprechende Maßnahmen gesetzt werden, desto positiver wirken sich diese aus. Während der aktiven Laufzeit der Crowdfunding-Kampagne muss der Projektinhaber seine Unterstützer über den Prozess mit aktualisierten Updates auf der Crowdfunding-Plattform bzw. über seine sozialen Kanäle auf dem Laufenden halten. Die Verarbeitung über die sozialen Kanäle erhaltenen Feedbacks der potentiellen Unterstützer muss im der positiven wie auch im negativen Fall objektiv erfolgen.
Die Durchführung einer Crowdfunding-Kampagne ist zeitintensiv, insbesondere für die Kommunikation mit Interessierten und potenziellen Investoren.
4. **Schritt:** Abschluss der Kampagne
Erreichen die Finanzierungszusagen das gesetzte Ziel, erhält der Projektinhaber (nach Abzug der Erfolgsprovision für die Plattform) das Geld. Wenn das Finanzierungsziel nicht erreicht wurde, greift der Alles-Oder-Nichts-Ansatz (vgl. Abschn. 6.1.5 Eigenheiten und Erfolgsfaktoren).
5. **Schritte:** Betreuung der Unterstützer nach der Kampagne
Nach der erfolgreichen Projektfinanzierung findet auf vielen Crowdfunding-Plattformen die weitere Kommunikation zwischen den Unterstützern und den Projektinhabern über einen eigenen – geschlossenen – Infokanal der Crowdfunding-Plattformen statt (etwa die regelmäßige Veröffentlichung des Status der Projektrealisierung).

6.1.4 Darstellung der Merkmale einer Crowdfunding-Kampagne

Event-Charakter und eine intensive Kommunikation mit der Crowd über die Sozialen Medien als Erfolgsrezept
Angelehnt an das Konzept der E-commerce-Plattformen, wie eBay, wo der Akt des Einkaufens durch das Auktionserlebnis zu einem spannenden Communityerlebnis wird, werden auch die Projekte beim Crowdfunding zum Erlebnis: Beginnend mit einem Video und einer Schilderung des Projektes wird durch ständige Kommunikation über Soziale Medien, in Chats und Foren bei der Crowd für das Projekt geworben. Je aktiver der Projektinhaber und je gekonnter der Umgang mit den Sozialen Medien, desto größer ist die Erfolgschance für das Projekt.

Emotionale Bindung zum Projekt
Beim Crowdfunding bzw. Crowdinvesting ist oft eine emotionale Bindung zum Projekt bzw. zum Unternehmen ausschlaggebend. Crowdinvesting-Plattformen verdanken den Zuwachs an Investitionsvolumen der Tatsache, dass man als Anleger das Gefühl hat, an einem Erfolgsprojekt mitwirken zu können sowie der Möglichkeit der potenziellen *Disruptivität des Projektes*.

Eine *disruptive Technologie* ist eine Innovation, die eine bestehende Technologie, ein bestehendes Produkt oder eine bestehende Dienstleistung möglicherweise vollständig verdrängt. Disruptive Innovationen sind meist am unteren Ende des Marktes und in neuen Märkten zu finden. Die neuen Märkte entstehen für die etablierten Anbieter in der Regel unerwartet und sind für diese, besonders aufgrund ihres zunächst kleinen Volumens/Kundensegmentes, uninteressant. Sie können im Zeitverlauf ein starkes Wachstum aufweisen und vorhandene Märkte bzw. Produkte und Dienstleistungen komplett oder teilweise verdrängen.

Um in der Dankeschön-Ökonomie (Warner 2013) zu bestehen, muss man die Menschen für eine Sache begeistern und ihnen zugleich das Gefühl vermitteln, Teil einer Community zu sein.

Der Aufbau und die Sicherstellung einer sehr starken emotionalen Bindung zu den Unterstützern und potenziellen Geldgebern ist eine unabdingbare Voraussetzung für jedes Crowdfunding-Projekt.

Professionelle Projektaufbereitung, Budgetfestsetzung und kreative Ideen zu den Gegenleistungen/Gimmicks/Pledges sind erfolgskritisch

Der Sinn und Zweck eines Crowdfunding-Projekts muss um ein erfolgreiches Projekt durchzuführen einfach, verständlich, klar formuliert und authentisch beschrieben werden.

Eine realistische Einschätzung des benötigten Projektbudgets und damit eine verbundene klare Absteckung des Projektrahmens ist notwendig. Eine Transparenz über die Nutzung der Gelder ist wichtig und unbedingt aufrechtzuerhalten.

Gegenleistungen und Belohnungen für die Unterstützung, die kreativ, individuell und exklusiv sind, generieren symbolische Werte und können zusätzlich die potenziellen Unterstützer motivieren. Mit den Gegenleistungen hat der Unterstützer die Möglichkeit, etwas Spezielles zu erhalten, was er auf einfache Weise sonst nicht kaufen kann. Aus diesem Grund ist es wichtig, dass der Projektinhaber bewusst und gezielt Anreize in Form von Gegenleistungen setzt. Statistiken zeigen, dass einerseits ein Großteil des Projektbudgets über eine deutliche Mehrheit der Unterstützer zusammengetragen wird, die jeweils weniger als 50 US-$ zahlen und andererseits, dass 83 % der erfolgreich finanzierten Projekte zumindest eine Gegenleistung von weniger als 20 US-$ festgesetzt haben.

Es ist somit gut erkennbar, dass für den Erfolg eines Crowdfunding-Projekts der optimale und ausgewogene Vierklang aus Produkt, Emotion, Identifikation und Vernetzung entscheidend ist.

Community des Projektinhabers spielt überproportionale Rolle

Die Ergebnisse einer Studie von Ajay Agrawal, Christian Catalini und Avi Goldfarb (2011) von der Universität von Toronto *(The Geography of Crowdfunding)* von Januar 2011 zeigen, dass der Anteil der Familie und Freunde des Projektinhabers in den frühen

Phasen des Crowdfunding-Prozesses sehr stark ist, sie investieren früher und sind weniger von anderen Unterstützern beeinflusst[14].

Insgesamt trägt diese Gruppe durchschnittlich 20 % des Projektbudgets bei, was vergleichsweise einem sehr hohen Prozentanteil entspricht (Agrawal u.a. 2011).

Kevin Lawton und Dan Marom, die Autoren des Buchs *The Crowdfunding Revolution – Social Networking meets Venture Financing* (2010) vertreten ebenfalls dieselbe Ansicht. Die Unterstützer tendieren mehrheitlich dazu, jene Crowdfunding-Projekte zu fördern, zu denen sie starke emotionale und soziale Beziehungen aufweisen. Aus diesem Grund gehört die Gruppe der Familie und Freunde zu den wichtigsten Gruppen auf der Unterstützerseite. Sie senden nämlich ein Signal an die anderen potenziellen Unterstützer aus, das als Vertrauenssignal aufgefasst wird.

Erst durch die erfolgreiche Unterstützung der engsten Community kann sich das Projekt viral verbreiten und erst dann werden sich auch fremde Unterstützer für das Projekt finden lassen.

Auch Gijsbert Koren[15], ein bekannter Vertreter aus demselben Themengebiet, stellt fest, dass die Ergebnisse der Studie (Agrawal et al. 2011) sehr gut in sein aufgestelltes Modell über das *„Innovation Adaption Model"* passt. Crowdfunding basiert, seiner Meinung nach, auf einem dezentralisierten System. Demzufolge werden in einem dezentralisierten System die Innovationen zunächst vom Netzwerk des ersten Grades akzeptiert und gehen schließlich auf die Netzwerke des zweiten und dritten Grades über (Koren 2010) es handelt sich um den Blogbeitrag. Im Unterschied zur Innovationsadoptionskurve in einem zentralisierten System beginnen Crowdfunding-Projekte mit der Akzeptanz im eigenen persönlichen und sozialen Netzwerk des Projektinhabers, in diesem Fall also Freunden und Familie.

Investitionen des Netzwerks ersten Grads sind üblicherweise höher, da die Investoren im Netzwerk des ersten Grades üblicherweise mehr Informationen über den Projektinhaber haben. Die näher stehenden Investoren sind in einem höheren Ausmaß dazu bereit, in das Projekt zu investieren. Damit sich in der Folge viele fremde Unterstützer in der Crowd beteiligen, muss das Crowdfunding-Projekt virale Eigenschaften aufweisen. Daher ist eine vorher aufgebaute Community-Basis sehr bedeutsam, von der aus dann ein starkes Vertrauenssignal entsendet werden kann (Kaltenbeck J, 2011).

[14] Als Datengrundlage wurde jedes Investment auf der Plattform sellaband.com von August 2006 bis September 2009 analysiert. Insgesamt wurden in dem Zeitraum mehr als 2 Mio. US-$ investiert. Dabei haben „nur" 34 Projekte 50.000 US-$ (und mehr) erzielt und damit 73 % der kompletten Spendensumme über die Jahre (2 Mio. US-$) beigetragen. Diese 34 Projekte dienten als Grundlage für weitere Untersuchungen innerhalb der Studie bezüglich der Investoren und der räumlichen Nähe/Distanz und bezüglich der persönliche Nähe/Distanz der Investoren zu den Projektinhabern.

[15] Gijsbert Koren, Blog smarter money weblog about crowdfunding: „Review – The Geography of Crowdfunding", veröffentlicht am 29. Januar 2011, http://www.smartermoney.nl/?p=647. Zugegriffen: 28. Februar 2014.

Unterstützer sind Prosumer

Die Unterstützer eines Crowdfunding-Projektes engagieren sich bereits im Vorfeld aktiv für dessen Umsetzung, indem sie es durch kleinere Investitionen sowie Verbreitung eines Aufrufs zur Unterstützung – meist mittels Sozialer Netzwerke – fördern. Diese Personen gehören üblicherweise zu den ersten Kunden des Produktes bzw. des Outputs des Projekts. Aufgrund ihrer getätigten Aktivitäten im Vorfeld sind sie aber nicht nur Kunden bzw. Customer, sondern Prosumer (Kaltenbeck J, 2012).

Wenn Crowdfunding mit einer Vorbestellung des Produkts als Gegenleistung gekoppelt ist, zahlen die Konsumenten im Crowdfunding-Prozess meist einen niedrigeren Preis als die späteren Besteller des fertigen Produktes. Somit findet eine Unterscheidung zwischen den Unterstützern im Crowdfunding-Prozess und den späteren *normalen* Konsumenten statt, die erst auf die Aufnahme der Produktion warten und den üblichen Listenpreis des Produktes bezahlen.

Zusammenfassend lässt sich also feststellen, dass einerseits vor allem die Gruppe der Familie, Freunde, Kollegen, Bekannten etc., andererseits die Gruppe der Vorbestellungskunden eine wichtige Rolle in der Crowd einnehmen.

6.1.5 Eigenheiten und Erfolgsfaktoren des Crowdfundings

Demokratisierung des Mäzenatentums

Für Gregor Hopf, Professor an der Hamburg School of Business Administration sowie frei-schaffender Filmproduzent, bedeutet Crowdfunding einerseits die Demokratisierung des Mäzenatentums und andererseits die Möglichkeit, Spenden einzusammeln, ohne betteln zu müssen (Littger 2012).

Bisher oblag die Finanzierung kreativer oder innovativer Projekte entweder öffentlichen Institutionen oder einer sehr beschränkten Anzahl von Interessierten: In Deutschland halten nur 4,86 %[16] der Gesamtbevölkerung Aktien an börsennotierten Unternehmen oder sind als Business Angels tätig und damit in die Finanzierung innovativer Projekte eingebunden. Durch Crowdfunding wird jetzt die Möglichkeit der Förderung solcher Projekte für die breite Öffentlichkeit zugänglich.

Alles-Oder-Nichts-Ansatz (Threshold Pledge System)

Typischerweise geht es beim Crowdfunding um den *Alles-Oder-Nichts-Ansatz*: Wird das vorher festgelegte Budgetziel innerhalb des definierten Zeitlimits nicht erreicht, werden alle zugesprochenen Unterstützungen rückgängig gemacht. In der Folge wird das Projekt dann auch nicht umgesetzt. Ist jedoch die Zielsumme erreicht oder überschritten, dann wird das Projekt umgesetzt und die zugesprochenen Gegenleistungen an den oder die

[16] Zahl der direkten Aktionäre in Deutschland von 1996 bis zum 1. Halbjahr 2013 (in Millionen), Statista; das Statistik Portal http://de.statista.com/statistik/daten/studie/75227/umfrage/zahl-der-direkten-aktionaere-in-deutschland/. Zugegriffen: 2. Januar 2014.

Unterstützer übermittelt. Eine Ausnahme von dieser Regel unternimmt die internationale Plattform Indiegogo. Dabei können Projektinhaber selbst entscheiden, ob sie lieber nach dem Alles-oder-nichts- oder dem Mehr-oder-weniger-Prinzip crowdfunden.

Bei Anwendung des Mehr-oder-weniger-Prinzips erhält der Projektinhaber unabhängig von der Höhe des eingesammelten Betrages immer den eingesammelten Betrag (abzüglich evtl. Spesen).

Tino Kreßner von der Crowdfunding-Plattform Startnext erklärt auf seinem Blog „best practices crowdfunding der blog (2010)“[17], warum Crowdfunding nach dem Alles-Oder-Nichts-Prinzip läuft: *„Es ist bei Crowdfunding zu bedenken, dass die Unterstützer die Höhe der Unterstützung an ein Crowdfunding-Projekt freiwillig festlegen und somit darauf aufbauend eine oder mehrere Gegenleistungen erhalten. Wenn das Projekt erfolgreich abgeschlossen ist, so haben sie ein Recht darauf, diese Gegenleistungen auch zu erhalten. Würde Crowdfunding nicht nach dem Alles-Oder-Nichts-Prinzip laufen, also wenn beispielsweise das Budgetziel zu 70 Prozent erreicht sein würde, dann müsste der Projektinhaber trotzdem die Gegenleistungen ausliefern, deren Produktion und Transport ihm zusätzliche Kosten verursacht. Noch dazu müsste er die restlichen 30 Prozent des Budgetziels selbst aufbringen. Doch auch wenn der Projektinhaber sich dazu bereit erklären würde, mit den finanzierten 70 Prozent des Budgetziels via Crowdfunding das Projekt trotzdem zu realisieren, dann ist es aber nicht sicher, ob er es in jener Qualität umsetzen kann, wie er es den Unterstützern zuvor auf der Crowdfunding-Plattform versprochen hat und für diese gewünschte Qualität die Unterstützer ihre Unterstützung zugesprochen haben.“*

Die Bedeutung der Anwendung des Alles-Oder-Nichts-Prinzips wird jedoch vor allem auf den emotionalen Gesichtspunkt zurückgeführt. Der Unterstützer soll mit diesem Ansatz das Gefühl bekommen, das sein Beitrag notwendig ist, um das Projekt durchführen zu können und andererseits der Community-Gedanke gestärkt werden: Wir schaffen es nur gemeinsam, das Projekt zu realisieren.

6.1.5.1 Anforderungen an die Crowdfunding-Plattformen

Transparenz und technische Ausgereiftheit als Erfolgskriterium

Die Plattformen sind als Dienstleister zu verstehen, die mittels der Nutzung von Bezahlsystemen und mithilfe von Managementtools Crowdfunding-Kampagnen abwickeln.

Mit der Anzahl der Crowdfunding-Plattformen (europaweit: >300, weltweit: >600) variiert auch die Vielfalt der angebotenen Dienstleistungen durch diese Dienstleister.

Weder Geschäftsmodelle noch rechtliche und gesellschaftliche Ansprüche und Anforderungen an diese Onlineplattformen sind bis dato final ausformuliert. Bedingt durch unterschiedliche nationale Regelungen aber auch durch Sprachgrenzen ergibt sich eine

[17] Blog bestpraticescrowdfunding.wordpress.com: Allgemeine Informationen zu Crowdfunding/-financing als Instrument: Räumliche Distanz und Beziehungen, veröffentlicht am 14. Februar 2011, http://bestpracticescrowdfunding.wordpress.com/category/allgemeine-informationen-zu-crowdfunding-financing-als-instrument/. Zugegriffen: 28. Februar 2014.

große Fragmentierung des Marktes und so variieren auch die formalrechtlichen Ansprüche (Bankkonzession usw.) massiv.

Die Ausprägungen und vor allem die Qualität der Crowdfunding-Plattformen bezüglich der Güte der technischen Infrastruktur ist jedoch entscheidend für den langfristigen Erfolg der Finanzierungsmethode Crowdfunding. Soziale Netzwerke, auf denen Crowdfunding und Social Payments basieren, weisen grundsätzlich nachvollziehbare Trackings aus. In Verbindung mit den neuen technischen Gegebenheiten ermöglichen sie die Erfassung und die Analyse von Erfolg und Misserfolg von Finanzierungsprojekten in einer bis dato nicht vergleichbaren Form.

Die Analyseinstrumente der Vergangenheit (beispielsweise Bankenratingsysteme) haben sich zum einen wenig bewährt und sind andererseits offensichtlich in der Netzwerkökonomie nicht mehr zeitgemäß. Dies auch weil bei den traditionellen Finanzierungs- und Erlösmodellen oft gänzlich eine geeignete Infrastruktur für das Tracking und die Analyse von den Finanzierungsschritten fehlte – beispielsweise Anzahl der erfolgreichen und erfolglosen Vorsprachen bei Risikokapitalgebern. Es gab keinen Marktüberblick über die unterschiedlichen Anforderungen, die von den jeweiligen Risikokapitalgeber an die Startups gestellt werden usw. human-to-human Netzwerke sind nicht skalierbar genug, was vor allem aber in immer kürzer werdenden technologischen Zeiträumen (zunehmende Globalisierung, Zunahme von Innovation, Verbreitung der Ideen via Internet, etc.) nachteilig ist. Insofern spielt die technische Qualität der Crowdfunding-Plattform eine wichtige Rolle bei der Aufbereitung der Daten als Treffpunkt und Analyseinstrument zwischen dem Projektinhaber und den Unterstützern.

Die Eigenart des Web 2.0, in der die Güte und Qualitätsbeurteilung von Onlineangeboten nicht mehr wie bis dato bei traditionellen Geschäftsmodellen von spezialisierten Dienstleistern (z. B. Ratingagenturen) beurteilt wird, sondern durch die Anwendung der Schwarmintelligenz von den Nutzern kommentiert und bewertet wird (in Form von Rezensionen und Kommentare Kommentaren in Onlineforen) – in Kombination mit ausgereiften technischen Möglichkeiten – führt zu einer neuen Form von Transparenz für Geschäftsmodelle und Unternehmen. Die Kombination aus der verlangten Transparenz mit einem Informationssammeltool und Datenaufbereitungstätigkeiten, die von der *Crowd* in Form von Kommentaren etc. erbracht werden, bildet ein sehr kostengünstiges Businessanalyseinstrument.

Bereits evidente **Critical Success Factors** für die existierenden Crowdfunding-Plattformen sind jedenfalls

- funktionierende soziale Kanäle;
- Grad der Transparenz der Crowdfunding-Plattformen hinsichtlich Aufgabenverteilung zwischen Plattform und *Crowd*, beispielsweise im Bereich der Due Diligence der Projekte;
- Transparenz hinsichtlich Projektdarstellung;
- aussagekräftige Datensammlungen;
- funktionierende Kommunikationskanäle zwischen Investoren und Projektinhabern.

Ausrichtung der Crowdfunding-Plattformen
Momentan spezialisieren sich Plattformen vor allem je nach Art des Crowdfundings in der Form des rewardbasierendes Crowdfunding, des Crowdinvestings oder hinsichtlich spendenbasierenden Crowdfundings.

Nur wenige bieten mehrere Modelle gleichzeitig an oder überlassen es dem Unterstützer, selbst zu entscheiden, in welcher Form er ein Projekt unterstützen will.

Ein zunehmender Trend ist die Branchenspezialisierung der Plattformen, wie z. B. auf den Bereich der Computerspiele oder der Film- und Musikbranche.

Ein Trend, der sicher auch noch zunehmen wird, ist die Regionalisierung der Plattformen, beispielsweise das Berlin-Portal[18] von der Spenden-Plattform betterplace.org[19]. Auf diesem Portal werden soziale Projekte aus Berlin vorgestellt. Hauptzielgruppe sind hier Berliner, die dazu aufgerufen werden, durch Geld- oder auch Zeitspenden dazu beizutragen, ihr Umfeld, ihren Kiez, zu verbessern (z. B. Berliner Stadtmission, Plakatwettbewerb für gemeinnützige Projekte in Berlin usw.).

Der Vollständigkeit halber sei erwähnt, dass sich mithilfe von Plug-Ins oder Widgets wie *IgnitionDeck*[20] oder *ChipIn*[21] (Crowdfunding-Funktionalitäten auch in bestehende Webseiten integrieren lassen).

6.1.6 Zusatzeffekte des Crowdfundings[22]

Beim Crowdfunding haben die Investoren/Unterstützer mehrere Funktionen Sie sind auch Kunden, Analysten und Berater des Unternehmers. Die Verbindung zwischen dem Projektinhaber und der Crowd ist vor allem durch Einbeziehung der sozialen Kanäle vielfältig und andauernd.

Bei der Durchführung des Projektes kommt es meist auch durch die direkte Interaktion zwischen Projektinhaber und der Crowd zu einem Validierungsprozess hinsichtlich Produkt und Geschäftsmodell. Das Feedback durch die Community ermöglicht eine Weiterentwicklung der Projektidee.

Eine Crowdfunding-Kampagne ist gleichzeitig eine Marketingaktion für das Produkt und ein hervorragendes Mittel zur Wachstumsbeschleunigung für das Projekt.

[18] http://www.betterplace.org/de/portals/berlin?utm_source=berlin-betterplace-url&utm_medium=wall-campaign&utm_content=berlin.betterplace.org&utm_campaign=wall-campaign-berlin. Zugegriffen: 28. Februar 2014.

[19] http://www.betterplace.org/c/neues/berlin-betterplace-org-unser-neues-berlin-portal-ist-da/. Zugegriffen: 13. April 2014

[20] http://ignitiondeck.com. Zugegriffen: 31. Mai 2014.

[21] http://www.chipin.com. Zugegriffen: 31. Mai 2014.

[22] Proceedings of the High-level Workshop on CrowdFunding and Webentrepreneurship, 4th Juni 2013, Brussels, Belgium, August 2013.

- **Marketing**
  Der Anreiz für den Projektinitiator besteht darin, die Crowd als Ideengeber und Endkunde zu gewinnen. Die Crowd soll idealerweise als Multiplikator das Unternehmen bzw. dessen Produkt oder Dienstleistung in ihrem Netzwerk bewerben, Verbesserungsideen einbringen und als Endkunde für Umsatz sorgen.
  Der Anbieter wirbt nicht mehr für den Kauf eines Produktes, sondern für die freiwillige Unterstützung bei der Realisierung (Pre-Order-Modelle) bzw. für die Aufrechterhaltung des Angebots. Findet das Projekt in der Crowd zu wenig Anklang, wird es auch nicht produziert.
  Die Realisierung von Geschäftsmodellen ist nicht mehr von der Zahl anonymer Konsumenten abhängig, sondern von der Zahl der Prosumenten, die sich aktiv für eine Sache einsetzen – sowohl durch Geldzuwendungen als auch durch virtuelle „Mund-zu-Mund-Propaganda" in ihren sozialen Netzwerken.
  Die im Netz gegebene Viralität führt durch die Unterstützung der Crowd idealerweise zur einer erhöhten Aufmerksamkeit. Eine positive Aufmerksamkeit kann die Reputation im eigenen Netzwerk sowie die Reputation und das Image des Projektinhabers und seines Projekts nachhaltig stärken.
- **Marktforschung**
  Durch die aktive Einbeziehung der potenziellen Nutzer, bereits vor der Entwicklung von Produkten, bietet Crowdfunding neue Möglichkeiten der Marktforschung (Warner 2013). Durch das Feedback der Crowd werden aussagekräftige Informationen abgeleitet, die die Prüfung, Förderung (Promotion) und Preisfestsetzung des zukünftigen Produkts oder Projekts unterstützen. Die gesammelten Informationen erlauben möglicherweise ein besseres Wissen über die zukünftigen Kunden, über neue Produkte oder neue Dienste. Durch die Involvierung Vieler bekommt der Projektinitiator mehr Feedback als nach dem bisher großteils anonymen Verkaufsprozess.
  Ein Beispiel für die Bedeutung des Crowdfundings für das Thema Marktforschung ist die Ubuntu-Edge-Kampagne im Sommer 2013.
  Canonical Group Limited, London, das Unternehmen hinter der Linux-Distribution Ubuntu, hat am 22. Juli 2013 eine rewardbasierende Crowdfunding-Kampagne[23] auf der US-Plattform Indiegogo für die Finanzierung der Produktion des Ubuntu-Smartphones Edge gestartet. Als Liefertermin für die ersten Geräte wurde April/Mai 2014 in Aussicht gestellt unter der Voraussetzung, dass mindestens 32 Mio. US-$ gesammelt werden. In den ersten 24 h konnten Unterstützer für 600 US-$ eines der Smartphones vorbestellen, danach sollte es 830 US-$ kosten. Unternehmen konnten für 80.000 US-$ 100 Stück vorbestellen. Bei Bezahlung von 10.000 US-$ bekam man eines der ersten 50 Geräte im April 2014, und der Käufer hätte auch Gelegenheit zu einem persönlichen Treffen mit Mark Shuttleworth, dem Begründer des Ubuntu-Projekts.
  Bei dem geplanten Smartphone handelte es sich um neue Hardware, die bis dato noch nie in dieser Form am Markt war: Das Smartphone war geplant mit einem 4,5-Zoll-

[23] http://www.indiegogo.com/projects/ubuntu-edge. Zugegriffen: 20. Februar 2014.

Display mit der Auflösung 1280 × 720 Pixel, mindestens 4 GB RAM, 128 GB Speicher und dem zum Produktionszeitpunkt schnellsten, zur Verfügung stehenden Multi-Core-Prozessor. Das Ubuntu Edge sollte 64 × 9 × 124 mm messen und durch seine konische Form besonders gut in der Hand liegen. Als Betriebssystem war für das Ubuntu Phone und per Dual Boot Android geplant. Falls das Smartphone per HDMI an einem Bildschirm angeschlossen wurde, hätte man das vollwertige Ubuntu-Desktop-Betriebssystem nutzen können. Die Kampagne, deren Laufzeit mit 30 Tagen angesetzt war, startete vielversprechend: Innerhalb der ersten 24 h wurden allein 3,4 Mio. US-$ eingenommen. Danach geriet die Kampagne jedoch ins Stocken, auch mehrere Preisreduktionen halfen nur wenig. Schlussendlich wurden „lediglich" für einen Betrag von 12,8 Mio. US-$ Zusagen eingesammelt. Canonical stellte zwar mit diesem Ergebnis im Sommer 2013 einen neuen Crowdfunding-Rekord auf, das Projekt selbst scheiterte jedoch: Das Smartphone wurde nicht produziert.

Mark Shuttleworth, CEO von Canonical, betonte in einem Interview mit dem Guardian (Arthur 2013), dass die Kampagne trotz missglückter Finanzierung ein Erfolg sei. Damit habe man nämlich Ubuntu Mobile, das mobile Betriebssystem von Canonical, wieder ins Gespräch gebracht. Einige Hersteller hätten laut ihm auch Interesse am Betriebssystem gezeigt und planen, Geräte mit Ubuntu Mobile zu bauen. Seine Hoffnung lag bis zuletzt auch darauf, dass einer dieser Hersteller mit 20 Mio. US-$ der Kampagne zum Erfolg verhelfen würde.

6.1.7 Expertentipps für die Durchführung einer erfolgreichen Crowdfunding-Kampagne

Der österreichische Crowdfunding-Pionier Reinhard Willfort stellte in einem Blogartikel auf seiner Crowdfunding-Plattform 1000 × 1000.at[24] eine Liste der elf wichtigsten Tipps, wie man im Netz erfolgreich Geld sammelt,[25] zusammen:

- ***Kommunikations- und Bewerbungsplan vorab erstellen*** – *Erstelle bereits vor Beginn des Crowdfundings einen Plan bezüglich Bewerbung deines Projektes. Welche Zielgruppen willst du mit welchen Mitteln erreichen und wann setzt du dafür welche Kommunikationsmaßnahmen ein?*
- ***Persönliche Kommunikation zu potenziellen Geldgebern*** – *Potenzielle Geldgeber investieren in erster Linie in die Person, die hinter der Idee steht. Biete daher Möglichkeiten zur persönlichen Kommunikation und für den Vertrauensaufbau. Gib beim*

[24] https://1000×1000.at/home. Zugegriffen: 13. April 2014.

[25] internetszene.at: „11 Experten-Tipps für erfolgreiches Crowdfunding", veröffentlicht am 18. Oktober 2013. http://www.internetszene.at/2013/10/18/11-experten-tipps-fur-erfolgreiches-crowdfunding. Zugegriffen: 28. Februar 2014.

Crowdfunding-Projekt deine Telefonnummer an und stehe für persönliche Kommunikation zur Verfügung. Trete auf passenden Veranstaltungen mit deinem Projekt auf, um persönliche Kontakte zu knüpfen.

- ***Geldgeber sind nicht „nur" Geldgeber** – Nutze die Chancen der Crowd und binde die Geldgeber durch gute persönliche Kommunikation ins Projekt ein. Geldgeber sind gleichzeitig auch potenzielle Multiplikatoren, Mitdenker und Partner.*
- ***Stell das Team hinter der Idee vor** – Erfolgreiche Gründungen bestehen in der Regel aus zwei oder mehr Personen, die ihr Wissen und ihre Kompetenzen gegenseitig ergänzen. Stell der Crowd alle Personen vor, die an der Idee mitarbeiten. Seien es Mitarbeiter oder auch Partner. Es spricht für das Potenzial einer Idee, wenn mehrere Personen mit unterschiedlichem Background an ihr arbeiten.*
- ***Regelmäßige Kommunikation über den Projektfortschritt** – Nutze die Kraft von Social Media und berichte regelmäßig über die Entwicklung deines Projektes, besonders während der Kampagne. Die Crowd will Menschen sehen, die etwas bewegen! Kommuniziere ehrlich und aufrichtig und berichte auch über Rückschläge und Schwierigkeiten. Lade die Crowd ein, mitzudiskutieren. Somit kannst du die Crowd näher an das Projekt heranholen.*
- ***Attraktive Goodies** – Überlege dir attraktive Goodies mit einem persönlichen Touch. Goodies, die zum Projekt passen. Du solltest zwecks der Übersichtlichkeit nicht zu viele Goodies anbieten, jedoch Goodies in unterschiedlichen Preiskategorien beziehungsweise je nach Anwendungsfall auch für unterschiedliche Zielgruppen (z. B. Privatpersonen und Unternehmen).*
- ***Klarer Verwendungszweck des eingesammelten Geldes** – Kommuniziere der Crowd klar, für welche konkreten Aktivitäten du das eingesammelte Geld verwenden wirst. Sofern die definierte Mindestsumme erreicht wurde und ein neues (höheres) Fundingziel ausgegeben wird: Gib klar an, für welche weiteren Ziele dieses Geld eingesetzt wird.*
- ***Ausreichend Zeit für das Funding, aber nicht zu viel** – Kalkuliere einen ausreichend großen Zeitrahmen für das Crowdfunding ein, damit eine solide Vorbereitung möglich ist. Die Kampagne selbst ist deine persönliche Inszenierung und kostet deine volle Aufmerksamkeit und Energie. Du erzählst deine Geschichte und diese sollte einen Spannungsbogen liefern, der die Crowd mitreißt. Aber: Verbreitungsmechanismen brauchen auch einiges an Zeit, um zu greifen.*
- ***Zeitaufwand nicht unterschätzen** – Ein Crowdfunding-Projekt nimmt viel Zeit in Anspruch und braucht eine Person, die mit Engagement hinter der Sache steht. Unterschätze den Zeitaufwand nicht – kalkuliere ausreichend Zeit ein, um deine Idee sowie das Crowdfunding voranzutreiben. Wer auf amerikanischen Plattformen aktiv werden will, muss sich auf die Umstellung seines Tagesrhythmus einstellen.*
- ***Einbinden von Kooperationspartnern** – Überlege dir bereits vorab, welche Partner dich in deinem Vorhaben unterstützen könnten. Welche Partner könnten gemeinsam mit dir an deiner Idee arbeiten beziehungsweise welche Gruppen haben Interesse und die Bereitschaft, dein Projekt weiter zu verbreiten?*

- ***Family, Friends, Fans zu Beginn abholen*** – *Informiere deine engsten Vertrauten bereits vor Beginn der Kampagne über dein Vorhaben. Wenn diese dich unterstützen wollen, bitte die Leute, bereits zu Beginn des Crowdfundings zu investieren. Es ist wichtig, bereits in den ersten Tagen nach dem Start zumindest 25–30 % der Geldbeträge zu sammeln, um eine gewisse Dynamik reinzubekommen. Viele aus der Crowd springen erst auf einen fahrenden Zug auf.*

6.1.8 Erfahrungsbericht zur Durchführung einer erfolgreichen Crowdfunding-Kampagne

Im August 2013 wurde die rewardbasierende Crowdfunding-Kampagne *Another Sound ist possible* auf der Crowdfunding-Plattform Startnext.de[26] erfolgreich beendet: Innerhalb von drei Monaten konnten über 32.000 € für die Finanzierung eines Soundsystems für ein neues Club-Projekt für Techno und House in Berlin eingeworben werden. Das Geld wurde dabei von 632 Supporters aufgebracht.

Nach Durchführung der Kampagne erstellte Franziska Thiem, Projektinitiatorin, ein Papier, indem sie ihre Eindrücke aus dem Projekt schilderte und es interessierten Lesern zur Verfügung stellt. Dabei soll es, nach ihren Worten, der Transparenz und einer kritischen Reflexion dienen, was insbesondere für andere Projekte und zukünftige Planungen interessant sein könnte.

Verlauf – *Über die dreimonatige Dauer der Aktion lassen sich rückblickend drei verschiedene Phasen ausmachen. Hauptsächlich am Anfang und am Ende war die Aufmerksamkeit sehr hoch, in den sechs Wochen dazwischen nahm sie rapide ab. Dies entsprach auch unserer Kalkulation im Vorfeld, welche sich über die drei Monate bestätigen sollte. Wir haben vor der Kampagne einen genauen Plan erstellt: Darin enthalten waren alle Presse- und Blogkontakte, teilnehmende Künstler*innen und Labels sowie ein Zeitplan, in dem festgelegt wurde, welcher Content wann über welche Medien kommuniziert wird, wann welche Special-Gimmix rausgehauen werden sollen und wie der zeitliche Ablauf hinter den Kulissen mit der Compilation und den Videos läuft. Das hat natürlich nicht immer funktioniert, wie wir uns das gedacht haben, aber im Großen und Ganzen ging unser Plan ziemlich gut auf.*

Aufwand und Struktur – *Auch wenn es so scheint, dass der Aufwand, eine solche Kampagne zu starten und am Leben zu halten, auf Facebook-Updates und Blogeinträge beschränkt ist, läuft im Hintergrund wesentlich mehr ab. Es musste ständig neuer Content generiert werden, um Interessierte ausreichend zu informieren; Künstler*innen und Labels wurden auf dem Laufenden gehalten; die Compilation wurde Stück für Stück zusammengetragen; Pressetermine und Interviews wurden vereinbart; Hunderte Mails*

[26] http://www.startnext.de/anothersoundispossible. Zugegriffen: 20. März 2014.

und Fragen wurden geschrieben und beantwortet; Pressemitteilungen wurden geschrieben und Kontakte aufgetrieben und angeschrieben; die Veröffentlichung der Special-Gimmix wurde geplant und bearbeitet sowie nebenbei noch Parties organisiert. In dem von uns u. a. für die Kampagne gemieteten Büro haben im Schnitt zwei Personen gearbeitet – ein ehrenamtlicher Aufwand, der von verschiedenen Personen geleistet wurde und zusammengefasst über eine 40 h-Woche hinausging. Sämtliche Ablaufpläne, Adressen und Informationen wurden in in der Cloud abgelegt, wodurch alle beteiligten Personen gleichermaßen Zugriff auf sämtliche relevanten Daten hatten. So konnten wir weitestgehend vermeiden, dass sich übermäßig viel Wissen bei einer einzelnen Person zentriert und diese dann über drei Monate unabdingbar wird.

***Supporterinnen** – Insgesamt haben 632 Menschen die Kampagne unterstützt. Mehr als die Hälfte davon – um genau zu sein 354 – kommen aus Leipzig. Weitere 81 kommen aus Berlin, 33 aus Dresden und die weiteren aus allen Teilen Deutschlands sowie der gesamten Welt. Zwar haben wir damit gerechnet, dass der Großteil der Unterstützer*innen aus Leipzig kommen wird – schlussendlich waren wir von der hohen Anzahl dann doch sehr überrascht. Ebenso überraschend waren wir über die Unterstützungen aus den USA, Mexico, Frankreich, Griechenland, Italien und sogar Saudi Arabien wie auch weiteren Ländern. Wir hatten gehofft, vor allem in UK mehr Aufmerksamkeit zu bekommen und haben nicht zuletzt deswegen die Kampagne international verständlich gehalten, aber leider hat das durch fehlende Kontakte und/oder Interesse nicht wirklich funktioniert.*

***Geld** – Von den insgesamt 32.327 € sind noch unterschiedliche Posten abzuziehen, 5990,29 € Umsatzsteuer, 1723,64 € Druckmaterial und Aufwand, 650 € Video, 476,80 € Paypalgebühren, 323,08 € Startnextspende, 320 € Büromiete, 300 € Porto, 204 € Flyer, 70 € Verpackungen. Effektiv bleibt somit ein Gesamtbetrag von 22.269,96 € übrig. Das ist etwas mehr, als wir im Falle einer erfolgreichen Kampagne erwartet haben und eine sehr solide Anzahlung für den Mietkauf des Soundsystems.*

***Gimmix/Gegenleistungen** – Im Vorfeld sahen wir die Schwierigkeit darin, für ein regionales Projekt auch überregional Unterstützer*innen zu gewinnen. Deshalb haben wir versucht, durch die Gimmix eine hohe Attraktivität der Kampagne auch für Menschen zu schaffen, die nichts direkt von dem Soundsystem haben, weil sie z. B. zu weit weg wohnen. Das hat relativ gut funktioniert, vor allem die Platten-Specials gingen an Menschen in ganz Deutschland sowie andere Länder raus. Durch das Einbinden verschiedener internationaler Labels konnte auch die Kommunikation noch weiter gestreut und mehr Menschen erreicht werden, als wir es ohne diese Hilfe jemals geschafft hätten. Wir sind zu Beginn davon ausgegangen, dass sich die Compilation und das Mixtape gut verkaufen werden, da es diese nur bei Startnext gab. Doch mussten wir feststellen, dass wir mit Preisen von 50 € für die Compilation und 100 € für ein Mixtape zu hoch lagen. Hätten wir den Preis jeweils nur halb so hoch angesetzt, hätten sicherlich mehr Menschen sich für diese Gimmix entschieden. Auch war es schwierig, die Compilation über die richtigen Kanäle* *zu bewerben, da diese nicht über einen digitalen Vertrieb, wie Boomkat oder Beatport etc., verfügt, wodurch es selbst für Interessierte nicht so einfach wie sonst war, sich über die Compilation zu informieren. Nichtsdestotrotz hat sie einen hohen Stellenwert bei der Kommunikation der Kampagne eingenommen sowie intensiven Kontakt zu Künstler*innen und Labels hergestellt, der in Zukunft sehr von Vorteil sein wird. Außerdem hat sie das musikalische Gesicht der Kampagne geprägt, auch wenn sie etwas zu techno-lastig war und nur aus männlichen Künstlern bestand. Am besten haben sich Gästelistenplätze und Beutel verkauft. Auch alle limitierten Angebote, wie Platten oder Pullover, sind vollständig verkauft worden. Der Verkauf der Galakarten, womit wir eher Familie, Eltern und ‚mittelständische' Unterstützer*innen ansprechen wollten, lief nicht so gut wie erwartet. Entweder haben wir keine reichen Eltern oder sie stehen einfach nicht auf Techno-Galas. Was uns im Nachhinein einige Probleme bereitet hat, ist ein Fehler im System. Aus ominösen Umständen war es möglich, dass z. B. vier von nur drei angebotenen Special- Gimmix gekauft worden sind. Vor allem bei schon ausverkauften Platten kamen wir in eine missliche Lage, da wir einfach keine weitere Platte auftreiben konnten. Hier ist jedoch Startnext zu adressieren und es liegt an ihnen, ihr Buchungssystem zu optimieren. Leider können wir auch immernoch nicht die Connwax-Platten, das Oake-Package, das Kassem-Mosse-Mixtape, die Hoodies und deswegen auch das All-in-One-Paket ausliefern. Das liegt zum einen am Presswerk, an Lieferengpässen der Textilien oder schlicht am Release Schedule der kommenden Platte. Wir haben das aber auf dem Schirm und denken an Euch)*

Werbung, Promo, Marketing – *In den verschiedenen Artikeln und Interviews haben wir es immer wieder aufs Neue betont: Wir hatten den Werbeeffekt für das Projekt durch die Kampagne eindeutig unterschätzt. Durch „Another Sound is Possible" haben sich zahlreiche Menschen unabhängig voneinander bei uns gemeldet, die uns finanziell unterstützen wollten, für die Bauarbeiten ihre Hilfe angeboten haben oder sich einfach nur über die Kampagne und das Projekt unterhalten wollten. Wir haben insgesamt das Gefühl, dass wirklich viele Menschen aus unterschiedlichen Kreisen, nicht nur in Deutschland, das Club-Projekt durch die Kampagne auf dem Schirm haben.*

Dies wurde möglich, da wir offensiv viele unterschiedliche Kanäle benutzt haben, was eigentlich unserem Konzept der Kommunikation des Club-Projektes entgegensteht. Letztlich hat es sich aber gelohnt, diesen Kompromiss einzugehen. Es war wichtig, in Printmedien, wie dem Kreuzer Leipzig, der Jungle World oder dem Groove-Magazin, zu erscheinen, die jeweils unterschiedliche, aber wichtige Kreise angesprochen haben. Inwieweit sich diese Artikel allerdings auf tatsächliche Unterstützungen ausgewirkt haben, lässt sich kaum ermitteln. Dennoch waren diese Artikel wichtig für die Wahrnehmung des Projektes. Der Artikel in der BILD – welcher gänzlich ohne unser Zutun entstand – hatte nur zur Folge, dass wir Angebote von Bratwurstständen und Ähnlichem bekamen. OK.

Wichtig waren auch Posts auf Blogs wie frohfroh, itsyours, hate magazine, wolftausendplateaus, tanith und vielen weiteren. Dem Medium geschuldet, kann man leichter Rückschlüsse ziehen, woher die meisten Klicks kamen; und das war ein großer Teil. Der größte verfolgbare Faktor war allerdings Facebook, klar. Zu Beginn der Kampagne hatte *das ifz-Profil noch 1300 Likes – Ende August mit 3300 mehr als das Doppelte. Hier ließ sich die Reichweite der Posts, das Interesse der Leute und der Erfolg der einzelnen Gimmix, Videos und Tracks am besten messen. Indem wir zu den Hauptzeiten am Anfang und Ende der Kampagne jeden Tag neuen Content in Form von Links zu Interviews, Artikeln, Videos, Parties und neuen Tracks geliefert haben, konnten wir die Aufmerksamkeit der Leute aufrechterhalten und sogar neue Unterstützer*innen gewinnen. Dabei haben sich die Statistiken von Startnext bestätigt, dass vor dem Wochenende und am Anfang des Monats mehr Menschen spenden. Uns wurde von Einzelnen vorgeworfen, nicht genug zu posten, obwohl wir uns bereits schäbig vorkamen, jeden Tag einen Eintrag zu veröffentlichen. Wie so oft scheint hier der Mittelweg das Effektivste zu sein. Die populärsten Posts haben dabei bis zu 12.000 Leute erreicht – das sieht gut aus, aber der tatsächliche Wert davon ist streitbar. Vor allem zum Schluss war es für uns schwierig, neue Kooperationspartner*innen zu finden und das Gefühl war relativ schal, von Facebook als fast einziges aktives Medium abhängig zu sein, statt neue Interessierte über andere Kanäle zu gewinnen.*

*Sichtbar positiv haben sich Posts von renommierten Künstler*innen auf Klicks ausgewirkt. Mit wenig Aufwand haben hier alte Bekanntschaften oder das einfache Anschreiben von Künstler*innen eine hohe Wirkung gehabt. Wir hatten uns überlegt, nicht alle Special-Gimmix auf einmal zu veröffentlichen, weil es uns wichtiger war, regelmäßig etwas Neues anbieten zu können und immer wieder auf dem Schirm von Fans der Artists, des Labels oder des ifz zu landen. Diese Strategie hat wunderbar funktioniert. Ohne diese wäre es schwierig gewesen, zu unterschiedlichen Zeiten unterschiedliche Leute zu erreichen. Zu Anfang lag bei uns der Fokus auf den Artist-Videos. Doch diese hatten nicht den erhofften Impact, auch wenn sie für die Authentizität der Kampagne ein großer Bonus waren. Im Laufe der Aktion kamen auch immer mehr Plattenspenden von Labels und Künstler*innen hinzu, die sich besser ‚monetarisieren' ließen. Deswegen wechselte der Fokus mit der Zeit auf diese.*

Die für uns überraschend große Aufmerksamkeit in der Szene wie auch den Medien hatte eine große Wirkung in der Szene Leipzigs. Von vielen bekamen wir große Unterstützung und Zuspruch, aber auch Kritik und Skepsis wurde uns mal direkt, mal über Ecken zugetragen. Der von vielen aufgebauschte Konflikt und die Konkurrenz mit dem ebenfalls neu eröffnenden Täubchenthal sowie der etablierten Distillery war dabei weder von uns heraufbeschworen noch gefördert worden. Mit dem einen gibt es nur die geringsten Überschneidungspunkte, bei dem anderen ist die Nachbarschaft vermutlich sogar für beide von Vorteil.

***Kritik und Lob von Startnext-Userinnen, dem Umfeld und anderen** – Die nicht wenige Kritik, die uns zugetragen wurde, haben wir stets ernst genommen und reflektiert, wie man diese umsetzen könnte. Wir waren teilweise überfordert mit der uns völlig neuen Situation, so viel öffentliche Aufmerksamkeit zu bekommen. Oft wurden Leute von uns übergangen, Dinge nicht ganz geklärt oder vergessen. Dies geschah jedoch nicht aus Absicht oder Respektlosigkeit, sondern resultierte aus dem Stress, gleichzeitig an zu vieles denken und unterschiedliche Faktoren berücksichtigen zu müssen. Auch war es stellenweise schwie-*

*rig, Aufgaben und Verantwortung abzugeben, so dass Einzelpersonen zu sehr belastet wurden. Das ist etwas, was wir auch in Zukunft besser machen müssen, um nicht Einzelne zu schnell ‚auszubrennen'. Hier seien in Kürze einige Diskussionen bzw. Punkte angedeutet, welche uns besonders wichtig erscheinen: Eine Diskussion auf Startnext bezog sich auf die Gemeinnützigkeit des Institut für Zukunft, der Kampagne und was wir als ifz wieder zurück in die Szene geben. Hierzu muss darauf hingewiesen werden, dass der Club Institut fuer Zukunft wie auch die Kampagne Another Sound is Possible keine gemeinnützigen Projekte sind. Für eine Aufwendung eines/einer Supporter*in bekommt diese*r ein Äquivalent, ein Kaufvertrag kommt zustande. Das, was wir in die Szene und somit dem Großteil unserer Unterstützer*innen zurückgeben, ist neben den Gimmix ein neuer Club mit allem Drum und Dran. Angeschlossen an den Club ist ein gemeinnütziger Verein, der zu einem fairen Preis Räume für Ateliers und Studios vermietet und außerdem Workshops und Seminare mit einem gesellschaftskritischen und emanzipatorischen Anspruch veranstaltet. Der Club als solcher muss ein wirtschaftlich rentables Unternehmen sein, denn sonst können wir keine Löhne bezahlen, keine DJs buchen, keine Darlehen zurückzahlen und ziemlich schnell mit einem Haufen Schulden schließen. Uns wurde zugetragen, dass unsere Kommunikation zu sehr auf Musik und die Kampagne fokussiert war und man dem eigenen Anspruch nicht gerecht wird, mehr als nur ein Technoschuppen zu sein und Kunst und Kritik zu fördern. Da müssen wir leider Recht geben, allerdings kommt alles zu seiner Zeit. Während der Kampagne – und auch jetzt – liegen unsere Prioritäten vor allem bei der Auslieferung der Gimmix, Behördenkram und Bauarbeiten. Wenn die Zeit reif ist, gehts auch mit dem los, worum es eigentlich geht: Krumping, Kritik und Kunst! Von einigen kam das Lob, dass unser Auftreten als gesamtes professionell und durchdacht daherkam. Das hat uns selbst sehr überrascht. Unsere Eigenwahrnehmung war da stellenweise eine andere, deswegen hat uns das umso mehr gefreut. In nur einem Fall mussten wir die Kritik eines/einer User*in löschen, da diese (willentlich oder nicht) das Institut für Zukunft diskreditiert hatte. Wir haben dennoch versucht, Kontakt mit der Person aufzunehmen, um uns zu erklären. Dies war leider durch das System von Startnext nicht möglich.*

***Fazit** – Insgesamt sind wir mehr als zufrieden mit der Kampagne und deren ganzen Verlauf. Der Nebeneffekt – szene-intern und teilweise weltweit – auf das Club-Projekt aufmerksam gemacht zu haben, ist neben dem gewonnenen Geld der größte Nutzen. Der Wert der Kampagne als Marketing-Tool ist gar nicht zu ermessen. Davon, wie auch von dem großen und positiven Feedback aus Leipzig und der ‚Underground-Techno-Szene' wurden wir wirklich überrascht. Auch die ganzen Kontakte, die durch die Kampagne entstanden sind, wären sonst wohl nie zustande gekommen.*

***Zurück in die Zukunft** – Wir haben es mittlerweile geschafft, durch das ganze Chaos aus Platten, Beuteln und Gästelisten zu steigen, und die meisten Gimmix sind mittlerweile schon verschickt worden. Einzelne müssen sich leider noch ein bisschen gedulden, aber das haben wir auf dem Schirm. Wie Ihr sicher schon mitbekommen habt, sind wir mittlerweile voll mit den Bauarbeiten beschäftigt. Die Menschen von Kirsch Audio waren letzte*

Woche auch zum ersten Mal in den Räumlichkeiten und sind sehr angetan von dem Projekt und dem Club. Im Moment arbeiten wir gemeinsam ein optimales Konzept für den Main Floor aus. Einen festen Termin für die Eröffnung können wir bisher noch nicht nennen, doch wir gehen momentan von Dezember aus.

6.2 Für welche Branchen ist Crowdfunding geeignet?

Basierend auf der Branchendarstellung bei Kickstarter[27] soll aufgezeigt werden, für welche Branchen Crowdfunding geeignet ist und warum (Abb. 6.1).

6.2.1 Kreativwirtschaft

Bei den meisten bis dato erfolgreich abgewickelten Crowdfunding-Projekten handelt es sich um Projekte aus der Kreativwirtschaft.

Laut einer Studie des deutschen Bundesministeriums für Wirtschaft und Technologie aus dem Jahre 2009 (BMWi 2009, S. 3) umfasst die Kreativwirtschaft folgende elf Kernbranchen oder Teilmärkte:

All	**137,410**	**$1 B**	**$871 M**	**$119 M**	**$31 M**	**4,642**	**43.56%**
Games	8,963	$220.53 M	$192.09 M	$22.35 M	$6.08 M	438	35.23%
Film & Video	33,881	$199.87 M	$165.71 M	$31.21 M	$2.95 M	875	40.09%
Design	7,066	$148.43 M	$126.18 M	$15.34 M	$6.92 M	392	38.57%
Technology	3,943	$124.33 M	$103.50 M	$13.40 M	$7.42 M	254	34.83%
Music	28,123	$105.86 M	$95.16 M	$8.91 M	$1.79 M	676	55.20%
Publishing	16,606	$49.33 M	$41.15 M	$7.20 M	$976.90 K	535	32.26%
Food	5,554	$38.28 M	$31.29 M	$6.02 M	$966.54 K	272	40.16%
Art	12,272	$36.92 M	$30.49 M	$4.53 M	$1.90 M	430	47.80%
Fashion	5,539	$30.43 M	$25.67 M	$3.72 M	$1.03 M	294	29.42%
Comics	3,775	$25.78 M	$23.33 M	$1.97 M	$477.79 K	147	49.42%
Theater	5,714	$22.69 M	$19.93 M	$2.46 M	$301.55 K	135	64.37%
Photography	4,193	$13.19 M	$11.05 M	$1.84 M	$300.38 K	138	36.47%
Dance	1,781	$5.93 M	$5.45 M	$405.15 K	$75,381	56	70.43%

Abb. 6.1 Branchendarstellung bei Kickstarter. (Quelle: Kickstarter Stats)

[27] https://www.kickstarter.com/help/stats?ref=footer. Zugegriffen: 15. März 2014.

- Musikwirtschaft
- Buchmarkt
- Kunstmarkt
- Filmwirtschaft
- Rundfunkwirtschaft
- Markt für darstellende Künste
- Designwirtschaft
- Architekturmarkt
- Pressemarkt
- Werbemarkt sowie
- Software-/Games-Industrie.

Die zwei Schlüsselbegriffe für Kreativwirtschaft sind Kreativität und Innovation (Lechner und Philipp 2006):

Der Begriff der Kreativität beschreibt dabei prinzipiell die Fähigkeit, Neues zu erfinden, schöpferisch zu handeln und bereits Bekanntes in einen neuen Zusammenhang zu stellen oder den Bruch mit althergebrachten Denk- und Handlungsroutinen zu vollziehen. Kreativität gilt somit als wichtige Ressource zur neuartigen und originellen Lösung von Problemen. Unter Innovation versteht man eine neue Kombination von Produktionsfaktoren, d. h. eine Andersverwendung der Produktionsfaktoren im Gegensatz zum wiederholten und vermehrten Einsatz der Faktoren. Als Grundvoraussetzung für neue Ideen und neues Wissen spielt Kreativität in der ökonomischen Innovationstheorie eine besondere Rolle. Das Ergebnis von Kreativität, das kreative Produkt bzw. die kreative Leistung, wird erst durch die Implementierung am Markt in eine Innovation übergeleitet.

Gemäß dem Ergebnis in den letzten Jahren durchgeführter Studien des Bundesministeriums für Wirtschaft und Technologie (BMWi) ist die Kultur- und Kreativwirtschaft Teil einer wissens- und contentorientierten Gesellschaft und übernimmt immer mehr eine Vorreiterrolle auf dem Weg in eine wissensbasierte Ökonomie (Arndt et al. 2012). In der Kultur- und Kreativwirtschaft wird gehäuft in zukunftsorientierten Arbeits- und Geschäftsmodellen, wie z. B. in hybriden Arbeitsformen, gearbeitet.

Darüber hinaus ist die Branche lt. den Ergebnissen der Studien außerordentlich innovativ. Sie erweist sich als wichtige Quelle für originäre Innovationsideen. Es wird häufig projektspezifisch produziert und entwickelt. Fast alle Unternehmen der Kultur- und Kreativwirtschaft nutzen moderne Technologien, allen voran Informations- und Kommunikationstechnologien. Sie sind nicht nur passive Technologienutzer, sondern geben Technologieherstellern und -entwicklern immer wieder Impulse für neue Technologievarianten.

Laut Erhebungen (BMWi 2009) des deutschen Bundesministeriums für Wirtschaft und Technologie (Forschungsbericht Nr. 577) im Rahmen der Initiative Kultur- & Kreativwirtschaft der Bundesregierung leistete die Kultur- und Kreativwirtschaft zur gesamtwirtschaftlichen Wertschöpfung in Deutschland im Jahr 2010 einen Beitrag in Höhe von 63,7 Mrd. €. Das entspricht einem Anteil von 2,6 % am Bruttoinlandsprodukt. 2010 wurden 240.000 Unternehmen zur Kreativ wirtschaft gezählt. Diese Unternehmen erzielten einen Umsatz von insgesamt mehr als 137 Mrd. € und bieten knapp 720.000 abhängig Beschäftigten einen Voll- oder Teilzeitarbeitsplatz. Damit sind rund 3 % aller Erwerbstätigen der Gesamtwirtschaft in der Kultur- und Kreativwirtschaft beschäftigt.

Die Kennzahlen zur Kultur und Kreativwirtschaft machen deutlich, dass dieser Branchenkomplex durch einen hohen Anteil an Kleinst- und Kleinunternehmen gekennzeichnet ist. Der Umsatz je Unternehmen lag im Jahr 2010 bei 573.000 € und erreicht damit lediglich ein Drittel des Umsatzwertes eines durchschnittlichen Unternehmens in der Gesamtwirtschaft.

Im Hinblick auf die Zahl der Selbstständigen ragt die Kultur- und Kreativwirtschaft mit einem Anteil von 25 % an der Gesamtzahl der Erwerbstätigen im Branchenvergleich deutlich hervor.

Interessanterweise ist die Kultur- und Kreativwirtschaft von einem überdurchschnittlichen Anteil an weiblichen Erwerbspersonen geprägt. Die Frauen sind in fast allen Teilmärkten der Kultur- und Kreativbranchen stärker vertreten als die Männer. Lediglich die Software-/Games-Industrie verfügt bislang nur über ein Viertel an Frauenarbeitsplätzen. Der Anteil der Frauen bei der Gruppe der Selbstständigen liegt zwischen 40 und 44 %. Dieser Anteil ist ebenfalls bereits sehr hoch, wenn man den Frauenanteil der Gesamtwirtschaft zum Vergleich nimmt: Lediglich 7 % der Frauen sind dort als Selbstständige registriert.

Die Kreativwirtschaft zeichnet sich ferner durch folgende Merkmale aus:

- Bei den kreativen Projekten (beispielsweise Spiel, Musik und Film) gibt es häufig eine besonders starke emotionale Bindung zu den Konsumenten.
- Das Ergebnis der Kreativwirtschaft sind oft digitale Inhalte, für die alternative Erlösmodelle notwendig sind.
- Im Bereich Forschung und Entwicklung ist ein hohes Innovationsrisiko feststellbar, das alternative Finanzierungsquellen benötigt.
- Kreativunternehmen sind meist gekennzeichnet durch eine kleine Unternehmensgröße und eine geringe Finanzkraft. Auch daher sind alternative Finanzierungsquellen speziell im diesem Bereich notwendig.
- Für kreative Projekte ist das Internet ein perfektes Vertriebsmodell, das geringe Kosten, große Reichweite und vor allen Dingen direkten Kontakt zu den Konsumenten verspricht (Warner 2013).

6.2.2 Wie verändert die Digitalisierung die Kultur?

Im Buch *Eine neue Version ist verfügbar,* versucht der Journalist Dirk von Gehlen[28] eine Antwort auf die Frage zu finden, inwiefern die Digitalisierung die Kultur verändert.

[28] Dirk von Gehlen leitet bei der Süddeutschen Zeitung die Abteilung „Social Media/Innovation" und beschäftigt sich schon seit Längerem mit den Auswirkungen der Digitalisierung auf unsere Gesellschaft.

Dabei ließ von Gehlen das Buch selbst zu einem Experiment werden, indem er es nicht nur vorab von Lesern finanzieren ließ, sondern sie auch in die Entstehung mit einbezog. Damit erprobte er die in seinem Buch aufgestellte These, dass der *unkopierbare Moment der erlebten Teilnahme* der wahre Wert digitaler Kulturprodukte sei. In einem Interview, das Mareike Müller für das Onlinemagazin vocer.de mit Dirk Gehlen am 9. Oktober 2013 geführt hat (Müller 2013), fasst er die Kernaussagen seines Buches wie folgt zusammen:

VOCER: Warum brannte Ihnen die Frage, wie die Digitalisierung Kultur verändert, so sehr unter den Nägeln, dass Sie darüber ein Buch geschrieben haben?

Dirk von Gehlen: Ich bin Journalist und beobachte seit ein paar Jahren, wie sich Dinge verändern, von denen man dachte, dass sie Gewissheiten sind. Deswegen habe ich schon vor einiger Zeit angefangen, mich mit dem Thema Urheberrecht und Copyright zu beschäftigen. Ich habe 2011 bei Suhrkamp ein Buch veröffentlicht, das heißt „Mashup. Lob der Kopie“ und das neue Buchexperiment ist die daran anknüpfende Fortentwicklung. „Mashup“ beschreibt, wie die digitale Kopie uns vor neue Herausforderungen stellt und „Eine neue Vision ist verfügbar“ will darauf eine Antwort versuchen.

Welche Antwort haben Sie gefunden?

Wenn wir Inhalte kostenfrei duplizieren können – und das ist die Möglichkeit, die die digitale Kopie uns erstmals in der Menschheitsgeschichte schenkt – dann ist der Inhalt nicht mehr das Einzige, was den Wert in sich trägt. Deshalb müssen wir uns fragen, wo Wert sonst noch herkommen kann. Zum Beispiel in der Entstehung von Inhalten. Das kennen wir auch von der Fairtrade oder Biobewegung: Der Produktionsprozess hebt den Wert des Produktes. Ich habe mich gefragt, ob das nicht auch bei Kunst und Kultur geht. Dabei bin ich darauf gestoßen, dass es bei Software schon lange so ist. Deshalb glaube ich, dass Kultur dadurch, dass sie digitalisiert wird, den gleichen Grundbedingungen gehorcht wie Software. Sie ist in Versionen verfügbar.

In Ihrem Buch taucht in diesem Zusammenhang immer wieder der Begriff „Verflüssigung“ auf. Was verstehen Sie darunter?

Die Verflüssigung kann man sich am besten vor Augen führen, wenn man Wikipedia und den klassischen Brockhaus anschaut. Der Brockhaus ist ein festes, unveränderliches Werkstück auf Papier. Den kann man nicht mehr ändern, vielleicht in der nächsten Auflage, aber nicht den, der bei mir im Regal steht. Ein Wikipedia-Artikel hingegen liegt in Versionen vor. Ich kann die Vorgeschichte dieses Artikels nachvollziehen und ich kann auch eine neue ergänzen. Ich glaube, das ist die wichtigste klimatische Veränderung für Kultur: Sie ist nicht länger abgeschlossen und unveränderlich, sondern digitale Kultur ist immer auch Anschlusskultur, die veränderlich bleibt. Das nenne ich

Verflüssigung. Die Grundkomponente eines einmal fertiggestellten Lexikonartikels ist das Feste, das Unveränderliche und die Grundkomponente eines digitalen Produktes, einer Software, ist die Verflüssigung, die Veränderbarkeit.

Was folgt daraus für die Kulturproduktion?

(...) Das ist etwas, dass ich als Fan wertschätze, was mir ein besonderes Erlebnis bietet. Und dafür bin ich bereit, Geld zu zahlen. Diese Frage war mein Ansatzpunkt: Was schätzen Menschen wert? Und da, wo Wertschätzung ist, ist auch Wertschöpfung möglich. Das liegt in dem Unkopierbaren eines solchen Moments, der heute durch die Digitalisierung verfügbar ist. Man kann diese Form der Versionierung nicht erst nach Veröffentlichung eines fertigen Werkstücks erleben, sondern eigentlich schon im Entstehen – in der Art und Weise, wie das Produkt sich immer weiter verfestigt bis zu einer Veröffentlichungsversion.

Bei Ihrem Buchexperiment haben Sie diese Idee auch gleich in die Tat umgesetzt. Wie schwer war es, ein Publikum zu finden?

Ich habe den Lesern eine Grundidee des Buches gegeben und dabei ist schon zu Beginn ein ganz interessanter Aspekt aufgefallen: Ich habe viele Interviews zu dem Buch gegeben, bevor es überhaupt existiert hat. Die These hat ausgereicht und viele brauchten das Buch gar nicht, um darüber ein Interview zu führen. Das Format Buch ist schon so fest eingebrannt, dass die Vorstellung dessen völlig ausreicht. Ich könnte diese Thesen einfach so behaupten, aber dadurch, dass sie als Buch vorstellbar sind, werden sie stärker.

Wird das Buch gerade deshalb nicht aussterben, sondern einen Wert als Werk behalten?

Ich bin fest davon überzeugt, dass das Buch als Kategorie niemals aussterben wird. Es wird sich wie jegliche Form von Kultur verändern. Wir stehen am Anfang dieses Prozesses. Das E-Book ist eigentlich eine Adaption des Papierbuches auf einem elektronischen Verbreitungsweg. Ich denke, dass es nicht nur um eine neue Verbreitung geht, sondern dass der Inhalt, also der Werkstoff selbst, wie Eis in der Sonne schmilzt, sich verändert, verflüssigt, in einen anderen Aggregatzustand übergeht. Das heißt nicht, dass er verschwindet, sondern dass er eine andere Form annimmt und wir genauer hingucken müssen. Und wir kommen mit dem neuen Aggregatzustand einfach noch nicht klar und verstehen nicht, was es bedeutet, wenn Inhalte digitalisiert werden.

Wie verändern sich damit die klassischen Rollen von Autor und Verlag?

Wir müssen den Dialog mit dem Leser viel stärker suchen. Das Internet ist ein Netz. Das ist etwas anderes als eine Rampe. Es geht nicht darum, dass wir Inhalte auf dem

Leser abwerfen, sondern dass wir mit ihm vernetzt sind. Für Verlage, die ihre Qualität darin sehen, dass sie Papier bedrucken können, wird es schwierig. Verlage, die sich als Partner der Autoren verstehen, die ihre Auswahlkompetenz in den Mittelpunkt stellen, die werden eine sehr gute Zukunft haben. Ich habe dieses Experiment allein unternommen, ohne Partner, ohne Verlag im Hintergrund. Es war unfassbar anstrengend und ich würde es so nicht noch einmal machen wollen. Das heißt, ich würde auf jeden Fall immer auf die Suche nach einem Verlag gehen, der als Partner mit mir zusammenarbeitet.

Sie haben das Buch mit Crowdfunding finanziert. Warum?

Als ich letztes Jahr mit dem Projekt begonnen habe, war der Hype um Crowdfunding noch nicht so groß. Ich wollte auch nicht unbedingt Crowdfunding machen, im Gegenteil – mir war das immer suspekt. Es wirkte für mich immer so, dass man das eben macht, wenn man keinen Verlag findet. Ich bin dann durch die These meines Buches darauf gekommen, dass es etwas anderes ist. Crowdfunding ist eine Form der Liebhaberkulturfinanzierung. Es kann dazu führen, dass Produkte am Ende in einer sehr viel höheren Qualität erstellt werden können als für einen Massenmarkt.

Innerhalb weniger Tage war Ihr Buch finanziert. Nicht jedem gelingt das. Verraten Sie uns Ihr Erfolgsrezept?

Der wichtigste Punkt ist, dass Crowdfunding scheitern kann. Aber das ist auch ein Hinweis darauf, dass es funktioniert. Wenn alle Projekte finanziert werden, wäre irgendetwas falsch. Der besondere Reiz des Crowdfundings liegt darin, dass ich als Konsument eine Rolle spiele – was bei klassischen Kulturprodukten oft nicht der Fall ist. Die Frage ist, ob einem Künstler das gelingt: Ein Projekt so auf die Beine zu stellen, dass er seinem Publikum das Gefühl gibt, dass es eine Rolle spielt. Projekte scheitern, wenn Künstler sich keine Gedanken darüber machen, sondern denken, das ist eine leichte Art und Weise, Geld zu verdienen. Das ist es definitiv nicht. Es ist extrem arbeitsintensiv. Man muss jeden Tag neue Geschichten erzählen, Fragen beantworten und das Gespräch suchen. Es ist aber auch total beglückend, wenn man sieht, dass es Leute gibt, die sich nicht nur für das interessieren, was man tut, sondern auch dafür bereit sind, Geld auszugeben. Das ist wohl das schönste Kompliment für einen Autoren.

In diesen Tagen findet wie schon seit vielen Jahrzehnten die Frankfurter Buchmesse statt. Wie zeitgemäß ist so eine papierne Veranstaltung in unserer digitalen Welt?

Die Buchmesse ist schon sehr digital. Es gibt einen Hashtag, die Buchmesse ist im Netz vertreten, sie ist ein virtueller Raum geworden. Den realen Raum dazu gibt es in Frankfurt in den Messehallen. Faszinierend finde ich, wie die Buchbranche gerade versucht, die Frage zu beantworten, was ein Buch ist. Man denkt, dass eine Messe, die Buchmesse heißt, darauf eine Antwort hat. Für mich sind Bücher vor allem Dialog. Bücher sind

Salons der Gegenwart, in denen Menschen miteinander in Austausch treten können. Ich habe das Gefühl, dass die Buchbranche in einem extremen Zweifel- und Findungsprozess ist. Dass sie diese Debatten führt, finde ich sehr positiv. Es ist aber auch deprimierend, dass viel geredet, selten aber etwas ausprobiert wird. In Deutschland fehlt oft der Mut, ein Experiment zu unternehmen, weil man nicht so gern öffentlich scheitern möchte, da es als Makel gesehen wird.

Was wünschen Sie sich von den Verlagen?

Auch die amerikanische Startup-Szene weiß nicht, wie unsere digitale Zukunft aussieht. Trotzdem rennen sie erst einmal los und probieren etwas aus. Man kann einen neuen Weg nur finden, wenn man losgeht und dazu gehört auch, dass man mal hinfällt und wieder aufstehen muss. Scheitern ist das Beste, was einem passieren kann, weil man daraus lernt.

Wie im Interview mit Dirk von Gehlen auch angeklungen, hat die Digitalisierung gravierende Auswirkungen auf den gesamten Medienbereich, gleichzeitig ergeben sich aber durch die Digitalsierung neue Geschäftsmodelle mit neuen Erlös- und Finanzierungsmethoden.

6.2.3 Journalismus

> Das Ereignis dieser Tage ist doch, dass eine Idee wie „Krautreporter", die aus dem Herzen des Internets kommt, zumindest partiell auf Bezahlinhalte und den Club-Charakter setzt, den die Printmedien seit Jahren diskutieren und nie umsetzen. Was dort über Klick-Journalismus und Google-getriebene Geschichte steht, teile ich zu 100 %. (F.A.Z.-Herausgeber Frank Schirrmacher im „Horizont"-Interview)

Seit Einführung des Internets konsumieren immer mehr Menschen Nachrichteninformationen im Internet: Von den rund 73 % der Erwachsenen, die in Deutschland online sind, nutzen 61 % das Internet für Nachrichteninformationen. In den USA haben im Jahr 2010 erstmals mehr Menschen ihre Nachrichten aus dem Internet bezogen als aus der Zeitung. Rund 41 % der Bevölkerung informiert sich online über nationale und internationale Neuigkeiten. Bei den 18- bis 29-Jährigen ist das Internet die Nachrichtenquelle Nr. 1, noch vor dem Fernsehen. Die Vorteile des Lesers sind offensichtlich: Die Inhalte sind aktueller und sie sind meist kostenlos. Die Abwanderung der Leser in das Internet trägt u. a. dazu bei, dass die Auflagen der Zeitungen massiv sinken. In Deutschland lag im Jahr 2011 die Auflage aller Tageszeitungen bei etwas mehr als 24 Mio. Seit 2000 ist sie damit um sechs Mio. Exemplare geschrumpft. In den USA waren zum Jahrtausendwechsel noch 55 Mio. Ausgaben im Umlauf, im Jahr 2010 sank diese Zahl auf 43,4 Mio. (Wehly 2012, S. 16 ff.) (Abb. 6.2).

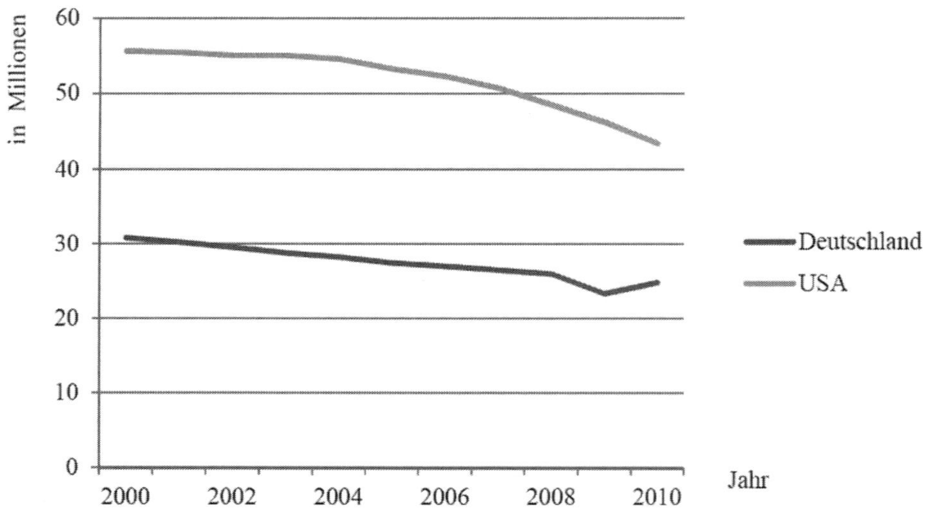

Abb. 6.2 Entwicklung der Zeitungsauflagen in den USA und Deutschland seit 2000. (Quelle: Wehly 2012, S. 14)

Gleichzeitig sanken die Werbeeinnahmen und damit die Haupteinnahmequelle der Printmedien: Im Jahr 2005 konnten die Tageszeitungen in Deutschland noch 4,4 Mrd. € Einnahmen aus dem Werbegeschäft erzielen. In 2010 waren es nur noch 3,6 Mrd. €. Noch stärker ist dieser Abwärtstrend in den USA zu beobachten. Hier brachen die Einnahmen aus Werbung von über 47 Mrd. US-$ auf 22,8 Mrd. US-$ ein. Die Gründe dafür liegen vor allem in der Möglichkeit für Werbetreibende, ihre Anzeigen im Internet mittels neuer Methoden (beispielsweise Google AdWords) gezielter und wirksamer zu schalten als bei den Printmedien. Die Abhängigkeit von den Werbeeinnahmen macht in Deutschland 40 bis 60 % der Gesamterlöse aus. In den USA lag der Anteil der Werbeerlöse an den Gesamteinnahmen im Jahr 2000 sogar bei 80 % (Wehly 2012, S. 15; Abb. 6.3).

Dies alles führt zu massiven Einsparungen und damit zu Personalkürzungen im Medien- und Verlagsbereich. Die Einsparungen betreffen auch die Anzahl der angestellten Redakteure. Während im Jahr 2000 in den USA noch 56.400 Menschen hauptberuflich als Journalist tätig waren, sank die Zahl bis 2009 um mehr als ein Viertel auf 41.500 (Seeber 2011). Im Jahr 2010 gab es jedoch einen leichten Anstieg. In Deutschland wurde zuletzt im Jahr 2005 eine Studie zur Arbeitssituation der Journalisten durchgeführt. Sie ergab, dass 48.400 Menschen hauptberuflich als Journalisten arbeiteten, wovon zwei Drittel fest angestellt waren. Zum Vergleichsjahr 1993 hat sich die Zahl der hauptberuflichen Journalisten um 10 % verringert, speziell im Zeitungsbereich um 25 %[29]. Es wird befürchtet, dass die Einschnitte in den Redaktionsteams zu einer zunehmenden Deprofessionalisierung des

[29] Gastbeitrag Linda Wehly: „Crowdfunding im Journalismus – Potenziale und Perspektiven für Deutschland". http://www.startnext.de/Blog/Blog-Detailseite/b/Gastbeitrag-Crowdfunding-im-Journalismus-8211-398.

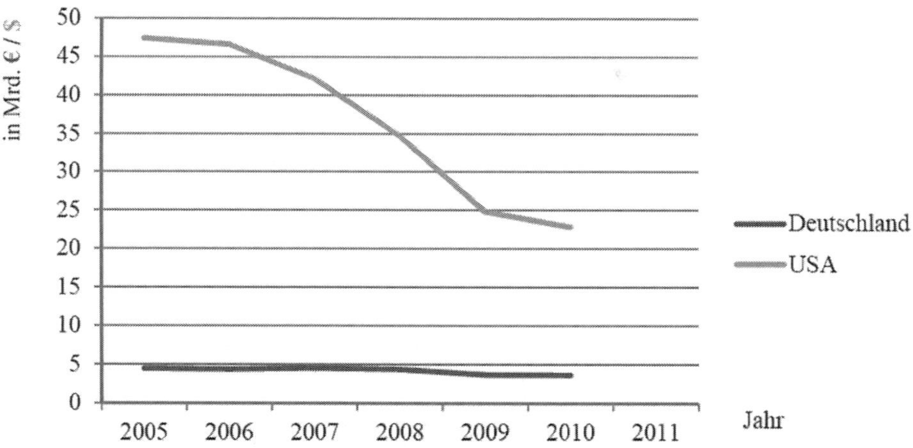

Abb. 6.3 Entwicklung der Erlöse aus Werbung in den USA und Deutschland seit 2000. (Quelle: Wehly 2012, S. 15)

Journalistenberufs führen. Die Ausbildung des Nachwuchses wird stark vernachlässigt und Praktikanten und Volontäre werden nur als günstige Arbeitskraft eingesetzt, ohne sie später zu übernehmen. Nicht immer decken sich Sparmaßnahmen im Journalismus mit seiner eigentlichen gesellschaftlichen Aufgabe und den Qualitätserwartungen an journalistische Inhalte. Sie sind auf der einen Seite Wirtschaftsgüter und auf der anderen Kulturgüter, die für eine demokratische Gesellschaft konstituierend sind. Weiters wird von den Medien die Vermittlung und Überlieferung von Kunst und Kultur erwartet. Es besteht die Gefahr, dass einerseits Qualitätsjournalismus nicht mehr leistbar ist und andererseits die Beeinflussung durch zahlende Kunden überhand nimmt und damit keine Unabhängigkeit und Unparteilichkeit mehr gesichert werden kann.

All das führt dazu, dass die Medien- und Verlagsbranche nach alternativen Erlösmodellen sucht. Die Versuche der Verlage, die Gratismentalität durch Einführung von Paid Content, Pay Walls oder anderen Formen des Mikropayments aufzuweichen, ist bis dato gescheitert.

6.2.4 Crowdfunding als alternatives Erlösmodell für die Medienbranche

> A creator, such as an artist, musician, photographer, craftsperson, performer, animator, designer, videomaker, or author – in other words, anyone producing works of art – needs to acquire only 1000 True Fans to make a living. – (Kevin Kelly)

Crowdfunding könnte eine Lösung für das offensichtliche Dilemma der Medienbranche bieten:

2003 startete der amerikanische Blogger und Reporter Christ Albritton einen Spendenaufruf auf seinem Blog, um eine längere Reportage über den Irak-Krieg finanzieren zu können. Albritton wurde mit seiner Seite „Back to Iraq"schließlich zum „***first fully Reader-funded journalist-blogger***" (Warner 2013).

Ab 2008 konnten Autoren auf der US-Seite Spot.us ihre Reportage-Projekte vorstellen und Spendengelder einsammeln. Spot.us[30] gegründet von David Cohn – selbst Journalist – ist eine gemeinnützige Organisation. Unterstützt wurde Cohn bei seinem Projekt von der Knight-Foundation[31], welche Existenzgründer im Journalismus fördert.

Auf der Plattform veröffentlichen Journalisten Pitches zu von ihnen vorgeschlagenen Reportagen. Dabei bietet der freie Journalist an, für eine bestimmte Summe über ein Thema zu schreiben. Es gilt das Prinzip, je interessanter ein Projekt, desto eher finden sich Sponsoren, die an dessen Realisierung interessiert sind und dafür Geld spenden. Es gibt auch die Möglichkeit des Tipps: Dabei schlägt die Crowd ein Thema für eine Recherche vor. Will ein Journalist dieses Thema aufgreifen, muss er dazu einen Pitch erstellen. Inhaltlich müssen die Reportagen von öffentlichem Interesse sein. Davon abgesehen, gibt es aber keine inhaltlichen Vorgaben.

Der Vorteil von Crowdfunding-finanziertem Journalismus ist, dass dieser unabhängig und finanziell neutral ist. Das Konzept dieser Finanzierungsform beugt der Vereinnahmung des journalistischen Inhalts von Werbekunden, Politik und Wirtschaft vor: ein Problem, mit dem klassische Medienunternehmen – aufgrund ihrer schlechten Liquiditätssituation – immer mehr zu kämpfen haben. Damit wird dafür gesorgt, dass investigativer unabhängiger Journalismus realisiert werden kann (Seeber 2011). Crowdfunding-Journalismus kann somit als Werkzeug zum Erhalt von Qualitätsjournalismus, Medienvielfalt, unabhängiger Presse unter fairer Vergütung gesehen werden.

Interessant ist auch, dass die fertige Reportage auf Spot.us unter einer *Creative-Commons-Lizenz* zur Verfügung gestellt wird.

Creative Commons (abgekürzt CC; englisch für *schöpferisches Gemeingut*, *Kreativallmende*) ist eine gemeinnützige Organisation, die 2001 gegründet wurde. Sie veröffentlicht verschiedene Standard-Lizenzverträge, mit denen ein Autor der Öffentlichkeit auf einfache Weise Nutzungsrechte an seinen Werken einräumen kann. Diese Lizenzen sind nicht auf einen einzelnen Werkstyp zugeschnitten, sondern für beliebige Werke anwendbar, die unter das Urheberrecht fallen, z. B. Texte, Bilder, Musikstücke, Videoclips, usw. Auf diese Weise entstehen freie Inhalte.

Auf der Plattform kann sie kostenlos gelesen und von den Medien verwendet werden. Organisationen, die exklusive Rechte an Artikeln erwerben wollen, können dies nur, wenn sie mehr als 50 % des geforderten Geldbetrags finanzieren. Es gilt auch auf dieser Plattform das Alles-Oder-Nichts-Prinzip.[32]

---

[30] http://www.spot.us/. Zugegriffen: 13. April 2014.

[31] The John S. and James L. Knight Foundation is an American private, non-profit foundation dedicated to supporting transformational ideas that promote quality journalism, advance media innovation, engage communities and foster the arts. http://en.wikipedia.org/wiki/John_S._and_James_L._Knight_Foundation. Zugegriffen: 28. Februar 2014.

[32] http://de.wikipedia.org/wiki/Creative_Commons

Inzwischen gibt es auch eine Menge weiterer Plattformen, die sich auf Journalismus spezialisiert haben: beispielsweise emphas.is[33] für Fotojournalismus und nieuwspost.nl[34] für Journalismus in Holland.

In Deutschland führte Anfang 2011 das Perlentauchermagazin, das größte deutschsprachige Online-Kultur- und Büchermagazin, eine Spendenaktion durch und bat seine Leser um Spenden, denn die Anzeigenerlöse reichten zur Finanzierung nicht mehr aus. In knapp zwei Wochen kamen 22.000 € an Kleinspenden zusammen.

In Deutschland hat die rewardbasierende Crowdfunding-Plattform startnext.de eine Journalismus-Rubrik. Ein erfolgreiches Journalismus-Projekt auf startnext war berlinfolgen.de, das 2013 mit dem Grimme-Online-Award ausgezeichnet wurde: Das taz-Kooperationsprojekt entwickelt eine eigene Erzählweise, bei der sich O-Töne, Audioslideshow und Video vermischen.

Die 1987 in Berlin gegründete überregionale, deutsche linksalternative Tageszeitung. „taz" startete ihre Spendenkampagne: „taz-zahl-ich" 2011. Laut dem Aufruf an die Leser entschied sich die taz.de bewusst gegen die Einführung von Bezahlschranken, da die taz.de dauerhaft frei zugänglich und kostenlos bleiben soll. Um das jedoch zu ermöglichen, bat die Zeitung um Spenden. Der Spendenaufruf erwies sich als sehr erfolgreich und andauernde freiwillige Zuschüsse (freiwillige Online-Abos) sichern inzwischen das Überleben der Zeitung.

Kevin Kelly, der Gründer des Wired-Magazins stellte 2008 die Theorie der *1000 true Fans* auf: Ein Kreativschaffender, also etwa ein Künstler, Musiker, Fotograf, Schauspieler, Designer oder auch ein Schriftsteller, muss lediglich 1000 echte Fans um sich versammeln, um seinen Lebensunterhalt bestreiten zu können – dies vor allem in Hinblick auf das Vernetzungs- und Vermarktungspotenzial von Internet und Sozialen Medien. Dementsprechend kann beispielsweise der Blogger Tim Pritlove von den Einnahmen, die er über Social Payments, wie Flattr oder Kachingle bekommt, schon sehr gut leben. Einerseits senkt die von der Unterhaltungsindustrie so lautstark beklagte „Kostenlos-Kultur" des Internets nicht nur die Zahlungsbereitschaft der Massen für digitalen Content, sondern erschüttert auch die Akzeptanz von Urheberrecht und Copyright. Andererseits sind viele Menschen plötzlich bereit, freiwillig für Kunst, Kultur oder Journalismus zu bezahlen, obwohl die jeweiligen Inhalte im Internet auch ohne Bezahlung zugänglich sind (Warner 2013).[35]

Schon jetzt funktionieren Crowdfunding-Geschäftsmodelle besonders gut in Verbindung mit nicht exklusiven Lizenzen, wie etwa *Creative Commons*. Die „Befreiung" von Werken, d. h. der zu erwartende Nutzen für die Allgemeinheit, ist für Crowdfunder ein besonders wirksamer Anreiz.

---

[33] Gründerszene.de: „Journalismus durch Crowdfunding – Emphas.is", veröffentlicht am 20. November 2012 http://www.gruenderszene.de/interviews/emphas-is-crowdfunding-journalismus. Zugegriffen: 28. Februar 2014.

[34] http://nieuwspost.nl/. Zugegriffen: 13. April 2014.

[35] http://nieuwspost.nl/. Zugegriffen: 13. April 2014.

Exkurs: Kombination Crowdfunding und Crowdsourcing
In St. Gallen, Schweiz, befindet sich die Crowdfunding-Plattform mediafunders.net[36] noch in der Beta-Version. Der Medienexperte Stefan Hertach will mit dieser Plattform Elemente des Crowdsourcings mit dem Crowdfunding für investigativen Journalismus verbinden. Zusätzlich zur Finanzierung soll dort auch das Recherchieren und Zusammentragen von Informationen über die Crowd organisiert werden, wie z. B. bei der Plagiatedokumentation im GuttenPlag-Wiki. Dies soll laut Eigendarstellung von mediafunders.net gerade bei investigativen Recherchen zu besseren und unabhängigeren Ergebnissen führen, als sie der traditionelle Journalismus liefern kann.

Auch der Berliner Datenjournalist *Lorenz Matzat* fordert den Einsatz von Crowdsourcing im investigativen Journalismus.

Lorenz Matzat lebt und arbeitet als Journalist und Unternehmer in Berlin. Ende 2010 war er einer der beiden Gründer der Datenjournalismusagentur *OpenDataCity*. Ende 2013 schied er dort *aus* und widmet sich verstärkt der von ihm Frühjahr 2011 gegründeten *Lokaler UG*, die ein kartenbasiertes Daten- und Infosystem entwickelt, http://datenjournalist.de/lorenz-matzat/.[37]

In seinem Text „NSU und das Versagen des Journalismus[38]" zeigt er sich unzufrieden mit der journalistischen Berichterstattung zum Terror des Nationalsozialistischen Untergrunds (NSU). Seiner Meinung nach hätte der Online-Journalismus Mitteln wie Crowdsourcing und Nutzung von Schwarmphänomenen effektiv einsetzen können, um Hintergründe aufzuzeigen und Verantwortlichkeiten zu dokumentieren.

6.2.5 Hardwareindustrie

Bei sieben der zehn finanziell erfolgreichsten Projekte auf der rewardbasierenden Crowdfunding-Plattform Indiegogo handelt es sich um Hardwareprojekte. Kumuliert machen sie rund 83 % der gesamten aufgebrachten Finanzierungsmittel aus. Ähnliches sieht man auf der Plattform Kickstarter, die wohl momentan die populärste US-rewardbasierende Crowdfunding-Plattform ist. Auch dort zählen Hardwareprojekte regelmäßig zu den erfolgreichsten Projekten, z. B. Pebble: E-Paper Watch für iPhone und Android[39] mit einem Finanzierungsvolumen von über 10 Mio. US-$ oder auch die Spielkonsole OUYA[40] mit 8,6 Mio. US-$. Bei all diesen erfolgreichen Projekten handelt es sich um Vorverkäufe von

---

[36] http://mediafunders.net/. Zugegriffen: 13. April 2014.

[37] http://datenjournalist.de/lorenz-matzat/. Zugegriffen: 28. Februar 2014.

[38] http://datenjournalist.de/der-nsu-und-das-versagen-des-journalismus/. Zugegriffen: 28. Februar 2014.

[39] http://www.kickstarter.com/projects/597507018/pebble-e-paper-watch-for-iphone-and-android. Zugegriffen: 14. April 2014.

[40] http://www.kickstarter.com/projects/ouya/ouya-a-new-kind-of-video-game-console?ref=search. Zugegriffen: 14. April 2014.

Hardwareprodukten, bei denen zwar der Prototyp schon erstellt wurde, aber noch keine Massenproduktion erfolgte. Der bei Durchführung der Kampagne zu zahlende Preis liegt meist beträchtlich unter dem geplanten „Ladenpreis". Der Preisabschlag reflektiert die Zeitspanne bis zur Auslieferung der Ware (kann bis zu zwölf Monate dauern) bzw. auch das damit verbundenes Risiko der Nichtlieferung.

Für die Hardwareunternehmen erfüllt Crowdfunding damit den offensichtlichen Zweck der Vorfinanzierung der industriellen Fertigung. Zusätzlich kann mit einer solchen Kampagne im Vorfeld auch das Innovationsrisiko vermindert werden.

Im Einzelnen sind folgende Vorteile feststellbar:

- Zugang zu Testusern: Beim Crowdfunding zahlen die Nutzer dafür, das Produkt als erstes verwenden zu können, es natürlich auch testen zu können und Feedback zu geben.
- Marktforschung: Durch die Rückmeldungen der Crowd wird schnell offensichtlich, ob ein Markt für das Hardwaretool besteht, ob er groß genug ist und welchen Preis die Crowd für das Produkt bereit ist, zu zahlen.
- Marketing und Viralität: Das Produkt bzw. das Unternehmen bekommt bereits vor Beginn der Fertigung einen massiven Werbeeffekt durch Diskussionen mit der Crowd und der mit einer Präsentation auf einer auf den Onlineplattformen Kickstarter und Indiegogo verbundenen Publizitätswirkung. Durch Einbindung des Konsumenten bereits vor Fertigung des Produktes im Zuge einer Crowdfunding-Kampagne entsteht eine emotionale Bindung zwischen Konsument und Unternehmen/Produkt.

Besonders dem Aspekt der Marktforschung kommt bei den Hardwareunternehmen massive Bedeutung zu. In Kombination mit den Möglichkeiten, die durch die Entwicklungsplattformen, wie Raspberry Pi, Beagle Bone, Arduino, MBED, Wandboard & Co, geboten werden, mithilfe derer Low-Cost-Boards innerhalb kürzester Zeit nun Prototypen erarbeitet werden können (in deren Ausarbeitung früher mehrere Ingenieursmonate investiert wurden), stellt die durch Crowdfunding nun mögliche frühe Feststellung, ob ein Markt für das geplante Hardwareprodukt überhaupt existiert und zu welchen Preis, eine Revolution im Hardwaremarkt dar.

6.2.6 Food and Beverages

Einer jener Branchen, die offensichtlich auch das Potenzial hat, vom Crowdfunding-Effekt profitieren zu können, ist der Lebensmittelbereich.

Im rewardbasierenden Crowdfunding wurden nach der Statistik von Kickstarter bis dato aus dem Bereich Food über 4000 Projekte durchgeführt, davon 41,41 % erfolgreich mit einem Volumen von knapp 23 Mio. US-$. Nach den kreativen Branchen, wie Film, Spiele, Design und Publishing, ist Food damit der erfolgreichste Bereich vor den Comics, der Mode und den Theaterprojekten.

Themen wie nachhaltige Lebensmittelproduktion aus agrarökonomischer, ökologischer, sozialer, gesundheitlicher und spiritueller Perspektive emotionalisieren und motivieren offensichtlich viele Unterstützer, sich mittels eines finanziellen Beitrages in solchen Projekten zu engagieren.

Ein gutes Beispiel dafür sind Mikrobrauereien: Generell stagniert der Bierabsatz und ist sogar leicht rückläufig. Dies gilt jedoch ausschließlich für die *Massenware* Bier der großen Brauereien. Weltweit lässt sich ein starker Trend zu innovativen Mikro- und Gasthausbrauereien feststellen: So nahm in Deutschland zwar der Pro-Kopf-Verbrauch von Bier von 151 Litern im Jahr 1976 auf 107 Litern im Jahr 2012 ab, aber die Zahl der Brauereien steigt rapide. Nach den Jahrzehnten der Branchenkonsolidierung und dem Verschwinden der kleinen Brauereien erleben wir auf Grundlage moderner Brau-Technologien und den Vermarktungsmöglichkeiten des Webs nun eine Trendumkehr hin zur Mikro- oder Gasthausbrauerei.

Mit dem Thema *Selbstgebrautes statt Massenware* wird Bierbrauen zum Handwerk, und zwar zu einem Handwerk, das offensichtlich vielen Menschen am Herzen liegt. Eine neue Marktentwicklung der letzten Monate ist dabei das sogenannte *Crowd-Brewing* oder das *Crowd-Beer*. Die digitale Vernetzung über Facebook, Twitter und andere Webplattformen führt zu neuen kommunikativen wie auch kommerziellen Ansätzen. Beim Crowd-Brewing nutzen Braumeister die Möglichkeiten des sozialen Webs, entwickeln gemeinsam mit (potenziellen) Kunden neue Biersorten und lassen sich die Produktion und Vermarktung derselben auch über den Ansatz des Crowdfundings oder Crowdinvestings finanzieren. Braumeister stellen beispielsweise neue Rezepte über ihre Webseite, Facebook oder spezielle Webplattformen vor und suchen Kunden, die an dieser Entwicklung teilnehmen, ihre Meinung einbringen, vorab gleich bestellen, bezahlen und damit den Brau- und Vermarktungsvorgang vorfinanzieren.

Sowohl auf den europäischen als auch auf den US-Plattformen findet man zahlreiche Crowdfunding-Projekte zu diesem Thema. Beispielsweise wurden auf Kickstarter seit Januar 2012 über 30 Mikro- und Nanobrauereiprojekte (Breweries) durchgeführt[41]. Die Projektinhaber bitten um Unterstützung zur Realisierung ihres Brauereiprojektes: beispielsweise für die Erstausstattung einer Brauerei oder für die serienmäßigen Fertigung. Die Kampagnen reichen von wenigen Tausend bis zu 454.699 US-$ (PicoBrew Zymatic: Automatic Beer Brewing Appliance).[42]

[41] http://www.craftbrewbiz.com/2012/06/kickstarter-odds-of-successful-crowd.htm. Zugegriffen: 14. April 2014.

[42] http://www.kickstarter.com/projects/1708005089/picobrew-zymatic-the-automatic-beer-brewing-applia?ref=live. Zugegriffen: 14. April 2014.

Im August 2013 hat in den USA die Crowdfunding-Plattform CrowdBrewed[43] eröffnet, die sich ausschließlich auf Projekte rund um Craft Beer spezialisieren möchte[44]. Eine weitere Branchenplattform Craftfund[45] will in den nächsten Monaten eröffnen.

Das erfolgreichste Projekt aus diesem Bereich ist jedoch bis dato die Crowdinvesting-Kampagne von BrewDog (https.//www.brewdog.com), der inzwischen größten unabhängigen schottische Brauerei, die auch zahlreiche Pubs in Großbritannien und angrenzenden Ländern betreibt. 2009 hat sich das 2007 von James Watt und Martin Dickie gegründete Unternehmen das erste Mal an die Crowd gewandt: Mit einem über das Web durchgeführten Public Offering hat das Unternehmen die Aktion *Equity for Punks* gestartet und 1300 Aktionäre für ihre Brauerei gewonnen[46].

2011 hat das Unternehmen zum zweiten Mal (*Equity for Punks II*) die Crowd um Unterstützung gebeten zur Finanzierung des Barkonzeptes sowie einer ökologischen Brauerei in der Nähe von Aberdeen. Bei dieser Kapitalerhöhung von 2,2 Mio. Britische Pfund (GBP) – wieder zur Gänze ausgelobt über das Web – wurden 90.000 Aktien (8 % Anteil am Unternehmen BrewDog) zum Preis von 95 GBP für vier B-Aktien (Minimumpreis) angeboten[47]. Es konnten weitere 5000 Aktionäre gewonnen werden.

2013 wurde *Equity for Punks III* durchgeführt. Dieses Mal hat das Unternehmen damit 4 Mio. GBP eingeworben. Das erklärte Ziel der BrewDog-Gründer ist es, nicht nur Geld einzusammeln, sondern die Aktionäre auch zu lebenslangen Kunden zu machen. Als Gegenleistung („Dankeschön") für das Investment bekommen die Aktionäre zusätzlich zu einem 10-GBP-Biergutschein auch lebenslang 5 % Rabatt in den BrewDog-Pubs und der Brauerei.

Das Unternehmen hat für jede durchgeführte Kampagne ein von der FSA (Financial Services Authority)[48] genehmigtes Wertpapierprospekt vorgelegt und auf der Webseite zum Download zur Verfügung gestellt. Die Aktie ist jedoch bis dato nicht gelistet.

Das Unternehmen wies 2012 einen Umsatz von 10,5 Mio. GBP und ein Gewinn von 486.000 GBP aus. Für 2013 ist ein Umsatz von 20 Mio. GBP geplant. Die Wachstumsrate von 167 % reflektiert den Erfolg des Startups.

---

[43] https://crowdbrewed.com/. Zugegriffen: 13. April 2014.

[44] Devin Karambelas auf USA TODAY Collegiate, veröffentlicht im August 2013, http://www.usatoday.com/story/money/business/2013/08/13/crowdfunding-kickstarter-meets-craft-beer/2649139/. Zugegriffen: 28. Februar 2014.

[45] http://www.craftfund.com. Zugegriffen: 13. April 2014.

[46] Aktionäre (https://www.equitypunks.com). Zugegriffen: 14. April 2014.

[47] „Raising equity its own way", veröffentlicht am 15. September 2011 auf growthbusiness.co.uk, http://www.growthbusiness.co.uk/growing-a-business/venture-capital-and-private-equity/1655348/raising-equity-its-own-way.thtml. Zugegriffen: 28. Februar 2014.

[48] FSA regulatet entity: Eine von der britischen Aufsichtsbehörde für Finanzinstitute zugelassene Rechtsperson.

Das Unternehmen hat inzwischen elf BrewDog-Bars in England eröffnet und eine Bar in Stockholm. Mit dem Emissionserlös 2013 will BrewDog ihr Geschäftskonzept international ausweiten[49].

Auch in Deutschland gibt es bereits ein paar sehr interessante Kampagnen aus dem Bereich der Brauereien, beispielsweise die gemeinschaftsgestützte Nano-Brauerei Vagabund in Berlin[50], die auf startnext.de mehr als 21.000 € für ihr Projekt einsammeln konnte. Interessant und auch sehr aussagekräftig sind die Ausführungen der Projektinhaber auf der Projektseite von startnext.de zu diesem Projekt:

Worum geht es in diesem Projekt?

Im Wesentlichen geht es um die Gemeinschaft.

Eine gemeinschaftsgestützte Brauerei (Community Supported Brewery, folglich CSB) ist ein sozioökonomisches Modell, inspiriert von der landwirtschaftlichen Wirtschaftsgemeinschaft (Community Supported Agriculture, kurz CSA). Bei diesem Modell versorgt die Brauerei das lokale Umfeld mit frischgebrautem Bier, während die Mitglieder der Brauerei Finanzmittel bereitstellen, um wirtschaften zu können. Gleichzeitig haben die Mitglieder ein Mitspracherecht, wenn es um die Auswahl der zu brauenden Biersorten geht.

Die Grundidee der CSB ist, dass vor Ort soziale, ökologische und wirtschaftliche Aspekte durch lokal gebraute Biere sowie einem einzigartigen Distributions- und Partnerschaftsmodell gestärkt werden.

Obwohl diese Idee möglicherweise neu erscheint, sind gemeinschaftsgestützte Brauereien tief in der deutschen Geschichte verwurzelt. Im 13. und 14. Jahrhundert produzierten die zentralen Brauhäuser einer Stadt eine liquide Bierbasis, auch Würze genannt, die dann von einigen Bewohnern abgeholt wurde. Diese fermentierten die Würze daheim und kennzeichneten die Fertigstellung mit einem Symbol an der Haustür. Dies signalisierte den Anwohner, dass ihr Nachbar zu Hause eine temporäre Brauerei eröffnet hat, kurz gesagt: „Komm rüber und genieß' ein Kühles!". Nachdem das Bier leergetrunken wurde, holte der nächste Nachbar seine Würze vom zentralen Brauhaus und sorgte dafür, dass der Ortschaft niemals das frische, lokale Bier ausging (hoffte man zumindest).

Die Vagabund-Brauerei möchte diese Art des gemeinschaftlichen Bierbrauens und der gemeinschaftlichen Trinkkultur wieder beleben. Wir haben uns bereits eine Braustätte in Wedding gesichert. In dieser möchten wir einen Brauraum mit 200-L-Braukesseln einrichten und im angrenzenden Schankraum unseren Gästen das frischgebraute

[49] BrewDog Crowdfunds Equity of £ 3 Million out of £ 4 Million Target with Months Remaining, veröffentlicht am 3. September 2013 auf dem Blog Crowdfund Insider, http://www.crowdfundinsider.com/2013/09/21945-brewdog-crowdfunds-equity-of-3million-out-of-4million-target-with-months-remaining/. Zugegriffen: 28. Februar 2014.

[50] http://www.startnext.at/vagabund. Zugegriffen: 14. April 2014.

Bier servieren. Wir haben schon das meiste der Ausstattung für den Schankraum, brauchen aber Eure Hilfe, um die eigentliche Brauerei zu realisieren. Die Braukessel sind bereits gekauft. Doch der Rest für das Brausystem sowie die Fliesen für Boden und Wände, die Pumpen, die Fermentierungsfässer und der Kühlraum muss noch finanziert werden.

In den USA entstehen rund um das Thema Food weitere spezialisierte Crowfunding-Plattformen, die interessante Konzepte haben wie foodstart[51] oder Foodie Crowdfunding[52].

6.2.7 Die Immobilienwirtschaft

Neben der Kultur, Hardwareprojekten und den Technologiestartups scheint auch die Immobilienbranche ein Thema für Crowdfunding-Initiativen zu sein. Handelte es sich bei dieser Investitionsform jahrelang, bedingt durch die mit einer Investition in Immobilien verbundenen hohen Transaktionskosten, um eine Anlageform, die nur für eine eingeschränkte Bevölkerungsschicht vorgesehen war, könnte sich das jetzt ändern. In den USA gibt es bereits eine Reihe von Crowdfunding-Plattformen, auf denen sich inzwischen akkreditierte Investoren auch mit kleineren Beträgen an einem Immobilienprojekt beteiligen können und damit die Vorzüge einer „inflationsgesicherten" Wertanlage genießen können. Anzumerken ist hier, dass der US Gewerbeimmobilienmarkt auf 11 Billionen US-$ geschätzt wird[53].

Im Gegensatz zu den nur mittelbaren Investitionsentscheidungen bei Investitionen in die in den USA sehr populären Real Estate Investment Trust (REIT) Gesellschaften[54] stellt sich der Immobilieninvestor beim Real Estate Crowdfunding eigenständig sein Immobilienportfolio aus den auf der Crowdfunding-Plattform dargestellten Projekten der Projektentwickler bzw. Immobiliengesellschaften zusammen.

Ein Real Estate Investment-Trust (REIT deutsch: Immobilien-Aktiengesellschaft mit börsennotierten Anteilen) ist eine Aktiengesellschaft, deren Hauptgeschäftsfeld darin besteht, Immobilien zu besitzen und/oder zu verwalten. Auch Gesellschaften, die Immobilien finanzieren, können ein REIT sein. Die Unternehmen schütten einen Großteil ihres Gewinns als Dividende aus. Auf Ebene der Gesellschaft sind die Ausschüttungen steuerfrei, die Anteilseigner versteuern ihre Dividende nach ihrem Steuersatz. Die genauen Kriterien, die eine Gesellschaft erfüllen muss, sind von Land zu Land unterschiedlich. REITs wurden erstmals 1960 in den USA und im Anschluss daran u. a. in den Niederlanden, Australien, Kanada und Japan zugelassen. Auch Frankreich, Belgien, Südkorea, Singapur, Hongkong und Malaysia verfügen über REIT-Strukturen. Die Einführung von REITs in Großbritannien erfolgte im Jahr 2007. In Deutschland hat der Bundestag am 23. März 2007 das Gesetz zur Schaffung deutscher Immobilien-Aktiengesellschaften mit börsennotierten Anteilen be-

[51] https://www.foodstart.de. Zugegriffen: 14. April 2014.

[52] https:foodiecrowdfunding.com. Zugegriffen: 14. April 2014.

[53] https://www.realtymogul.com/about-us. Zugegriffen: 14. April 2014.

[54] vergleichbar zu den Offenen Immobilienfonds in Deutschland.

schlossen, dem der Bundesrat am 30. März ebenfalls zustimmte (Gesetz vom 28. Mai 2007, BGBl. I S. 914). Seit dem 1. Januar 2007 sind damit in Deutschland die steuerbegünstigten Immobilien-Aktiengesellschaften zulässig.[55]

Diese unmittelbare Investitionsentscheidung spart auch die Kosten des Immobilienvermittlers und erhöht damit die erzielbaren Renditen.

Die Real Estate Crowdfunding-Plattform Fundrise[56], online seit Sommer 2012, betont die soziale Verantwortung des Bürgers für seine Umgebung und konzentriert sich vor allem auf regionale Immobilienprojekte. Auf Fundrise kann der einzelne Investor bereits ab 100 US-$ Aktien an einem lokalen Immobilienprojekt erwerben und so sicherstellen, dass beispielsweise die soziale Infrastruktur seiner Wohngegend aufrechterhalten bleibt. Die Plattform hat – da ausschließlich regionale Investoren angesprochen werden – eine Ausnahmegenehmigung der Securities Exchange Commission (SEC). Bei den Gründern von Fundrise handelt es sich um Projektentwickler, die die jeweilige Projektgesellschaft gründen, selbst mit einem beträchtlichen Eigenkapitalanteil investieren und sich um die Projektentwicklung und Verwaltung kümmern.

Auch die kümmern. Crowdfunding-Plattform Realty Mogul[57] ist seit 2012 online. Dieser Marktplatz richtet sich an akkreditierte Investoren, die ihr Geld zusammenlegen, um in ausgewählte gewerbliche und/oder Privatimmobilien ab einer Minimuminvestitionssumme von 5000 US-$ zu investieren.

In the United States, for an individual to be considered an accredited investor, he or she must have a net worth of at least one Million. US dollars, not including the value of one's primary residence or have income at least $ 200.000 each year for the last two years (or $ 300.000 together with his or her spouse if married) and have the expectation to make the same amount this year.[58]

Das Geschäftsmodell von Realty Mogul sieht die Vermittlung zweier alternativer Investmentmöglichkeiten vor: Investoren können ihr Geld entweder in Form eines kurzfristigen Darlehens (sechs bis zwölf Monate), besichert durch erstrangige Hypotheken, mit monatlichen Tilgungen Projektentwicklern für Restaurierungen zur Verfügung stellen. Die zweite Variante ist ein langfristiges Eigenkapitalinvestment in „Buy & Hold"-Immobilien. Die gesamte Verwaltung wird auch hier vom Projektentwickler durchgeführt, jährliche Zins-/Dividendenzahlungen erfolgen als Teil der realisierten Mieterlöse und nach vier bis fünf Jahren erfolgt bei Verkauf der Immobilie der Ausstieg mit Erlösrealisierung.

Die Plattform bietet den Investoren ein technisch beeindruckendes Dashboard, mit dem sie ihre Investitionen verwalten können, einen Marktplatz mit ausgewählten Immobilieninvestitionsprojekten und standardisiertem Vertragswerk, um die Investitionen online abschließen zu können. Die Plattform arbeitet übrigens auch nach dem

---

[55] Veröffentlicht auf http://de.wikipedia.org/wiki/Real-Estate-Investment-Trust. Zugegriffen: 28. Februar 2014.

[56] https://fundrise.com/. Zugegriffen: 13. April 2014.

[57] https://www.realtymogul.com. Zugegriffen: 14. April 2014.

[58] http://en.wikipedia.org/wiki/Accredited_investor. Zugegriffen: 16. April 2014.

Alles-Oder-Nichts-Prinzip Nur wenn die Gesamtfinanzierung erreicht ist, wird das Projekt durchgeführt.

Im Vergleich zu Fundrise handelt es sich bei den Gründern von Realty Mogul um Techniker, die sich vor allem auf die Funktionalität der Plattform konzentrieren und sich hinsichtlich der Qualität der Immobilienprojekte auf Spezialisten aus diesem Bereich verlassen. Sie sehen ihre Aufgabe weniger in der Auswahl der Projekte als viel mehr in der Auswahl der besten und erfahrensten Immobilienprojektentwickler. Im Vergleich zu Prodigy Network,[59] einer weiteren US Real Estate Crowdfunding-Plattform, konzentriert sich das Team von Realty Mogul vor allem auf kleinere, weniger risikobehaftete Immobilienprojekte. Prodigy Network, eine Immobilienprojektentwicklungsgesellschaft mit Sitz in New York und Bogota, Kolumbien, bekannt auch für die Vermarkting des Trump-SoHo-Hotel-Projekts[60], hat in Kolumbien den Wolkenkratzer namens BD Bacatá[61] mittels einer Crowdfunding-Kampagne finanziert: 3100 internationale Investoren haben 171 Mio. US-$ der insgesamt benötigten 239 Mio. US-$ für den Bau des 66-stöckigen Wolkenkratzers in der Innenstadt von Bogotá zusammengelegt – die Kampagne wurde nach kolumbianischem Recht durchgeführt. Beim Crowdfunding von Prodigy Network geht es meist um luxuriöse Immobilien. Daher richten sich die Angebote vorrangig an international vermögende Investoren.

Die Webseite ist nicht bei der *United Securities and Exchange Commission SEC* registriert, insofern richtet sich das Angebot aufgrund der momentanen rechtlichen Situation in den USA an akkreditierte bzw. an internationale Investoren.

Die *United States Securities and Exchange Commission (SEC)* ist als US-Börsenaufsichtsbehörde für die Kontrolle des Wertpapierhandels in den Vereinigten Staaten zuständig. Ihr Sitz ist in Washington, D.C. (100 F Street, NE Washington, D.C. 20549).

Prodigy Network hat bereits einen Sekundärmarkt eingerichtet, auf dem die erworbenen Anteile gehandelt werden können.

Interessant ist auch, dass sämtliche obige Plattformen mit einer hohen Transparenz hinsichtlich Investorencommunity arbeiten, d. h. die Interaktion zwischen den Investoren wird durch Community-Kanäle auf der Crowdfundingwebseite usw. massiv unterstützt: Der Investor soll wissen, wer noch an „seiner" Immobilie Interesse hat und warum.

Bei den Crowdfunding-Plattformen für Immobilienprojekte hinkt Europa den USA hinterher. Die wenigen Plattformen in diesem Bereich haben erst vor kurzem ihre Geschäftsaktivitäten aufgenommen oder sind noch in der Vorbereitungsphase.

---

[59] http://en.prodigynetwork.com/. Zugegriffen: 13. April 2014.

[60] Trump SoHo is a $ 450 Million, 46-story, 39-unit hotel condominium located at 246 Spring Street in SoHo, New York City. It was announced in 2006 and completed in 2010, veröffentlicht auf http://en.wikipedia.org/wiki/Trump_SoHo. Zugegriffen: 14. April 2014.

[61] Vanessa Quirk: „BD Bacatá: The World's First Crowdfunded Skyscraper", veröffentlicht am 26. September 2012, http://www.archdaily.com/276433/bd-bacata-the-worlds-first-crowdfunded-skyscraper/. Zugegriffen: 14. April 2014.

Das Immobiliencrowdfunding auch in Europa funktionieren kann, hat sich jedoch bereits sowohl für rewardbasierende Crowdfunding als auch für Crowdinvesting-Kampagnen bereits erwiesen.

Regionale Stadtentwicklung ist analog zu den USA auch in Europa offensichtlich ein Thema, dass Leute mobilisiert, sich mittels eines finanziellen Beitrags zu engagieren, auch wenn keine oder nur eine ideelle Gegenleistung erfolgt.

Der Erfolg des engagierten Bürgeraufrufs *„the more you donate, the longer the bridge"*, mittels dem die Errichtung einer Fußgängerbrücke mitten in Rotterdam durch Spenden gelang (Projekt: I make Rotterdam)[62], hat gezeigt, dass Crowdfunding in Europa ebenso wie in den USA eine Möglichkeit zur Realisierung von Immobilienprojekten sein kann und braucht den Vergleich mit der Crowdfunding-Kampagne für das Tesla Museum auf Indiegogo (Let's Build a Goddam Tesla Museum)[63] nicht zu scheuen: Hier wurde der Ankauf und Restaurierung der Experimentierräumlichkeiten des bekannten Erfinders Nikola Tesla[64] zu einem Museum über die Crowd finanziert, die Alternative war der Umbau des Gebäudes zu einem Shopping-Komplex. Die Kampagne war ein überwältigender Erfolg. Angestrebt und in kurzer Zeit bereits erreicht wurden 850.000 US-$, auch weil sich der Betreiber der populären Comicwebsite The Oatmeal[65] dem Aufruf angeschlossen hat. Insgesamt wurden 1.370.461 US-$ eingesammelt. Interessant war die Kampagne auch durch die Kombination mit einer Zusage des Bundesstaates New York, weitere 850.000 US-$ bei Erreichen der 850.000 US-$ Spendengrenze beizusteuern. Ein gutes Beispiel für die Kombination öffentlich-rechtlicher Mittel mit privaten Finanzmitteln.

Sowohl in den USA als auch in Europa werden Immobilien aber vor allem als Anlageobjekte gesehen, die zu regelmäßigen Einkünften und gegebenenfalls auch zu beträchtlichen Spekulationsgewinnen führen können. Die Errichtung von Publikumsgesellschaften rund um Immobilien war schon immer populär, wobei sich jedoch die Angebote der Projektentwicklungsgesellschaften rund um die steuerliche optimierten Bauherrenmodelle bis dato vor allem an Investoren der oberen Einkommensklassen richten – nur ab dem Erreichen der Spitzensteuersätze rechnen sich die hohen Transaktionskosten und der lange Investitionshorizont.

Immobilienfinanzierungen haben zusätzlich den Charme, dass mittels „gekonnter" Projektfinanzierung ein vergleichsweise hoher Leverageeffekt erzielt werden kann. So kann mit relativ wenig von der Crowd zur Verfügung gestelltem Kapital ein hoher Kapitalbedarf gedeckt werden.

---

[62] Joop de Boer: „Rotterdam's Crowd-Funded Pedestrian Bridge", veröffentlicht am 30. Dezember. 2011. http://popupcity.net/series/hp/rotterdams-crowd-funded-pedestrian-bridge/. Zugegriffen: 28. Februar 2014.

[63] http://www.indiegogo.com/projects/let-s-build-a-goddamn-tesla-museum--5. Zugegriffen: 14. April 2014.

[64] http://de.wikipedia.org/wiki/Nikola_Tesla. Zugegriffen: 13. April 2014.

[65] http://theoatmeal.com/blog/tesla_museum. Zugegriffen: 13. April 2014.

In Deutschland können sich private Kapitalgeber seit Herbst 2012 auf der Plattform Kapitalfreunde.de[66] bereits ab Beträgen von 250 € an Immobilienprojekten beteiligen. Bis dato wurde ein erstes Projekt, das Atelierhaus „Kleine Ritter"[67] in der Form eines Nachrangdarlehens im Ausmaß von 67.750 € erfolgreich finanziert (Stand: Herbst 2013). Das gewährte Darlehen hat eine feste Laufzeit von vier Jahren und eine feste Verzinsung von 6 % p. a. Die gewährten Nachrangdarlehen sind grundbuchrechtlich im 2. Rang nach der Bankfinanzierung eingetragen. Gründer der Plattform ist Michael Ullmann, der lange Jahre im Immobilienfinanzierungsbereich tätig war und nun den Community-Gedanken mit der Immobilienprojektentwicklung verbinden will. Das Kapital wurde ausschließlich zur Erstellung des vorgestellten Projektes verwendet, das ein gesamtes Investitionsvolumen von € 1,3 Mio. umfasst. Das restliche Kapital wurde durch Fremdkapital in Höhe von bis zu 850.000 € und Eigenkapital aufgebracht.

In UK gibt es die Plattform The HouseCrowd[68], die Anfang 2012 an den Start ging. In einem Interview mit crowdsourcing.org[69] gibt der Gründer Frazer Fearnhead folgende Informationen zu seiner Webseite: „*We have to follow a fairly strict procedure in order not to fall foul of the Financial Markets and Services Act. The website acts as a platform to market the concept. People must join our investor group in order to receive specific information about an investment. We set up a separate company to purchase each property and can only send the information to 150 people who have expressed an interest in investing. Investors are investing in preference shares in the company that buys the property. We are typically buying them for around £ 60,000 including refurbishment costs and it usually takes about 7–10 days to raise the money each time. It then usually takes 2–3 months to buy, refurbish and let a property. Dividends are paid annually from rental profits with a minimum of 6 percent". Property is a medium- to long-term investment and we expect most investors to stay with us until the house is sold. The main drawback with property investment is illiquidity, but by investing with the House Crowd, investors can sell their shares at any time (subject to being able to find a buyer) and we offer to buy them back [or]find them a buyer if they wish to sell. Typically, 20 investors per deal; average investment is £ 3250. They receive 6 percent a year plus a 50 percent pro rated profit share upon sale. Or, option two is a straight 7.5 percent per year, no share in capital growth What's the average time between a person investing and seeing a return on the investment?Dividends are paid out annually, so 12 months*".

Den kritischen Erfolgspfad für seine Plattform sieht Frazer Fearnhead vor allem in der sorgfältigen Auswahl der Immobilienprojekte. Dazu verweist er auf seine jahrelange Erfahrung als Projektentwickler in der Immobilienbranche.

---

66 https://www.kapitalfreunde.de/). Zugegriffen: 13. April 2014.

67 https://www.kapitalfreunde.de/project/detail/2/. Zugegriffen: 13. April 2014.

68 http://www.thehousecrowd.com/. Zugegriffen: 13. April 2014.

69 Anton Root: „Crowdfunding Properties Investments in the UK", publiziert auf crowdsourcing.org am 14. August 2013, http://www.crowdsourcing.org/editorial/crowdfunding-property-investments-in-the-uk/27681. Zugegriffen: 28. Februar 2014.

In Frankreich ist die Plattform Lymo.fr[70] seit Februar 2013 auf dem Markt und steht kurz vor Durchführung ihres ersten Projektes. Der Gründer Jean-Baptiste Vayleux[71] will sich mit seiner Plattform auf Wohnimmobilien konzentrieren. Das Ziel ist, eine jährliche Rendite von 10 % für die Investoren zu erwirtschaften.

6.3 Vergleich Crowdfunding mit Venture Capital

Grundsätzlich ist die Idee von Crowdfunding – gemeinsam Dinge finanzieren, die der Gemeinschaft wichtig sind – nicht neu und entspricht der Idee des Risikokapitals. Beim Venture Capital erfolgt lediglich die Zwischenschaltung von Fonds als Kapitalsammelstelle und die Nutzung professioneller Fondsmanager als Verwalter dieser Kapitalsammelstellen im Gegensatz zum Crowdfunding, wo der Kapitalgeber auch der Entscheidungsträger ist.

Zusammengefasst sind folgende Unterschiede feststellbar:

- Im Vergleich zum Crowdfunding – wo die Professionalisierung noch am Anfang steht – ist diese in der Risikokapitalgeberbranche mit ausgebildeten Corporate-Governance-Regelungen weit fortgeschritten.
- Beim Crowdfunding werden die Investitionsentscheidungen in vielen Fällen durch emotionale Argumente beeinflusst, im Gegensatz dazu basieren Entscheidungen von Risikokapitalgebern vorwiegend auf sachlicher Grundlage.
- Feststellbar ist auch, dass es sich bei den equitybasierenden Crowdfunding-Projekten eher um Projekte mit *incremental technology* handelt, es zählt eher die Ausrichtung der Technologie in den Konsumentenbereich hinein (B2C/Community). Venture Capital hingegen versucht, die disruptiven Technologiestartups zu identifizieren und zu unterstützen.[72]
- Einer der großen Vorteile beim equitybasierenden Crowdfunding ist die mit einer erfolgreichen Kampagne verbundene Mundpropaganda. Risikokapitalgeber hingegen bieten Mentoring und Beratung für das Management sowie einen strengen Corporate-Governance-Rahmen.
- Eine erfolgreiche PreSales Crowdfunding-Kampagne liefert einen sachlicheren und realeren Beitrag zum Verständnis eines Marktes als von Risikokapitalgebern durchgeführte Marktstudien. Allerdings ist hier zu beachten, dass Early Adopters nicht den gesamten Markt widerspiegeln und dass auch für Nischenprodukte schon erfolgreiche PreSales-Kampagnen durchgeführt wurden.

[70] http://www.lymo.fr/. Zugegriffen: 13. April 2014.

[71] Jean-Baptiste Vayleux: „The Investment Crowdfunding Landscape in France", veröffentlicht auf TheCrowdCafe am 8. Oktober 2013, http://www.thecrowdcafe.com/investment-crowdfunding-in-france/. Zugegriffen: 28. Februar 2014.

[72] Cyril Demaria: „VC investing in a crowdfunded start-up: Pilot Fish and SuitArt", veröffentlicht auf c-crowd online fundraising am 21. Oktober 2013, http://crowdfunding.crowdfunding.ch/?p=691&utm_source=hootsuite&utm_campaign=hootsuite. Zugegriffen: 28. Februar 2014.

- Bedingt durch die Fragmentierung der Eigentumsverhältnisse und Verpflichtungen aus den equitybasierenden Crowdfunding-Kampagnen kann es zu Schwierigkeiten bei den nachfolgenden Finanzierungsversuchen kommen.
- Auch bietet Venture Capital im Vergleich zu Crowdinvesting meist eine erheblich größere Stabilität und mehr Erfahrung hinsichtlich der Zurverfügungstellung weiterer Kapitalressourcen.
- Der Einstieg eines Risikokapitalgebers ist häufig auch mit der Einbringung von Knowhow und dem meist internationalen Netzwerk des Risikokapitalgebers verbunden.

Obige angeführte Unterschiede sollten weitgehend durch die zu erwartende zunehmende Professionalisierung der Crowdfunding-Industrie egalisiert werden.

Literatur

Agrawal A, Catalini C, Goldfarb A (2014) Studie: crowdfunding: social frictions in the flat world? http://www-2.rotman.utoronto.ca/~agoldfarb/crowdfunding.pdf. Zugegriffen: 28. Feb. 2014

Arndt O, Freitag K, Knetsch F, Sakowski F, Nimmrichter R, Kramer J-P (2012) Die Kultur- und Kreativwirtschaft in der gesamtwirtschaftlichen Wertschöpfungskette – Wirkungsketten, Innovationskraft, Potenziale (Langfassung). Studie für das Bundesministerium für Wirtschaft und Technologie (BMWi), Fraunhofer ISi. http://www.kultur-kreativ-wirtschaft.de/Dateien/KuK/PDF/die-kultur-und-kreativwirtschaft-in-der-gesamtwirtschaftlichen-wertschoepfungskette-wirkungsketten-innovationskraft-potentiale-endbericht,property=pdf,bereich=kuk,sprache=de,rwb=true.pdf. Zugegriffen: 18. Aug. 2014

Arthur C (2013) Ubuntu edge: founder says failure isn't the end of the dream. Theguardian.com. http://www.theguardian.com/technology/2013/aug/22/ubuntu-edge-founder-failure-canonical. Zugegriffen: 28. Feb. 2014

Bundesministerium für Wirtschaft und Technologie (BMWi) (2009) Gesamtwirtschaftliche Perspektiven der Kultur-und Kreativwirtschaft in Deutschland, Kurzfassung eines Forschungsgutachtens im Auftrag des Bundesministeriums für Wirtschaft und Technologie, Forschungsbericht, Nr. 577, www.bmwi.de, http://www.bmwi.de/Dateien/KuK/PDF/doku-577-gesamtwirtschaftliche-perspektiven-kultur-und-kreativwirtschaft-kurzfassung. Zugegriffen: 15. März 2014

Kaltenbeck J (2011) Crowdfunding and Social Payments im Anwendungskontext von Open Educational Resources. In: Ebner von M, Schön S (Band 1 der Reihe „Beiträge zu offenen Bildungsressourcen", epubli.de.)

Kirby E, Worner S (2014) IOSCO-Studie: crowdfunding: an infant industry growing fast. IOSCO Research Department (Hrsg) http://www.memofin.fr/uploads/library/pdf/Crowd-funding-An-Infant-Industry-Growing-Fast%5B1% 5D.pdf. Zugegriffen: 28. Feb. 2014

Lawton K, Marom D (2010) The crowdfunding revolution. How to raise venture capital using social media. http://www.thecrowdfundingrevolution.com/p/book-description.html. Zugegriffen: 28. Feb. 2014

Lechner D, Philipp T (2006) Eine Maßnahme im Rahmen des INTERREG III B CADSES Programms, CITYREGIO (2A038), Teil A, Studie (Kurzfassung). http://www.linz.at/images/060323_studie_kreativwirtschaft_teil_A_kurzfassung.pdf. Zugegriffen: 28. Feb. 2014

Littger H (2012) Crowdfunding im Filmgeschäft, Geld sammeln, ohne zu betteln. Zeit Online. http://www.zeit.de/kultur/film/*2010-12/filmbranche-crowdfunding*. Zugegriffen: 12. Feb. 2014

Müller M (2013) Ein Gespräch über Crowdfunding und Kultur im digitalen Wandel. vocer.com. http://www.vocer.org/dirk-von-gehlen-kultur-wird-software/. Zugegriffen: 28. Feb. 2014

Seeber D (2011) Crowdfunding – Für unabhängigen Journalismus. Digitaljournal – Wir bloggen zur Medienzukunft. http://digitaljournal.zib21.com/crowdfunding-fur-unabhangigen-journalismus/483601/. Zugegriffen: 28. Feb. 2014

Warner A (2013) Krautfunding – Deutschland entdeckt die Dankeschön-Ökonomie. E-Book-News, PressBooks.com, Berlin

Wehly L (2012) Crowdfunding im Journalismus: Potenziale und Perspektiven für Deutschland. BACHELORARBEIT im Studiengang Medienwirtschaft und Journalismus. Jade Hochschule Wilhelmshaven, Wilhelmshave

7 Spendenbasierendes Crowdfunding

> *Die bisherige Form der weltweiten Hilfe bedarf der Erneuerung. Sie muss transparent, partizipativ und unmittelbar sein. So wie www.betterplace.org.* - (Dr. Eigen, Gründer Transparency International)

Bei den Crowdfunding-Kampagnen, bei denen die Unterstützer keine oder nur symbolische Dankeschöns (z. B. Dankesmail, oder Erwähnung des Spenders auf der Webseite der Spenderorganisation) für ihre Geldleistungen bekommen, handelt es sich meist um Online-Spendenaufrufe für karitative und oder gemeinnützige Projekte.

Die Beispiele für erfolgreiche Crowddonating-Kampagnen, besonders in den USA, sind vielfältig. Zu den wohl erfolgreichsten Online-Spendenkampagnen gehören auch die Wahlkampfspendenaufrufe des derzeitigen US-Präsidenten Obama in den Jahren 2008 und 2012. 2008 sammelte Präsident Obama insgesamt 770 Mio. US-$ an Wahlkampfspenden, davon bereits rund 70 % über das Internet.[1] Dementsprechend gering war auch die Höhe der durchschnittliche Wahlspende 2008 mit 80 US-$. Im Wahlkampf 2012 sammelte Obama mehr als 1 Mrd. US-$ ein, wobei 2012 die Marke von 10 Mio. Einzelspenden überschritten wurde.

[1] Florian Nöll: „Die Spendenschlacht ums Weiße Haus", veröffentlicht im November 2012, http://fundraising-tipps.de/aktuelles/infografik-online-spenden/. Zugegriffen: 10. Oktober 2013.

E. Sixt, *Schwarmökonomie und Crowdfunding,* DOI 10.1007/978-3-658-02929-6_7

Land	Spende/Einwohner	Spendenvolumen	Bevölkerung
USA	€ 746,10	€ 234,4 Mrd.	314,2 Mio.
UK	€ 187,70	€ 11,60 Mrd.	61,8 Mio.
Schweiz	€ 168,50	€ 1,34 Mrd.	7,9 Mio.
Deutschland	€ 73,30	€ 6,0 Mrd.	81,9 Mio.
Österreich	€ 58,82	€ 0,5Mrd.	8,5 Mio.

Tab. Spendenaufkommen im internationalen Vergleich

Abb. 7.1 Spendenaufkommen im internationalen Vergleich. (Quelle: www.fundraising.at http://www.fundraising.at/FACTSFIGURES/SPENDENAUFKOMMEN/Spendenweltmeister%C3%96sterreich/tabid/425/language/de-DE/Default.aspx. Zugegriffen: 14. April 2014)

7.1 Online Fundraising

In Deutschland[2] beträgt das gesamte (on/offline) Spendenaufkommen pro Jahr etwa 3 bis 6 Mrd. € (36 bis 75 € pro Kopf). Ein großer Teil davon kommt von regelmäßig spendenden Privatpersonen.

Im Vergleich dazu werden in den USA – historisch und sozioökonomisch bedingt – pro Jahr knapp 250 Mrd. US-$ gespendet. Das sind pro Einwohner etwa 860 US-$. Etwa ein Drittel der gesamten Spenden kommen in den USA jedoch von Unternehmen. Ein großer Teil der gesammelten Gelder kommen Bildung und medizinischer Forschung zugute. Nur etwa 10 % der US-Spendentöpfe fließen in die Armutslinderung (Abb. 7.1).

In den USA gilt die Zeit nach den Terroranschlägen auf das World Trade Center (2001) als Durchbruch für das *Online Fundraising*.

Online Fundraising ist Fundraising im und über das Internet. Es bezeichnet die gezielte, auf direkt messbare Response ausgerichtete Ansprache einer Zielgruppe über die Instrumente des Online Fundraisings (das nicht kommerzielle Pendant zum Performance-Marketing) zur Erreichung der finanziellen Ziele von NGO (non-governmental organizations). Übergeordnetes Ziel ist die Generierung (möglichst hoher) Spenden.[3]

Allein das Rote Kreuz (US: Red Cross) erlöste 25 % der damaligen Spendeneinnahmen in Höhe von 250 Mio. US-$ online. Eine ähnliche Quote verzeichnete die US Salvation Army (deutsch: Heilsarmee). Wurden 2006 in Deutschland, der Schweiz und Österreich etwa zwischen 1 und 3 % der gesamten Spendengelder online aufgebracht, so waren es 2010 zwischen 6 bis 8 %. In den USA ging man bereits 2006 von etwa 10 % online getätigten Spenden aus. Auf dieser niedrigen Basis legten Onlinespenden in den USA zwischen

[2] trendreport, lab@betterplace.org, www.betterplace-lab.org http://trendreport.betterplace-lab.org/trend/online-fundraising. Zugegriffen: 20. Oktober 2013.

[3] http://www.online-fundraising.org/files/online-fundraising.pdf. Zugegriffen: 20. Oktober 2013.

2009 und 2010 kräftig zu: Der Blackbaud Index of Giving 2011[4] errechnet, dass große NGOs ein Wachstum des Onlineanteils der Spenden von 55,6 % verzeichnen konnten, gefolgt von 22 % bei kleinen Non Governmental Organisations (NGOs) (mit einem Budget von unter 1 Mio. US-$) und 15 % für mittelgroße Organisationen. Die durchschnittliche Onlinespende in den USA beträgt 127 US-$.

Dem gesamten Bereich des Online Fundraisings, zu dem auch die Online-Spenden-Plattformen zählen, wird international ein großes Wachstum vorausgesagt. Spenden im Internet können effizienter, schneller und kostengünstiger abgewickelt werden, vor allem weil durch Nutzung des Mediums Internet die Ansprache einer neuen zahlungskräftigen Spenderschicht ermöglicht wird. Denn während der durchschnittliche Offline-Spender um die 62 Jahre alt ist, dürfte der neue Online-Spender um einiges jünger sein (genauere Zahlen sind noch nicht verfügbar). Weiter wurde vermehrt festgestellt, dass die durchschnittliche Onlinespende um einiges höher ist als die Offlinespende (Sommeregger 2010, S. 14).[5] So stellte eine Studie von *Spendino* aus dem Jahr 2012 fest, das die durchschnittliche Onlinespende 86 € im Vergleich zu 33 € Offlinespende beträgt.[6]

Die *spendino GmbH* ist ein Technologieunternehmen im Bereich der digitalen Spenderkommunikation. Als Dienstleistungsunternehmen für den gemeinnützigen Sektor ermöglicht spendino die Abwicklung von SMS- und Online-Spenden und positioniert sich als neutraler Partner für Non-Profit-Organisationen. In Kombination mit Online-Spenden-Lösungen und Werkzeugen für das soziale Internet bietet spendino ein innovatives Fundraising-Instrumentarium an.[7]

Dabei dürfte es auch eine Rolle spielen, dass die Sicherheitsstandards im Netz sich über die Jahre erhöht haben und die User offensichtlich zunehmends Vertrauen in die Online-Zahlungssysteme bekommen.

Zusätzlich gibt es eine nachweisbare positive Korrelation zwischen der Höhe des Haushaltseinkommens und dem Bildungsabschluss auf das Spendenverhalten, daher kommt es spendensammelnden Organistionen entgegen, dass die Gruppen der Besserverdienenden im Internet im Vergleich zur Gesamtbevölkerung überrepräsentiert sind. Fundraising im Internet bietet demnach die Chance neben der bisherigen Kernzielgruppe 50+ vor allem neue, kaufkräftige Unterstützer einer jüngeren und gebildeteren Generation zu gewinnen. Jene Bevölkerungsgruppe, die am häufigsten Offline spenden (50+) (Silver Surfer Gene-

---

[4] http://blackbaud.co.uk/bb/index/bb-online-index.aspx. Zugegriffen: 9. Juni 2014.

[5] Florian Nöll: Infografik: „Online-Spenden" auf dem Blog: Fundraising-Tipps, Fundraising mit Internet, Handy und Social Media, veröffentlicht am 24. Februar 2012, http://fundraising-tipps.de/aktuelles/infografik-online-spenden/.

[6] DAS FUNKTIONIERT DOCH NICHT, ODER Kämpfen Sie intern auch gegen Windmühlen beim Thema Onlinefundraising? 9 Antworten, die Ihren Chef vom Onlinefundraising überzeugen, http://www.spendino.de/fileadmin/user_upload/sonstiges/9_Tipps_wie_Sie_Ihren_Boss_von_Onlinefundraising_ueberzeugen_final.pdf, Spenindo, einfach, innovativ und erfolgreich.

[7] http://www.spendino.de/ueber-uns/. Zugegriffen: 23. Mai 2014.

Abb. 7.2 Neuspender spenden zunehmend online

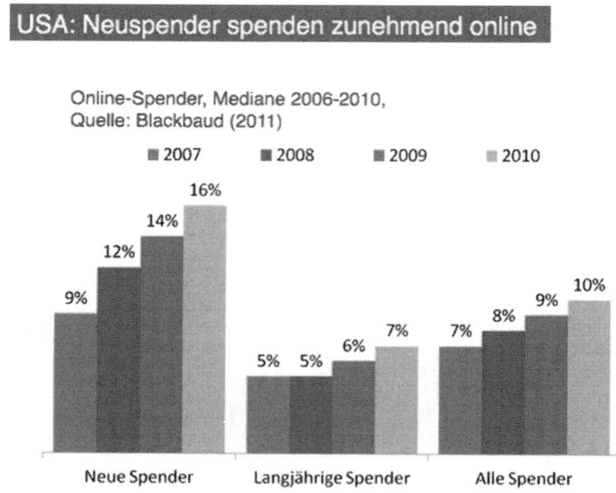

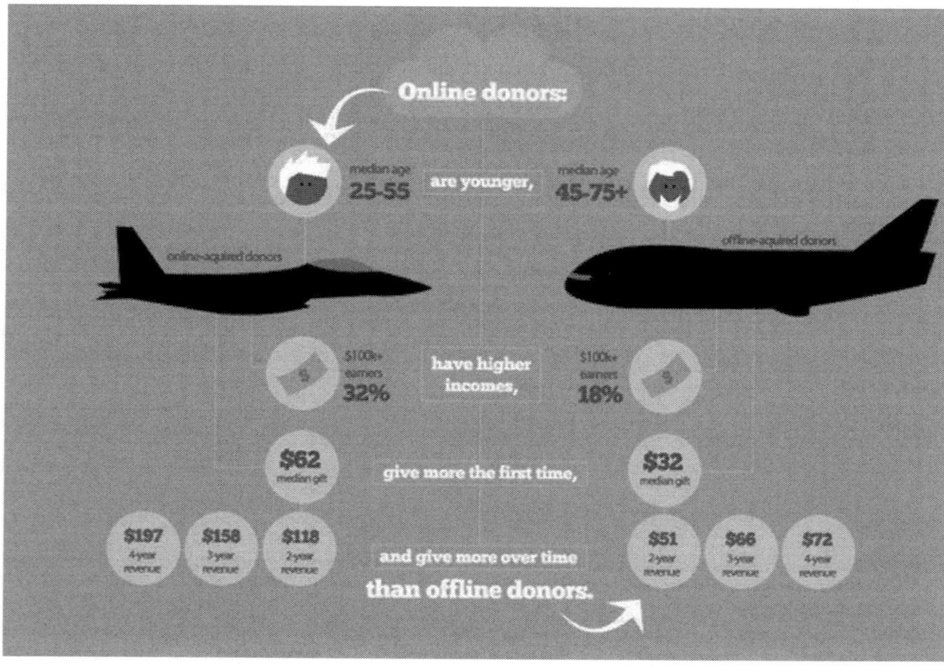

Abb. 7.3 Vergleich Online- zu Offline-Spendern. (Quelle: betterplace.lab http://trendreport.betterplace-lab.org/trend/online-fundraising. Zugegriffen: 14. April 2014)

ration) weist zwar momentan die höchsten Zuwachsraten bei der Internetnutzung auf, ist aber immer noch unterrepräsentiert im Netz[8] (Abb. 7.2 und 7.3).

[8] http://www.online-fundraising.org/index.php?/spender-soziodemografie.html. Zugegriffen: 14. März 2014.

Die Erfolgsfaktoren der Onlinespenden-Plattformen im Vergleich zu den traditionellen Spendenaufrufen bestehen vor allem in der verbesserten Transparenz, der ermöglichten direkten Interaktion zwischen Projektinitiator und Spender und dem dadurch geschaffenen erhöhten Vertrauen.

Entscheidend für den Erfolg von Spendenkampagnen war schon immer der Aufbau und die Sicherstellung einer sehr starken emotionalen Verbundenheit zu den Unterstützern und potenziellen Geldgebern. Diese emotionale Verbundenheit kann mit den multimedialen Mitteln der Onlinespenden-Plattformen sowie der Nutzung der Sozialen Medien (erhöhte Interaktivität) viel besser aufgebaut werden als über traditionelle Einschaltungen in den Medien.

Durch die projektorientierte Zweckbestimmung der Spende, d. h., der Spender weiß genau, für welches Projekt er spendet, wird die Spendenhöhe positiv beeinflusst und es wird eine größere emotionale Verbundenheit aufgebaut. Damit wird auch die Wahrscheinlichkeit einer nochmaligen Spendenwilligkeit gesteigert. Die Projektinhaber nutzen die neuen Kommunikationsbedingungen des Web 2.0 und stehen somit auch unter einer dauerhaften Beobachtung und unter der Kontrolle der aktiven Internet-Nutzer.

Auch durch die zunehmenden elektronischen und mobilen Zahlungsmöglichkeiten, die die Überweisung einer Spende mit ein paar Klicks in Sekundenschnelle ermöglichen, wird eine steigende Tendenz des Online Fundraisings vorausgesagt.

7.1.1 Spielerisches und mobiles Online Fundraising

Laut dem Trendreport des betterplace.lab (2013)[9] wird Online Fundraising zunehmend auch in Spiele-Seiten integriert (Sozialzocken). So konnten Facebook-Nutzer nach dem Erdbeben in Japan auf *FarmVille* virtuelle Kobe-Rinder und Daikon-Rettiche erwerben – Gelder, die dann den Erdbeben-Opfern zugutekamen.

Das Spiel *FarmVille* ist ein Browsergame von Zynga in dem es darum geht, einen virtuellen Bauernhof aufzubauen und zu betreiben. Das Spiel ist in zwei Versionen unter FarmVille und FarmVille 2 auf der Seite des Sozialen Netzwerks Facebook oder bei Zynga direkt verfügbar. Zudem wird man mit aktiven Spielern, die sich auch im Facebook-Freundeskreis befinden können, verglichen.

Das Spiel wurde am 19. Juli 2009 veröffentlicht; bereits Anfang September 2009 verzeichnete es rund 35 Mio. Nutzer pro Monat und war damit die beliebteste Facebook-Anwendung. Nach Angaben des Tracking-Service *Appdata* waren es Ende Februar 2010 bereits mehr als 80 Mio. Anfang Juni 2010 nach Inside Social Games etwa 70 Mio. aktive Spieler. Nach weiteren starken Verlusten lag die Zahl der aktiven Nutzer im August 2011 bei rund 34 Mio.[10]

Onlinespenden werden auch immer mehr in alltägliche E-commerce-Transaktionen eingebunden. Beispiele sind laut dem Trendreport etwa die Buchung eines Reisetickets in die Dominikanische Republik: Hier kann in Zukunft ein Häkchen für eine Spende an ein HIV-

[9] http://trendreport.betterplace-lab.org/trends. Zugegriffen: 23. Mai 2014.

[10] http://de.wikipedia.org/wiki/FarmVille. Zugegriffen: 22. Mai 2014.

Präventionsprojekt vor Ort gesetzt werden. Ein weiteres angeführtes Beispiel ist, dass man in den USA via *MissionFish* den Erlös des verkauften Kinderbuggys an die Kita um die Ecke spenden kann.

Founded in 1999, *MissionFish* is the partner charity of eBay, which runs auction and shopping websites in 30 countries. Through MissionFish, eBay users are able to donate to registered nonprofit organisations when they buy and sell through the eBay.com and eBay.co.uk sites. The programmes are called eBay Giving Works and eBay for Charity, respectively.

In June 2008, eBay announced that its global user base, through eBay Giving Works and eBay for Charity, had raised over $ 150 M for good causes from listings created around the world.

MissionFish's role in the partnership is to provide the technology that enables eBay users to make donations when they buy and sell through the sites; to vet, register and advise nonprofits that wish to participate in the programme; and to collect and process donations made by eBay users.[11]

Einen Ansatz, den laut dem Trendreport auch der Anbieter elefunds[12] verfolgt, der hierfür ein spezielles PlugIn für Internetshops zur Verfügung stellt. Der Fachbegriff dafür lautet *Embedded Giving.*[13]

Embedded giving is a form of charitable donation in which an act of *philanthropy* is built into a larger financial transaction. There are a number of ways in which embedded giving can work; proponents of the practice claims that it makes charitable donations easier for people, encouraging people to donate to a wide range of causes. However, opponents of embedded giving have pointed out that it is difficult to track, and in some cases may actually be a scam designed to make a company look good while also allowing it to quietly turn a profit from other people's good intentions.[14]

Diese Aktionen werden von den Internetshops auch häufig als Marketingmaßnahmen genutzt. In solchen Fällen ist deshalb auch oft von *Painless Giving* die Rede.

Laut den Feststellungen des Trendreports von betterplace.lab wird das Embedded Giving über Webseiten abgewickelt, die der Seite des eigentlichen Onlineshops vorgeschaltet sind. Auf Seiten wie Schulengel, clever-spenden, PlanetHelp oder socialvest[15] kann man aus verschiedenen Shopanbietern, wie etwa Amazon, wählen. Bei einem Kauf über diese vorgeschalteten Webseiten geht die Provision, die sonst Werbetreibende erhalten, an gemeinnützige Organisationen. Auch mit einer gewöhnlichen Websuche lassen sich Kleinstbeträge für den guten Zweck im Sinne von Mikropayment spenden, z. B. mit benefind[16] einer Suchseite, bei der Microsofts Suchmaschine Bing hinterlegt ist. Die Werbeein-

[11] http://en.wikipedia.org/wiki/MissionFish. Zugegriffen: 31. Mai 2014.

[12] (https://elefunds.de/). Zugegriffen: 21. Mai 2014.

[13] Lucy Bernholz: „Buzzword #6 Embedded Giving“, veröffentlicht auf dem Blog PHILANTHROPY 2173 The Future of Good, http://philanthropy.blogspot.co.at/2007/11/buzzword-6-embedded-giving.html. Zugegriffen: 1. März 2014.

[14] http://www.wisegeek.com/what-is-embedded-giving.htm. Zugegriffen: 23. Mai 2014.

[15] https://www.socialvest.us/ Zugegriffen: 21. Mai 2014.

[16] http://www.benefind.de/). Zugegriffen: 21. Mai 2014.

nahmen von ca. 1 ct. pro Suchanfrage werden an bis zu 200 verschiedene Hilfsorganisationen verteilt, je nach Wunsch des Suchenden. Auch die Spende gesammelter Bonuspunkte schmerzt den Spender nicht. Über die Payback-Spendenwelt[17], die in Partnerschaft mit betterplace.org[18] betrieben wird, wurden so laut dem Trendreport für die Haiti-Erdbebenopfer in vier Wochen Paybackpunkte im Wert von mehr als 1 Mio. € gespendet.

Der Erfolg von Online Fundraising-Strategien lässt sich nicht unbedingt von einem Land auf das andere übertragen. So fanden in den USA und UK bereits eine Reihe von erfolgreichen Fundraising-Kampagnen über Twitter und die App TwitCause[19] statt. Der Spendenaufruf der Aktion „Help the Honey Bee“ beispielsweise resultierte in über 290.000 Tweets, von denen jeder von der Firma Häagen-Dazs mit 1 US-$ belohnt wurde. In Deutschland stehen entsprechende Twitteraktionen noch aus. Ebenso ist Spenden via SMS in Deutschland noch weitgehend erfolglos, während in den USA Anbieter für mobile Fundraising-Kampagnen, darunter mGive, besonders in Katastrophenfällen via SMS große Summen einsammeln konnten.

7.1.2 Spendenbasierende-Crowdfunding-Plattformen

Laut dem Trendreport von betterplace.org gab es im Jahr 2000 nur zwei Plattformen, auf denen sich *NGOs* mit ihrer Arbeit und ihren Projekten präsentieren konnten: JustGiving[20] in Großbritannien und GiveIndia[21] in Indien.

Eine *Nichtregierungsorganisation (NRO bzw. aus dem Englischen NGO)* oder auch nichtstaatliche Organisation ist ein zivilgesellschaftlich zustande gekommener Interessenverband. Der englische Begriff *non-governmental organization* wurde einst von den Vereinten Nationen (UNO) eingeführt, um Vertreter der Zivilgesellschaft, die sich an den politischen Prozessen der UNO beteiligen, von den staatlichen Vertretern abzugrenzen; *non-governmental* bedeutet dabei „nichtstaatlich“ im Sinne von „staatsunabhängig“, „regierungsunabhängig“. Heute wird der Begriff von und für Vereinigungen benutzt, die sich insbesondere sozial- und umweltpolitisch engagieren, und zwar unabhängig von einer Beziehung zur UNO.[22]

2013, also 13 Jahre später, ist die Zahl dieser Plattformen weltweit auf über 130 angewachsen und wächst weiter. Die Plattformen stellen eine direkte Interaktion zwischen Spender und Begünstigten her – manchmal sogar unter Ausschluss der herkömmlichen

[17] http://www.payback.de/pb/bpc/. Zugegriffen: 21. Mai 2014.

[18] http://www.betterplace.org/de. Zugegriffen: 21. Mai 2014.

[19] MG Siegler: „TwitCause Is Yes, A Causes For Twitter“, veröffentlicht am 6. August 2009, auf dem Blog TechCrunch, http://techcrunch.com/2009/08/06/twitcause-is-yes-a-causes-for-twitter/. Zugegriffen: 1. März 2014.

[20] http://www.justgiving.com. Zugegriffen: 21. Mai 2014.

[21] http://giveindia.com. Zugegriffen: 21. Mai 2014.

[22] http://de.wikipedia.org/wiki/Nichtregierungsorganisation. Zugegriffen: 23. Mai 2014.

Hilfsorganisationen, etwa wenn Lehrer auf DonorsChoose[23] für Schulbedarf oder Menschen auf betterplace.org für eigene soziale Initiativen sammeln·

Manche der Plattformen haben einen thematischen oder regionalen Schwerpunkt: Über Vittana[24] werden Schul- und Universitätsstipendien für bedürftige Jugendliche finanziert, während Greater Good South Africa[25] auf südafrikanische und Help Argentina[26] auf argentinische Projekte beschränkt sind. Besonders erfolgreich sind auch Aktionsplattformen wie JustGiving (s. o.) oder FirstGiving[27] in den USA.

7.1.3 Betterplace.org: Große deutsche Spenden-Plattform

Bei betterplace.org[28] handelt es sich um Deutschlands größte Onlinespenden-Plattform für soziales Engagement. Gegründet 2007, vermittelte betterplace.org bis Ende 2012 Spenden in Höhe von fast 10 Mio. € an etwa 6000 soziale Projekte aus über 140 Ländern, unter ihnen viele kleine Graswurzelprojekte. Bis dato haben rund 400.000 Menschen über die Plattform gespendet (Sommer 2014). Die durchschnittliche Spende beträgt momentan 60 €.Transparenz ist bei der Durchführung der Projekte sehr wichtig. Jedes Projekt wird auf betterplace.org im Detail dargestellt und in einzelne, ganz konkrete Bedarfsstufen unterteilt, sodass der Spender gezielt spenden kann, z. B. für ein Schulbuch in Kenia oder auch die Rutsche im Kindergarten nebenan. Die Plattform bietet unmittelbar zwischen Spender und Empfänger des Geldes Interaktion an, damit nachverfolgt werden kann, was mit dem gespendetem Geld passiert. Jeder Projektverantwortliche gibt auf der Plattform Feedback über das Vorankommen des Projekts vor Ort. Betrieben wird betterplace.org über eine gemeinnützige Aktiengesellschaft, die sich wiederum selbst über Spenden finanziert.

betterplace.org ist eine offene Plattform. Nicht nur große, bekannte Hilfsorganisationen können die Plattform als Projektinhaber nutzen, sondern auch potenziell Zigtausende kleine Initiativen und Organisationen aus aller Welt. Laut den Erläuterungen auf dem Blog von betterplace.org sind in der Regel Projekte erfolgreich, die folgende Punkte beherzigen[29]:

---

[23] http://donorschoose.org, zuletzt zugegriffen m 21. Mai 2014.

[24] http://www.vittana.org/. Zugegriffen: 23. Mai 2014.

[25] http://greatergoodsa.co.za/. Zugegriffen: 21. Mai 2014.

[26] http://helpargentina.org. Zugegriffen: 21. Mai 2014.

[27] http://firstgiving.com). Zugegriffen: 21. Mai 2014.

[28] http://www.betterplace.org/). Zugegriffen: 21. Mai 2014

[29] „betterplace.org ist Deutschlands größte Online-Spendenplattform für soziale Projekte." – Interview mit Kirsten Mieves auf dem Crowdfundingblog Crowdstreet.de http://crowdstreet.de/2013/01/02/betterplace/#more-487. Zugegriffen: 13. Februar 2014.

- Es sollte genau beschrieben werden, um was für ein Projekt es sich handelt, was sein Ziel ist, wie es wem helfen will und was für eine Organisation/Initiative dahintersteckt.
- Des Weiteren sind die genaue und konkrete Definition und Beschreibung des Bedarfs wichtig. Warum werden z. B. zehn Schulbücher an der kenianischen Schule benötigt, warum sind sie für die Menschen dort wichtig, was kann damit bewegt werden?
- Auch die Neuigkeiten im Projektblog sollten gepflegt und aktuell gehalten werden: Wie geht es voran mit dem Projekt, was wurde bereits verwirklicht, was fehlt vielleicht noch und wie hat das Projekt bereits das Leben der Menschen vor Ort verbessert?
- Videos oder Bilder, die veranschaulichen, was vor Ort im Projekt passiert und was bereits erreicht wurde durch die Spenden, erhöhen ebenfalls die Erfolgschancen.

Auf betterplace.org gibt es seit einiger Zeit auch eine Zeitspenden-Plattform[30]: Hier können Projekte eingestellt werden, bei denen zur Mitarbeit engagierter Mitmenschen aufgerufen wird.

Laut dem Trendreport von betterplace.org liegen in den USA mittlerweile schon eine Reihe von detaillierten Untersuchungen zum Thema Onlinespenden vor, u. a. von den Fundraising-Software-Anbietern Blackbaud, Convio und Network for Good. In Deutschland fehlen Aussagen über die Effizienz und die Dynamiken des Onlinespenden-Marktes noch zur Gänze.

7.1.4 Zusammenfassung der Chancen und Risiken des Onlinespenden-Marktes

Als Chancen des Onlinespenden-Marktes werden von der Plattform betterplace.org folgende Faktoren identifiziert:

- Online Fundraising ist sowohl für Spender als auch für Spendensammler ein Weg mit geringem Widerstand;
- neue, meist jüngere Zielgruppen werden erreicht;
- die durchschnittliche Onlinespenden sind höher als Offlinespenden;
- Transparenz ist einfach umzusetzen, was wiederum Potenzial für mehr Vertrauen und somit mehr Spenden birgt;
- Senkung der Kosten für die Mittelbeschaffung;
- mehr Organisationen, also auch kleinere, bekommen die Möglichkeit, Spenden zu sammeln, da die Kosten gering sind;
- Organisationen und Unterstützer gleicher Interessen finden leicht zusammen;
- bestehende Prozesse werden aufgebrochen und Wertschöpfungsketten verkürzt.

---

[30] http://www.betterplace.org/c/neues/tags/zeitspenden/. Zugegriffen: 31. Mai 2014.

Die identifizierten Risiken lassen sich wie folgt zusammenfassen:

- Die Effizienz des Online Fundraisings ist bezogen auf das gesamte Onlinespenden-Volumen noch nicht nachgewiesen.
- Spendengenerierung im Internet ist nicht automatisch kostengünstig. So zahlen Hilfsorganisationen im Zuge von Internetwerbung oft beträchtliche Provisionen an die Vermittler. Plan Deutschland[31] zahlt 40 € pro Klick an Partner, die eine Patenschaft vermitteln: 25 € an den Webseiten-Betreiber, je 7,50 € an zwei Agenturen. Bei Greenpeace fließen 10 € pro eingegangener Spende an die Werbefirmen. Auch wenn diese Summen im Vergleich zu einer Reihe von anderen Methoden relativ gering sind, fühlen sich Spender übervorteilt, gehen sie doch davon aus, ihre Spende würde dem Hilfsprojekt und keiner Werbeagentur zugutekommen.
- Ausschlussproblematik für etablierte NGOs: Über Plattformen ist ein direkter Kontakt zwischen Projekt/Begünstigtem und Spender möglich – damit könnten NGOs ihre Mittlerrolle verlieren.
- Es besteht die Gefahr der Zersplitterung/Fragmentierung auf Onlinespenden-Plattformen: Zersplitterung verhindert auch die Markenbildung.
- Onlinespender sind bislang nur selten Dauerspender. Daher bemühen sich die US-Fundraising-Organisationen momentan besonders, die online akquirierten Spender auch zu Offline-Spendern zu machen.
- Der mit einer Online-Fundraising-Kampagne verbundene Zeitaufwand darf nicht unterschätzt werden.

7.1.5 Wissenschaftliche Spenden-Plattform: www.inject-power.at

In Österreich gibt es seit September 2013 auf der Plattform www.inject-power.at[32] die Möglichkeit, bereits ab einem Beitrag von 20 € wissenschaftliche Forschungsprojekte zu unterstützen. Bei den Anfangsprojekten handelte es um Projekte, denen bereits öffentlich-rechtliche Förderungen zugesagt wurden, zukünftig sollen diverse Forschungsprojekte zur Gänze über das Portal finanziert werden.

Partnerunternehmen der Plattform sind die Ludwig-Boltzmann-Gesellschaft (LBG), das Naturhistorische Museum Wien (NHM), das Österreichische Archäologische Institut (ÖAI), das Institut für Molekulare Biotechnologie IMBA und DEBRA Austria – Hilfe für Schmetterlingskinder.

Der Plattform-Initiator Rüdiger Schweigreiter, selbst Forscher an der Medizin-Universität Innsbruck, gab in einem Interview über seine Motivation zur Gründung der Plattform Auskunft:

[31] https://www.plan-deutschland.de/. Zugegriffen: 23. Mai 2014.

[32] http://www.inject-power.at/. Zugegriffen: 23. Mai 2014.

Die Anforderungen an die Grundlagenforschung würden immer komplexer, gleichzeitig können die öffentlichen Budgets bei den steigenden Kosten der Forschung nicht mithalten und die budgetäre Lage vieler Forscher sei bereits spürbar angespannt. Wir wollen diesem negativen Trend entgegenwirken und private Sponsoren in die Förderung von Forschung und Entwicklung einbinden.

Gefördert werden können Projekte aus allen Bereichen der Grundlagenforschung, von Naturwissenschaften und Medizin bis zu Geisteswissenschaften. Voraussetzung dafür ist, dass die Forschungsinstitution eine Partnerschaft mit dem Portal eingeht. Der Unkostenbeitrag für die Nutzung der Plattform beträgt 6,5 % der eingegangenen Mittel. Außerdem muss das zu fördernde Projekt im Sinne der Qualitätssicherung von den Betreibenden des Portals genehmigt werden. Auf dem Förderportal werden die Projekte so beschrieben, dass auch wissenschaftlich interessierte Laien sie verstehen können. In einer Datenbank können Spendenwillige nach Forschungsprojekten suchen, die sie interessieren.

Die Ludwig-Boltzmann-Gesellschaft beispielsweise ist zum Start der Plattform mit sechs Forschungsprojekten vertreten: Die Palette reicht von der Auswertung von Abhörprotokollen der Alliierten von Kriegsgefangenen österreichischen Wehrmachtsangehörigen, den Aufbau eines österreichweiten Archivs für privates Filmmaterial bis hin zur Entwicklung neuartiger Verfahren, mit denen körperliche Gewalt und Misshandlung gerichtsmedizinisch dokumentiert werden.

Auf der Webseite ist ausgeführt, dass der grundlegende Gedanke von Forschungssponsoring ideeller Natur ist und nicht von einer materiellen Gegenleistung motiviert ist. Die Sponsoren erwirken mit ihrer Unterstützung in keinem Fall Rechte an Ergebnissen der von ihnen mitfinanzierten Forschungs- und Entwicklungstätigkeit.

Literatur

Sommeregger M (2010) CSR2.0-soziale Online Spendenplattformen als neues Instrument für Corporate Giving, eine Untersuchung am Beispiel www.betterplace.org. Magisterarbeit. Universität Wien

8 Rewardbasierendes Crowdfunding

Das Berliner Startup xx schafft eine neue Art der Nachbarschaft, in der wir uns austauschen, gegenseitig unterstützen, zusammen Feste feiern, uns Dinge ausleihen und teilen können. Mithilfe einer Onlineplattform und einem Nachbarschaftsgremium wollen sie ein neues Miteinander in der oftmals anonymen Nachbarschaft etablieren. Entdecke das Startup und unterstütze es...
(Ein momentan laufendes Projekt auf startnext.de)

Beim rewardbasierenden Modell erhält der Unterstützer, auch Supporter genannt, für seine Unterstützungsleistung Gegenleistungen folgender Art:

- Eine wertmäßig unwesentliche[1] Gegenleistung in Form von Dankeschöns ideeller Natur (Poster, Single etc.);
- eine wertmäßig wesentliche Sachleistung: Hier geht es meist um die Vorfinanzierung von Spiel-, Musik- und Hardwareprodukten (PreSales). Dabei bestellt der Geldgeber das fertige Produkt zu einem günstigeren Preis vorab und ermöglicht auf diese Weise erst die Produktion (z. B. einer CD, eines Spiels oder Hardware).
- Hybridmodelle: der Geldgeber erhält zusätzlich zu obigen unwesentlichen oder wesentlichen Sachleistungen einen Anteil an den laufenden Verkaufserlösen des zu finanzierenden Projekts.

Der große Unterschied zum donationbasierenden Crowdfunding ist, dass bei den spenden basierenden Projekten der Spendencharakter (keine Gegenleistung bzw. eine unwesentliche Gegenleistung) oder der Gemeinnützigkeitsfaktor im Vordergrund steht. Beim rewardbasierendem Crowdfunding geht es sehr wohl um kommerzielle Projekte, die mit

[1] Um eine unwesentliche Sachleistung handelt es sich, wenn der Wert der Gegenleistung weniger als 50 % des Wertes der gegebenen Geldleistung entspricht.

E. Sixt, *Schwarmökonomie und Crowdfunding,* DOI 10.1007/978-3-658-02929-6_8

der meist finanziellen Hilfe der Crowd finanziert werden sollen, ohne dass jedoch der Geldgeber eine finanzielle Gegenleistung in Form eines Anteils am Unternehmen oder am Ergebnis des Unternehmens erhält wie beim equitybasierenden Crowdfunding.

Die Erfahrung zeigt inzwischen, dass mit einem stufenmäßigen Ansatz – Art der Belohnung in Abhängigkeit von der Höhe des Geldbetrages – es auch bei kreativen Projekten möglich ist, einen höheren Betrag zu sammeln, als wenn ausschließlich mit Spenden gearbeitet wird (de Buysere et al. 2012, S. 10).

8.1 RewardbasierendeCrowfunding-Plattformen

> Deep and intertwined in our humanity, is a need to support and feel involvement in the kinds of projects and companies which we care about. Until the recent crowdfunding phenomena emerged, our more centralized and intermediated capital formation and funding mechanisms scarcely recognized the social power of crowds which form affinities around any kind of mission. (Kevin Lawton)

8.1.1 Kickstarter

> „Ich wollte die absolute Freiheit, den Film zu machen, den ich wollte", sagte denn auch Armstrong in mehreren Interviews. Und gerichtet an ihre Kollegen: „Niemand sollte sich von jemandem vorschreiben lassen, was er denken soll. Unabhängige Filme sind im Moment der beste Weg, um beim Publikum die stärksten Emotionen zu erzeugen". (Franny Armstrong)

Mit mehr als 1 Bio. US-$ eingeworbenem Kapital für 57.832[2] erfolgreiche Projekte seit 2009 ist die US-Plattform Kickstarter[3] die momentan weltweit bekannteste und erfolgreichste rewardbasierende Crowdfunding-Plattform.

Gegründet 2008 in New York und finanziert von Risikokapitalgebern weist die Plattform über die letzten Jahre ein starkes Wachstum auf: Im Jahr 2010 konnte Kickstarter 3910 erfolgreich finanzierte Projekte, 27.638.318 US-$ an Zusagen und eine Finanzierungserfolgsrate von 43 % vermelden. 2011 waren es bereits 11.836 Projekte bei 99.344.381 US-$ Geldzusagen und einer 46 % Erfolgsrate[4]. Am 9. Februar 2012 verzeichnete Kickstarter eine Reihe von Projektrekorden. Das Projekt Elevation Doc,: the best Dock for iPhone[5] des Industriedesigners Casey Hopkins und seiner Firma ElevationLab, erreichte als erstes Projekt Geldzusagen von über 1 Mio. US-$. Wenige Stunden später erreichte der Spiele-

[2] Kickstarter Stats, https://www.kickstarter.com/help/stats?ref=footer. Zugegriffen: 13. Februar 2014.

[3] http://de.wikipedia.org/wiki/Kickstarter.com. Zugegriffen: 21. Mai 2014.

[4] http://www.kickstarter.com. Zugegriffen: 21. Mai 2014.

[5] https://www.kickstarter.com/projects/hop/elevation-dock-the-best-dock-for-iphone. Zugegriffen: 31. Mai 2014.

entwickler Double Fine Productions mit seinem Projekt *Double Fine Adventure*[6] dieselbe Summe in weniger als 24 h nach Veröffentlichung des Konzeptvorschlags. Es handelte sich zudem um den ersten Tag in der Kickstarter-Firmengeschichte, an dem mehr als 1 Mio. US-$ an Geldzusagen gewonnen werden konnten.[7]

Am 19. Februar 2012 überschritt eine Anfrage für einen Sammelbandnachdruck der Comicreihe *The Order of the Stick* als drittes Kickstarter-Projekt die Grenze von 1 Mio. US-$. Es handelte sich gleichzeitig um das erste Buch und das erste Projekt eines einzelnen Künstlers (im Gegensatz zu Unternehmensprojekten), das diese Summe erreichen konnte. Am 20. Februar 2012 überschritt das *Double Fine Adventure* als erstes Projekt die Grenze von 2 Mio. US-$, am 13. März 2012, weniger als 24 h vor dem Ende der Finanzierungsaktion, sogar 3 Mio. US-$.

Noch am selben Tag startete mit *Wasteland 2* ein weiteres Computerspiel-Projekt mit der bislang höchsten Finanzierungsanfrage von 900.000 US-$.

Den Durchbruch schaffte die Plattform mit dem riesigen Erfolg des Projektes „Diaspora“: Vier Studenten wollten mit einem Zielbudget von 10.000 US-$ eine open-source-basierte Alternative zu Facebook entwickeln, bei der die Nutzer frei über die Verwendung und Verbreitung ihrer Daten entscheiden können. Zum Ende des Finanzierungszeitraumes zählte das Projekt 6479 Backer und ein Budget in Höhe von 200.641 US-$ (mehr als das Zwanzigfache zum ursprünglichen Projektbetrag). Dieser Erfolg führte zu einer internationalen Medienaufmerksamkeit.[8]

Inzwischen weist die Plattform weitere Erfolge auf wie die Crowdfunding-Kampagne von Eric Migicovsky, einem 26-jährigen Uniabsolventen, dem es im Mai 2012 gelang, mehr als 10 Mio. US-$ für die Armbanduhr Pebble, eine Uhr, deren Bildschirm Informationen vom Smartphone anzeigt (neue SMS, neue E-Mail) und die man als Fahrradcomputer und GPS-Gerät nutzen kann, einzusammeln. Eric Migicovsky hatte zuvor versucht, traditionelle Geldgeber um Unterstützung zu bitten, aber oft nicht mal einen Termin bekommen. Die Internet-Nutzer hingegen waren bereit, das Projekt zu fördern und erwarben für jeweils rund 100 US-$ eine Uhr.[9]

Inzwischen haben bereits über 5,7 Mio. Menschen sich auf dieser Plattform an der Finanzierung eines Projektes beteiligt. Von insgesamt 137.410 ausgelobten Projekten aus den verschiedensten Kategorien (Spiele, Filme, Hardware usw.) wurden 43,56 % erfolgreich finanziert. Bei den 57.832 erfolgreichen Projekten wurden bei 5442 Projekten weniger als 1000 US-$ von Unterstützern gegeben und bei 31.428 wurde ein Betrag zwischen 1000 bis 10.000 US-$ eingesammelt. 6314 Projekte haben zwischen 10.000 und 20.000 US-$ erhalten, 794 Projekte haben zwischen 100.000 und 1 Mio. US-$ eingesammelt und 47 Projekte haben über 1 Mio. erhalten (Stand: Oktober 2013[10]).

---

[6] http://www.kickstarter.com/projects/doublefine/double-fine-adventure?ref=live. Zugegriffen: 23. Mai 2014.

[7] http://de.wikipedia.org/wiki/Kickstarter.com. Zugegriffen: 21. Mai 2014.

[8] http://de.wikipedia.org/wiki/Kickstarter.com. Zugegriffen: 21. Mai 2014.

[9] http://de.wikipedia.org/wiki/Kickstarter.com. Zugegriffen: 14. März 2014.

[10] https://www.kickstarter.com/help/stats?ref=footer. Zugegriffen: 30. Oktober 2013.

Auf Kickstarter können Projekte aus 13 verschiedenen Kategorien ausgewählt werden: Art, Comics, Dance, Design, Fashion, Film, Food, Games, Music, Photography, Publishing, Technology und Theater.

Die Plattform arbeitet nach dem Alles-Oder-Nichts-Prinzip Nur wenn das Projektziel innerhalb der vorgegebenen Zeit erreicht wird, erhält der Projektinhaber das eingeworbene Geld. Obgleich Projekte von Backern/Unterstützern aus allen Ländern unterstützt werden können, mussten Projektinitiatoren für den Projektstart bis zum 31. Oktober 2012 ein US-Bankkonto vorweisen. Seit dem 31. Oktober 2012 können auch Briten und seit August 2013 auch Kanadier Projekte auf Kickstarter schalten. Laut einem Interview auf Gamasutra[11] mit der Community-Leiterin Cindy Au von Kickstarter haben rund 42 % aller Kickstarter-Unterstützer ihren Wohnsitz außerhalb der Vereinigten Staaten.

Um Rechtsstreitigkeiten und potentielle Haftungsfälle zu vermeiden, entwickelt Kickstarter ständig die Richtlinien hinsichtlich Zulassung und Anforderungen an die Projekte basierend auf Beschwerden und Vorschlägen der Supporter/Geldgeber weiter. So müssen inzwischen bereits bei der Anmeldung neuer Projekte die Verantwortlichen alle Risiken und Herausforderungen, die sich aus einer verspäteten Umsetzung oder gestiegenen Kosten ihres Projekts ergeben, zur Kenntnis nehmen und unterzeichnen. Die Änderungen sollen laut Kickstarter dazu führen, dass die Geldgeber besser abwägen können, ob sich eine Unterstützung des jeweiligen Projekts tatsächlich lohnen könnte. Auch bei den so beliebten Vorabverkaufsmodellen (PreSales) künftiger Hardware-Produkte hat sich seit Sommer 2013 einiges getan: Die Erfinder müssen Fotos oder Videos von echten Prototypen bereitstellen, die bei der Ankündigung des Projekts bereits existieren. Bis dahin hatte Kickstarter den auf dem Crowdfunding-Portal vertretenen Projektinhabern relativ freie Hand gelassen. Im Gegenzug wussten viele Unterstützer nicht, ob das von ihnen getragene Projekt tatsächlich fertiggestellt wird. Im August 2013 passte die Plattform wieder als Reaktionen auf öffentliche Diskussionen ihre Richtlinien an: Künftig dürfen keine gentechnisch veränderten Organismen mehr als Belohnung angeboten werden.

Im Jahr 2010 stellten 69 % der Projektinhaber auf Kickstarter ihr Projekt mit einem Video vor. Was einen Anstieg im Vergleich zu 2009 (53 %) von 16 % bedeutete. Diese Zahlen verdeutlichen die steigende Bedeutung eines unterhaltsamen Vorstellungsvideos im Hinblick auf den Projekterfolg.

Das Geschäftsmodell der Plattform basiert auf der Verrechung eine Erfolgsprovision von bis zu 5 % von der Finanzierungssumme. Die Zahlungen werden mithilfe von Amazon Payments abgewickelt (zusätzliche Projektkosten von 3 bis 5 %), wobei die Unterstützung erst mit erfolgreichem Abschluss eines Projektes vom Konto des Geldgebers, dem sogenannter Backer, abgebucht wird.

[11] Q und A Catching up with Kickstarter, veröffentlicht auf dem Blog Gamasutra The Art & Business of Making Games, http://www.gamasutra.com/view/news/197475/QA_Catching_up_with_Kickstarter.php, Interview mit Cind Au, Head of Community am 2. August 2013.

Eine Besonderheit von Kickstarter sind die umfangreichen Statistiken (abrufbar unter Kickstarter/Stats[12]), die auf der Webseite abrufbar sind und einen hervorragenden Anhaltspunkt für die Projektinitiatoren geben. Um die Plattform selbst entwickelt sich bereits eine eigene Ökosphäre, wie beispielsweise die Seite Kicktraq[13] auf der die Kickstarterprojekte analysiert und deren Erfolgswahrscheinlichkeit usw. vorausgesagt wird.

8.1.2 Indiegogo

Indiegogo ist die zweitgrößte rewardbasierende Crowfunding-Plattform in den USA: Gegründet 2008 von Danae Ringelmann, Slava Rubin und Eric Schell wird Indiegogo von San Francisco, Kalifornien, aus betrieben.

Die Unterschiede zur Plattform Kickstarter bestehen in drei Punkten:

- Indiegogo wendet nicht ausschließlich das Alles-Oder-Nichts-Prinzip an: Das heißt, scheitert eine Kampagne, so kann der Benutzer wählen, ob er das Geld den Unterstützern gebührenfrei zurückgibt oder ob er es trotzdem behält. Die Gebühr von Indiegogo erhöht sich von 4 auf 9 %, wenn der Projektinhaber trotz Nichterreiches des Finanzziels das Geld nicht zurücküberweist.
- Im Unterschied zu Kickstarter ist es für den Start eines Projektes auf Indiegogo nicht notwendig, über ein US-Bankkonto zu verfügen. Es ist also einfacher, auch für andere Nationalitäten, ein Projekt zu starten; die Plattform ist damit internationaler ausgerichtet.
- Bei Kickstarter können ausschließlich kommerzielle Projekte, also Projekte, bei denen die Durchführung eines (meist kreativen) Produktes (Film, Spiel, Buch usw.) das Projektziel ist, realisiert werden. Auf Indiegogo ist es auch möglich, soziale Projekte jeder Art durchzuführen, beispielsweise können im Unterschied zu Kickstarter Studiengebühren, private Veranstaltungen (Hochzeiten, Begräbnisse usw.) usw. finanziert werden.

Auch Indiegogo stellt den Projektinhabern zur Unterstützung ihrer Kampagnen Auswertungen der bis dato durchgeführten Projekte zur Verfügung[14]: Daraus resultieren Empfehlungen an Projektinitiatoren, wie beispielsweise, dass die Anzahl der Teammitglieder mit der Wahrscheinlichkeit, eine Kampagne erfolgreich abzuschließen, positiv korreliert oder der Hinweis, dass Kampagnen mit Videos die Erfolgswahrscheinlichkeit ebenfalls um mehr als 100 % erhöhen. Weiter empfiehlt Indiegogo vor allem Nachhaltigkeit bei

[12] https://www.kickstarter.com/help/stats?ref=footer. Zugegriffen: 31. Mai 2014.

[13] (http://www.kicktraq.com/hotlist)/. Zugegriffen: 21. April 2014.

[14] Kurt Wagner: „Indiegogo rolls out new Tools and Tips for Crowdfunding", veröffentlicht auf Mashable am 8. Oktober 2013, http://mashable.com/2013/10/08/indiegogo-new-tools/. Zugegriffen: 13. Februar 2014.

der Kampagnendurchführung: Laut ihren eigenen Auswertungen sind Teams, die während ihrer Kampagne ihrer Community stetig Updates zum Projekt über die Sozialen Medien kommunzieren um einiges erfolgreicher als Teams, die schnell aufgeben.

Die Plattform Indiegogo führt keine so hochwertigen Statistiken über den auf der Plattform durchgeführten Erfolg bzw. Misserfolg der Projekte wie die Plattform Kickstarter, insofern ist nicht genau bekannt, wie erfolgreich die Plattform tatsächlich ist. Laut eines am 30. August 2013 erschienenen Blog-Artikels auf Techcrunch haben Recherchen ergeben, dass Indiegogo bei Weitem nicht an den Branchenführer Kickstarter heranreicht: So hat Indiegogo nach diesen Auswertungen bis dato 98 Mio. US-$ eingenommen, also nur ein 1/6 von Kickstarter (612 Mio. US-$) Bei Kickstarter haben 40 Projekte bis dato die 1-Millionen-Euro-Schwelle überschritten, bei Indiegogo gelang das bis dato nur drei Kampagnen. Die Erfolgsquote dürfte auch um einiges niedriger liegen, bei Indiegogo stehen 34 % im Raum im Vergleich zu einer Erfolgsquote von Kickstarter mit 44 %. Anzumerken ist jedoch, dass Indiegogo im Vergleich zu Kickstarter die nicht erfolgreichen Projekte, deren Finanzierungsziel 500 US-$ nicht überschritten hat, von der Plattform löscht, insofern sind obige Zahlen nicht vollständig und nur bedingt vergleichbar (Abb. 8.1)

8.1.3 Startnext

Laut dem deutschen Crowdfunding-Monitor[15]. konnten mehr als 76 % des auf allen deutschen Crowdfunding-Plattformen erzielten Kapitals (5,9 Mio. € per Ende Dezember 2013) sowie 82 % aller erfolgreich beendeten Projekte über die rewardbasierende Crowfunding-Plattform Startnext[16] finanziert werden Damit entwickelte sich Startnext zur führenden Crowdfunding-Plattform in Deutschland.

Startnext wurde 2010 von Tino Kreßner und Denis Bartelt in Berlin gegründet. Die ersten Projekte wurden im Oktober 2010 für die Finanzierung freigeschalten.

In einer Selbstbeschreibung auf Crowdsourcingblog.de[17], dem Blog von Startnext, findet man Folgendes: *Startnext ist eine gemeinnützige Crowdfundingplattform zur Projektfinanzierung, Kulturförderung und Vermittlung zwischen Projektunterstützern und Projektstartern. Für Filmemacher, Musiker, Designer, Fotografen, Autoren, Erfinder und viele weitere Künstler wird eine optimale Möglichkeit, Projekte von einer Community finanzieren zu lassen, ohne dabei ein Risiko einzugehen, geboten. Startnext versteht sich als Projektbeschleuniger im Bereich Kultur, Kunst und Medien, als Marktrecherche-Instrument für Produzenten und Kreative und als CSR/Kulturfinanzierungs-Plattform und Marketing-*

[15] Crowdfunding-Monitor, Stand 31. Dezember 2013, veröffentlicht auf dem Blog Für-Gründer.de http://www.fuer-gruender.de/blog/2013/07/crowd-funding-monitor-halbjahr-2013/ Zugegriffen: 13. Februar 2014.

[16] (www.startnext.de) Zugegriffen: 21. Mai 2014.

[17] Startnext.de, veröffentlicht auf Crowdsourcingblog.de, http://www.crowdsourcingblog.de/crowdsourcing-verzeichnis/profiles/startnext/. Zugegriffen: 13. Februar 2014.

Projects and Dollars														
Category	Launched Projects		Total Dollars		Successful Dollars		Unsuccessful Dollars		Live Dollars		Live Projects		Success Rate	
	Kickstarter	Indiegogo	Kickstarter	Indiegogo	Kickstarter	Indiegogo	Kickstarter	Indiegogo	Kickstarter	Indiegogo	Kickstarter	Indiegogo	Kickstarter	Indiegogo
All	110,583	44,498	$751 M	192,824,467	$642 M	99,325,599	$83 M	71,276,918	$26 M	22,221,950	3,597	4348	44%	33%
Animals	N/A	955	N/A	2,650,989	N/A	1,477,836	N/A	1,032,735	N/A	140,419	N/A	140	N/A	37%
Art	9,947	1,697	$27.85 M	5,134,265	$23.37 M	2,770,101	$3.53 M	2,158,317	$939.58 K	205,847	292	174	48.95%	37%
Comics	2,955	356	$20.57 M	1,453,876	$18.62 M	1,051,278	$1.46 M	360,071	$489.73 K	42,527	139	29	48.76%	49%
Community	N/A	4,933	N/A	18,772,568	N/A	10,017,874	N/A	7,943,923	N/A	810,771	N/A	495	N/A	36%
Dance	1,452	736	$4.60 M	1,800,646	$4.20 M	836,640	$282.23 K	919,106	$115.45 K	44,900	43	51	71.4%	38%
Design	4,859	540	$100.53 M	8,019,063	$84.22 M	6,562,147	$10.02 M	1,043,170	$6.30 M	413,746	263	64	38.79%	29%
Education	N/A	3,013	N/A	9,236,072	N/A	4,148,395	N/A	4,463,176	N/A	624,502	N/A	385	N/A	32%
Environment	N/A	564	N/A	2,584,497	N/A	1,031,503	N/A	1,378,799	N/A	174,195	N/A	75	N/A	28%
Fashion	3,932	509	$19.61 M	2,703,846	$16.35 M	1,542,845	$2.46 M	723,760	$796.27 K	437,241	201	80	28.92%	30%
Film & Video	28,668	13,200	$161.46 M	49,808,180	$133.07 M	23,834,179	$23.91 M	24,098,433	$4.48 M	1,875,568	768	828	39.90%	30%
Food	4,158	689	$26.55 M	3,049,304	$20.91 M	1,276,942	$4.08 M	1,552,542	$1.56 M	219,820	191	85	41.42%	24%
Games	6,338	647	$161.54 M	4,826,124	$144.28 M	3,610,930	$13.88 M	832,875	$3.38 M	382,319	328	109	34.86%	40%
Health	N/A	2,912	N/A	12,250,570	N/A	6,675,775	N/A	5,051,716	N/A	523,079	N/A	295	N/A	34%
Music	23,973	4,643	$86.74 M	15,322,084	$78.21 M	8,435,678	$7.20 M	5,969,101	$1.33 M	917,305	560	446	54.98%	38%
Photography	3,461	555	$10.54 M	2,022,080	$8.96 M	1,222,946	$1.42 M	697,303	$156.07 K	101,831	100	64	36.6%	37%
Politics	N/A	278	N/A	1,790,676	N/A	928,568	N/A	791,486	N/A	70,622	N/A	39	N/A	36%
Religion	N/A	336	N/A	1,534,596	N/A	1,082,066	N/A	402,635	N/A	49,895	N/A	42	N/A	33%
Small Busines	N/A	1,627	N/A	6,403,858	N/A	2,641,170	N/A	2,836,183	N/A	926,505	N/A	272	N/A	24%
Sports	N/A	756	N/A	1,848,281	N/A	812,461	N/A	952,048	N/A	83,773	N/A	76	N/A	32%
Technology	2,711	1,258	$76.69 M	29,424,413	$63.32 M	12,774,323	$8.35 M	2,944,856	$5.03 M	13,705,234	159	249	34.13%	22%
Theater	5,021	3,153	$18.21 M	8,926,616	$16.20 M	4,777,193	$1.64 M	3,839,379	$373.55 K	310,045	108	223	64.6%	42%
Writing	13,108	1,141	$36.05 M	3,261,861	$29.93 M	1,814,750	$5.26 M	1,285,303	$861.86 K	161,809	445	127	32.33%	39%

Abb. 8.1 Vergleich Kickstarter vs. Indiegogo zu Projekten und Zahlen. (Quelle: techcrunch (Darell Etherington „Kickstarter Reportedly Owns Indiegogo with Around 6X More Total Dollars Raised, Average Success Rate Much Higher“ veröffentlicht auf techcrunch am 30. August 2013, http://techcrunch.com/2013/08/30/kickstarter-owns-indiegogo-with-around-6x-more-total-dollars-raised-average-success-rate-much-higher/. Zugegriffen: 31. Mai 2014))

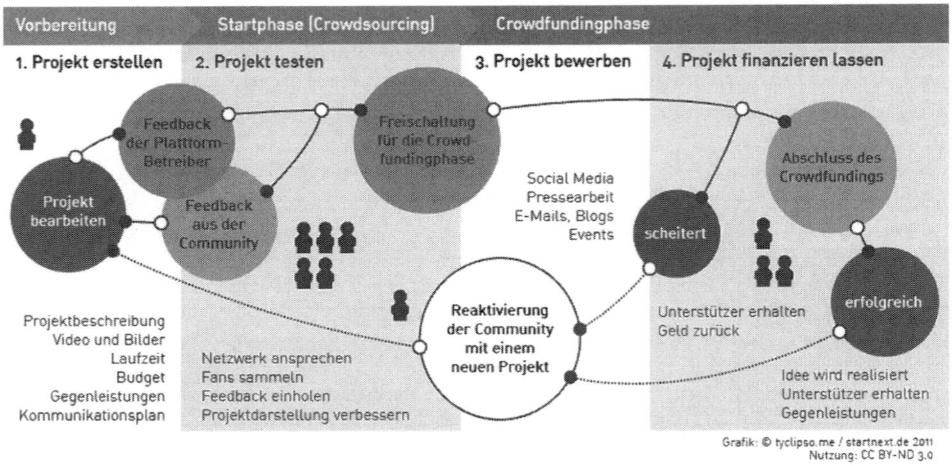

Abb. 8.2 Phasen beim Crowdfunding auf Startnext. (Quelle: Leitfaden für Projektstarter (http://www.startnext.de/Hilfe/leitfaden.html. Zugegriffen: 15. März 2014))

Instrument für Unternehmen. Wir schließen Startups aus, die Unterstützer am Gewinn beteiligen möchten. Auf der Plattform können auch reine soziale Projekte, bei denen es um das Sammeln von Spenden geht, realisiert werden. Ein großer Erfolgsfaktor für das Crowdfunding sind auch bei startnext.de die Dankeschöns, als Motivation Projekte schon in so einem frühen Status zu unterstützen. Der Projektinitiatoren heißen Starter.

An anderer Stelle auf Crowdsourcingblog.de ergänzt Tino Kreßner – der selbst aus der Filmszene kommt: *In Deutschland müssen wir aber auf die speziellen Bedürfnisse der Vereine und der Förderlandschaft eingehen. Da wir selbst über Jahre hinweg mit unserem eigenen Verein Projekte realisiert haben und ich meist bei den Förderanträgen dabei war, weiß ich auch, wie viel kreatives Potential hier verlorengeht. Zudem werden jedes Jahr die Ausgaben des Staates für Kultur um 220 Mio. € gekürzt. In Startnext sehen wir und auch unserer Unterstützer das Potential, die Kulturlandschaft unseres Landes aufrechtzuerhalten und gemeinsam etwas bunter zu machen.*

Ein Crowdfunding-Projekt auf Startnext durchläuft drei Phasen (Abb. 8.2)

In der **Startphase** hat der Projektinitiator die Möglichkeit, aufgrund von erhaltenem Feedback von Freunden, Fans und Bekannten das Projekt hinsichtlich der Projektbeschreibung, den Video- und Audiodateien und den Gegenleistungen/Dankeschöns zu optimieren. Gleichzeitig ist die Aufgabe des Projektinitiators, in dieser Phase eine von der Höhe seines Zielbudgets abhängige Anzahl an Fans zu sammeln, die in der Finanzierungsphase in der Regel die ersten Geldgeber seines Projektes sind. Startnext unterscheidet zwischen den Fans als Unterstützer in der Startphase und den tatsächlichen Supportern bzw. den Geldgebern nach Freischaltung des Projekts. Erreicht ein Projekt die verlangte Anzahl der Befürworter/Fans, wird es freigeschaltet und die Finanzierungsphase beginnt.

In der **Finanzierungsphase** ist das eigentliche Crowdfunding eröffnet, die Fans und alle anderen können jetzt ihre Spendenzusagen abgeben und werden so zu Supportern.

Post-Finanzierung: Damit nach dem Geldfluss die Kommunikation zwischen Projektinhaber und seinen Supportern nicht zusammenbricht, ist in der Folge laufend über die Realisierung des Vorhabens zu berichten.

Auf Startnext können Projekte über die vier Zahlungsmethoden FidorPay (nur mit deutschen Bankkonto des Geldgebers möglich), Paypal, klassische Banküberweisung sowie mittels Sofortüberweisung unterstützt werden. Die Gelder werden dabei von der Fidor Bank AG treuhänderisch verwaltet und bis zum Abschluss des Projektes geblockt. Startnext wendet bei ihren Projekten das Alles-Oder-Nichts-Prinzip an. Momentan können auf Startnext nur Projektinitiatoren mit Wohnsitz in Deutschland oder Österreich (auch startnext.at) ihre Projekte finanzieren.

Bei der Förderung von sozialen Projekten wird das Alles-Oder-Nichts-Prinzip auch auf der Plattform Startnext nicht angewendet.

Seit Mai 2011 ist die Plattform Startnext.de selbst gemeinnützig, das erfolgsbasierte Provisionsmodell, das bis dahin angewendet wurde, wurde umgestellt auf ein freiwilliges Spendensystem. Supporter/Geldgeber können seitdem im Zuge ihrer Unterstützung freiwillig einen beliebigen Betrag an Startnext spenden. Jede Spende wird dabei halbiert. Ein Teil fließt in den Crowdfonds[18], dessen Gelder zu einem späteren Zeitpunkt durch den Advisory Board der Startnext an besonders förderungswürdige Projekte weitergegeben werden, der zweite Teil wird von Startnext für die Weiterentwicklung und den Betrieb der Plattform einbehalten. Startnext versteht sich auch als Corporate Social Responsibility (CSR)/Kulturfinanzierungs-Plattform[19] und Marketing-Instrument für Unternehmen. Dafür werden gezielt Premiumdienste und -profile angeboten, die für Organisationen und Unternehmen kostenpflichtig sind.

Die Technologie hinter Startnext.de wird als Whitelabel in verschiedenen technischen Ausbaustufen angeboten auch damit will startnext Geld verdienen.

Nach der Darstellung von Tino Kreßner auf seinem Blog bestpracticescrowdfunding[20] hat sich in der Vergangenheit gezeigt, dass der entscheidende Erfolgsfaktor für Startnextprojekte die Qualität der Inhalte und der Dankeschöns ist: *Als erstes muss das Projekt gut durchdacht sein. Das Team muss es schaffen, dies zu transportieren und die Begeisterung auf die Unterstützer zu übertragen. Jedes Projekt ist einzigartig und bei Startnext reicht es nicht, ein Formular auszufüllen, wie bei den Förderanstalten, sondern der Funke muss überspringen. Projektdarstellungen sollten einige der folgenden Faktoren beinhalten: authentisch, transparent, professionell, lustig, mitreisend, neugierig machend, spannend oder auch einfach unterstützenswert sein. Während des Projektes können die Supporter über den Projektblog mit involviert und zu begeisterten Weiterempfehlern motiviert wer-*

[18] http://www.startnext.de/ueber/Crowdfonds.html. Zugegriffen: 1. März 2014.

[19] http://crowdfunding.startnext.de/. Zugegriffen: 1. März 2014.

[20] Tino Kreßner von Startnext über Crowdfunding und Tipps und Tricks für erfolgreiche Projekte, veröffentlicht am 25. Oktober 2010, auf dem Blog best practices crowdfunding – der blog, http://bestpracticescrowdfunding.wordpress.com/2010/10/25/tino-kresner-von-startnext-im-interview/ Zugegriffen: 13. Februar 2014.

den. Neben dem eigenen Netzwerk geht es immer darum, Mundpropaganda auszulösen. Mit den Dankeschöns kann der Supporter durch seine Unterstützung Dinge erhalten, die er so niemals in einem Laden kaufen kann – nur während der Finanzierungsphase hat er darauf die Chance. Hier können die Starter bewusst Anreize schaffen.

Das Team von Startnext prüft die Projektbeschreibung auf formale Vollständigkeit, die Projektekonzepte bzw. Geschäftsmodelle an sich werden in keiner Weise überprüft.

8.1.4 VisionBakery

Die zweitgrößte rewardbasierende Crowdfunding-Plattform in Deutschland ist VisionBakery[21] mit einem Gesamtvolumen an eingesammelten Kapital von 449.438 € per Ende Dezember 2013.

VisionBakery ist eine Crowdfunding-Plattform mit Sitz in Leipzig, gegründet von Stephan Popp im Januar 2011. Auch hier geht es um die Finanzierung von kreativen und sozialen Projekten. Zu den Projektkategorien der Crowdfunding-Plattform VisionBakery gehören u. a.: Comedy, Design, Essen, Film und Video, Kunst, Mode, Musik, Sport, Theater und Veranstaltungen.

Insgesamt wurden bis Ende 2013 300 Projekte auf VisionBakery beendet. Erfolgreich finanziert wurden davon insgesamt 171 Projekte. Damit weist VisionBakery eine Erfolgsquote von 57 % für das Jahr 2013 auf.

Zu den erfolgreichsten Projekten auf der Crowdfunding-Plattform VisionBakery gehörten das Projekt „20 Jahre Distillery – DER FILM" mit einem Kapitalvolumen von 14.161 €, mit dem eine Dokumentation über die Geschichte eines legendären Leipziger Techno-Clubs erzählt wird. Weitere erfolgreiche Crowdfunding-Projekte waren „Geschichten hinter vergessenen Mauern" (12.000 €) und „Die Schlimmsten aller Trolle" (6925 €).

Die Plattform arbeitet ebenfalls nach dem Alles-Oder-Nichts-Prinzip Zahlungen werden per Paypal bzw. Banküberweisung angenommen. Der Unterstützer bevollmächtigt VisionBakery ausdrücklich, die vom Unterstützer gezahlten Beträge für das unterstützte Projekt zu treuen Händen einzuziehen und treuhänderisch zu verwalten. Die Plattform verrechnet eine Gebühr von 11,9 % als Erfolgsprovision, wobei die Provision auf die Finanzierungssumme aufgeschlagen wird.

8.1.5 Inkubato

Inkubato[22] ist eine Berliner Plattform für Kunstinteressierte und ist fokussiert auf die Vermittlung von kreativen, sozialen, lokalen und innovativen Projekten. Inkubato besteht seit Oktober 2010. Inkubato hat sich mit der Realisierung des 25.000-Euro-Budgets des Film-

[21] http://www.visionbakery.com/. Zugegriffen: 23. Mai 2014.

[22] http://www.inkubato.com/de/. Zugegriffen: 23. Mai 2014.

projekts „Bar25“ – in Deutschland der erste Film, der in dieser Größenordnung durch Crowdfunding ermöglicht wurde – einen Namen gemacht. Allerdings ist der Gründer von Inkubato aus dem Kreise des Bar25-Teams und der Film zur Bar war einer der Hauptgründe, warum die Plattform überhaupt gegründet wurde.

Bis zum Ende des Jahres 2012 wurden auf der Plattform Inkubato 86 Crowdfunding-Projekte gestartet, erfolgreich finanziert wurden davon 22 Projekte[23]. Das entspricht einer Quote von 33 % bezogen auf die Gesamtzahl der abgeschlossenen Projekte. Insgesamt wurden über die Plattform Inkubato 99.682 € für Crowdfunding-Projekte eingesammelt. Jedes erfolgreiche Projekt erhielt somit im Durchschnitt eine Finanzierungssumme von 4110 € auf Inkubato. Der Höchstbetrag für ein finanziertes Projekt lag auf Inkubato bei 26.991 € im Januar 2011.

Zum Ende Dezember 2013 wurde die Plattform lt. ihren Betreibern vorübergehend stillgelegt.

8.1.6 Berlin Crowd

Das Geschäftsmodell der Crowdfunding-Plattform Berlin Crowd[24] sieht ein hybrides Modell vor: Die Plattform ermöglicht es, Berliner Vorhaben (Startup Seedfinanzierung, Event-Finanzierung o. Ä.) finanziell zu unterstützen und dafür als Unterstützer entweder Anteile und/oder sonstige Gegenleistungen zu erhalten. Das Kapital, welches über Berlin Crowd aufgenommen werden kann, liegt vorerst zwischen 25.000 und 150.000 €. Der Projektinitiator – beispielsweise ein Startup – kann dabei festlegen, ob er sich durch Spenden, Unternehmensbeteiligungen und/oder durch rewardbasierendes Crowdfunding finanzieren möchte. Die Finanzierung über Unternehmensbeteiligung ist aktuell über stille Beteiligungen oder Genussrechte möglich. Die Finanzierung über Gegenleistungen ist über Produkte und Dienstleistungen möglich, welche dem Projektinitator gleichzeitig ermöglichen, die Crowd als Neukunde und Multiplikator zu gewinnen.

Bevor ein Projekt bei Berlin Crowd freigeschaltet wird, durchläuft es ein mehrstufiges Prüfungsverfahren: Nach positiver Bewertung der Präsentation des Startups (möglichst webbasiert, nachhaltig und mit ausgereiftem Geschäftsmodell), ist ein Businessplan einzureichen. Ein überzeugendes Team, das hinter der Idee steht, ist den Plattformbetreibern ebenfalls wichtig. Im Anschluss hieran wird die Internetpräsentation gestaltet und zur Veröffentlichung freigegeben.

Bevor ein Projekt bei Berlin Crowd startet, wird es zunächst für einen begrenzten Zeitraum vorab online präsentiert. Bei den Projekten wird das Alles-Oder-Nichts-Prinzip angewandt. Das von einem Treuhänder verwaltete Kapital wird dann zu einem zuvor festgelegten Zeitpunkt an das Startup bzw. den Projektinhaber ausgezahlt. Die anfallenden Kosten liegen im Erfolgsfall bei rund 10 % der Finanzierungssumme. Dabei entfallen auf

[23] Die Plattform Inkubato im Überblick: Kapital für kreative Projekte veröffentlicht auf Für-Gründer.de, http://www.fuer-gruender.de/kapital/eigenkapital/crowd-funding/crowd-funding-inkubato/.

[24] http:www.berlincrowd.de.

die Berlin-Crowd-Plattform 5 % Gebühr, die Paypalgebühren betragen rund 3 % für den Treuhänder und für sonstige juristische und betriebswirtschaftliche Beratungsleistungen ist nochmals mit 2 % zu rechnen.

8.1.7 Plattformen für die Musikindustrie: SellaBand

Bei der Plattform SellaBand handelt es sich mit einem Gründungsdatum im Jahre 2006 in den Niederlanden um eine der ersten europäischen rewardbasierenden Crowdfunding-Plattformen überhaupt. Mitte 2010 meldete das Unternehmen trotz nicht unbeträchtlicher erhaltener Venture Capital Mittel Insolvenz an: Nach dem Erwerb durch deutsche Investoren erfolgte in der Folge die Verlegung des Sitzes nach Berlin.

Das Unternehmen hat laut eigenen Angaben bis dato über 4 Mio. € für mehr als 86 Musikprojekte (Stand April 2012) eingesammelt. Laut Aussagen der Verantwortlichen gibt es eine Community von mehr als 80.000 weltweiten *Believern*. Die Künstler bzw. Projektinhaber kommen aus über 100 Ländern, etwa 60 % der eingesammelten Finanzmittel kommen außerhalb der Grenze Deutschlands[25].

SellaBand wendet gleichfalls das Alles-Oder-Nichts-Prinzip an. Eine Besonderheit bei SellaBand ist, das ein *Believer* bei Scheitern eines Projektes sein Geld nicht zurückerhält, sondern seine „Parts[26]" stehen ihm für Unterstützungsleistungen anderer Künstler zur Verfügung – eine Rückzahlung gibt es nicht. Diese Vorgangsweise resultiert aus der momentanen eingeschränkten Disponibilität des von SellaBand genutzten niederländischen Treuhandbankkontos für die Einzahlungen der *Believer.*

Die Zinsen auf dem Treuhandkonto, auf dem die Einzahlungen der Believer gutgeschrieben werden, gehen an SellaBand. SellaBand erhebt auch eine Administrationsgebühr bei den Einzahlungen der „Believer" bzw. verrechnet bei Kreditkartenzahlungen die anfallenden Aufwanden weiter an die Believer.

Laut einer telefonischen Auskunft von Malte Graubner/Productmanager bei SellaBand wird die „Nichtrückzahlung" von den Believern immer wieder kritisiert. Dementsprechend will SellaBand auf eine andere Bezahlmethode umsteigen, die ähnlich wie bei Amazon Payments auf Kickstarter das Geld beim Believer nur reserviert und erst mit Erreichen des Finanzierungsziels tatsächlich das Geld beim *Believer* abgebucht wird.

Im Unterschied zu anderen Musikplattformen wie SonicAngel[27] und My Major Company[28] bei denen es sich um Musikcrowdfunding-Label[29]s handelt, erwirbt SellaBand kei-

---

[25] Markus Franz: „Crowdfunding in der Musikszene: Tobias Lorenz von SellaBand im Interview", veröffentlicht auf netzwelt.de, am 19. Mai 2011, http://www.netzwelt.de/news/86933-crowdfunding-musikszene-tobias-lorenz-sellaband-interview.html. Zugegriffen: 13. Februar 2014.

[26] Jeder Künstler bestimmt seine „Parts" – also den Minimumbeitrag, den ein *Believer* an Unterstützung zahlen will.

[27] http://www.sonicangel.com/. Zugegriffen: 23. Mai 2014.

[28] http://www.mymajorcompany.com/. Zugegriffen: 23. Mai 2014.

[29] Der Unterstützer finanziert das Label und nicht den einzelnen Künstler.

ne Rechte an den Werken der Künstler und sieht sich vor allem als Plattform-Provider. Jeder Künstler kann bei SellaBand Geld einsammeln, um ein Projekt zu finanzieren, egal, ob dies in der Aufnahme einer CD oder auch in der Finanzierung einer Tour, der Finanzierun von Werbemaßnahmen etc. besteht. Damit einhergehend ist das Budget und die den *Believern* angebotene Gegenleistung vom Künstler frei wählbar.

Eine Besonderheit bei SellaBand ist die lange Laufzeit der Projekte (bis zu zwölf Monaten), was dazu führt, dass sehr viele Projekte parallel laufen.

Ist die Aktion erfolgreich, zieht sich SellaBand vor Auszahlung 15 % Provision ab (rein erfolgsabhängig – keine Fixkostenbelastung). Die Projektzielsumme kann zwischen 3000 und maximal 250.000 € liegen. Die Dankeschöns, die von den Künstlern angeboten werden, reichen von einer handsignierten CD zu einer persönlichen Einladung zum Konzert bis zu einem individuellen Konzert für den Geldgeber. Ein Großteil der Projekte auf der Plattform bietet auch einen Anteil an den Verkaufserlösen des finanzierten Projektes (Album, CD usw.) an. Die Verwaltung und prozentuale Verteilung dieses Erlösanteils erfolgt ebenfalls von der Plattform SellaBand.

In einem Interview[30] mit der WIRJETZTHIER-Agentur nimmt Malte Graubner, Productmanager bei SellaBand, Stellung zu verschiedenen Fragen und gibt damit einen guten Einblick in die Funktionsweise dieser Plattform und den gemachten Erfahrungen:

Zur Abschätzung, wie viel Finanzierungssumme erreichbar ist:
Im Musikbereich gibt es oft Newcomer, die sich selber etwas überschätzen. Da wird das Fundingziel zu hoch angesetzt. Man braucht natürlich schon eine gewisse Anzahl an bestehenden Fans, um ein Projekt zu finanzieren. Meine Faustformel lautet: Etwa 5 % deiner bestehenden Fancommunity werden dir für ein Crowdfunding-Projekt Geld geben. Multipliziere diese Zahl dann mit 42 und du weißt ungefähr, wie hoch du dein Funding-Ziel ansetzen kannst. Das ist jetzt aber wirklich nur für den Musikbereich. In allen anderen Bereichen kann das komplett anders sein…

Laut Malte Graubner gibt der *Ersttäter* bei SellaBand im Schnitt 40,00 EUR aus. ... *Natürlich kann jeder selber bestimmen, wie viel er finanzieren lassen möchte. So könnte beispielsweise auch ein Newcomer 20.000 EUR einsammeln. Als Richtwerte für Bands eignen sich aber zwei unterschiedliche Fundraisingsummen. Diese sind abhängig vom Künstlerstatus:a) Newcomer: Mögliche Summen 3000,00 bis 10.000,00 € b) Midlevel-/ AAA-Künstler mit einer möglichen Summe ab 10.000,00 €…*

> *…Das ist eine rein subjektive Einteilung, die ich in einem Seminar von Tim Renner an der Popakademie kennengelernt habe. Ein Newcomer verkauft bis 5000 Alben und hat bis zu 100 Besucher pro Konzert. Ein Midlevelkünstler verkauft bis zu 50.000 Alben und hat bis zu 1000 Besucher pro Konzert. Ein AAA-Künstler (also ein Superstar) verkauft über 50.000 Alben und hat über 1000 Besucher pro Konzert.*

[30] „Bands im Social Web“: Thema „Crowdfunding“ mit Malte Graubner von SellaBand, veröffentlicht auf social-media-seminar.biz am 14. Dezember 2012, http://www.social-media-seminar.biz/?p=1185. Zugegriffen: 13. Februar 2014.

> *...Die dem „Believer" für seine Unterstützung zugesagten „Rewards" beinhalten meist ein Album-Download eine handsignierte CD oder eine exklusive Nennung im Album-Booklet bis zum exklusiven Skype- oder Wohnzimmerkonzert. Das Angebot bestimmt der Künstler selbst, und je ausgefallener und exklusiver es ist, desto besser für das Projekt. Die meisten Künstler bieten ein abgestuftes Modell von Leistungen je nach bezahltem Betrag, beginnend mit 10 € und Steigerung auf 20 €, 50 € usw...*
> *...Generell sollten die Incentives einen additiven Wert haben. Wenn ich Produkte anbiete, die der Fan eh schon im Plattenladen kaufen kann, macht das wenig Sinn. Sinnvoll ist hier eine generelle Personalisierung, d. h. eine handsignierte CD mit Widmung. Des Weiteren sind „Memorabilia" immer gut: gebrauchte Setlisten, signierte Drumsticks, ausgediente Teile der Bühnendeko usw. Aber auch selbstgemachte Dinge kommen gut an: handgeschriebene Texte, eine Postkarte von der Tour oder solche Dinge. Das gute alte Wohnzimmerkonzert ist auch eine immer gern gesehene Sache.*

Interessant sind auch die Aussagen von Malte Graubner zur Bedeutung der Nutzung der Sozialen Medien für die Kampagne des Künstlers:

> *...Eine generelle Faustformel für den Erfolg gibt es kaum. Ich kann nur sagen, dass ich relativ schnell anhand des Engagements eines Künstlers erkennen kann, ob ein Projekt erfolgreich ist. Das Wichtigste im Crowdfunding ist, dass der Künstler zu 100 Prozent hinter dem Projekt und dem Mechanismus des Crowdfundings steht. Crowdfunding heißt auch, die Fans sehr nahe an sich ranzulassen. Schließlich realisieren sie mit einem zusammen das Projekt. Bisher ist es sehr schwer, die „analoge" Welt ins Crowdfunding mit reinzuziehen. Damit meine ich jetzt z. B. Leute bei einem Konzert dazu zu motivieren, später ins Internet zu gehen, das Projekt zu suchen und einzuzahlen. Daher kommt den Social-Media-Kanälen einer Band hier eine sehr große Bedeutung zu. Man muss seine Fans nicht nur aktivieren, sondern auch involvieren. Sie fragen, was sie darüber denken, ob sie Tipps haben usw. Man darf aber auch nicht „That-Guy" werden und jede Stunde etwas über seine Crowdfunding-Aktion posten. Wichtig ist, sich vor Beginn des Projektes schon einen Kommunikationsplan zurechtzulegen. Ein Projekt beginnt meist im innersten Zirkel: Freunde & Familie. Sobald die etwas gegeben haben, sollte man seine Fans um Unterstützung bitten. Und dann kommt der schwierigste Teil: das Death Valley. Sobald alle, die schnell bereit sind, etwas zu geben, auch etwas gegeben haben, wird es wirklich knifflig. Denn dann muss ich fremde Leute überzeugen, mir zu helfen. Daher ist es wichtig, im Vorhinein auf alles vorbereitet zu sein, um auch selbst in schwierigen Phasen nicht die Motivation zu verlieren. Nur wer zu 100 Prozent dahinter steht, Selbstvermarktungsbewusstsein hat und Durchhaltevermögen mitbringt, wird Erfolg haben und sein Projekt mit ausreichender Finanzierung umsetzen können.*

Der Community-Gedanke ist auf der Plattform SellaBand bereits sehr ausgereift: Viele Künstler und Projektinitiatoren sind selber aktive *Believer*. Die zahlreichen und vielfältigen Rankings der Projekte auf der Seite sind wohl ein Musterbeispiel für Crowdrating und erhöhen die Transparenz der Plattform stark.

8.1.8 Plattformen für die Spieleindustrie: Gambitious

Gegründet von Unternehmern aus dem Computerspielebereich will sich die niederländische rewardbasierende Crowdfunding-Plattform Gambitious[31] auf die Computerspieleindustrie konzentrieren.

Der Spielebereich ist eine jener Branchen, mit denen auf Kickstarter in den letzten Jahren große Beträge lukriert werden konnten: Gute Beispiele hierfür sind das Projekt Shadowrun Returns[32], für das über 1,8 Mio. US-$ eingesammelt wurde oder das österreichische Projekt Shadowrun Online[33] von Cliffhanger Productions, für das schlussendlich über 550.000 US-$ eingesammelt werden konnten. Spiele haben meist eine große Fangemeinde und eignen sich daher ausgesprochen gut für Crowdfunding-Aktivitäten.

Genauso wie bei Kickstarter können Entwickler auf der Branchenplattform ihre Projekte vorstellen und von interessierten Spielern vorfinanzieren lassen.

Die Plattform wirbt damit, dass Gambitious, anders als beispielsweise Kickstarter, allen Bedürfnissen und Anforderungen der Spielebranche entspricht. Neben einer vielversprechenden Idee muss jedes Projekt auch eine reelle Chance haben, kommerziell erfolgreich zu sein. Im Rahmen eines formellen Prüfungsverfahrens legen alle Entwickler zudem detaillierte Business- und Marketingpläne vor.

Um Missbrauch auszuschließen, werden die eingereichten Projekte von Computerspielexperten auf Plausibilität hin geprüft. Bei den Projekten wird vor allem Wert auf größtmögliche Transparenz beim Entwicklungsprozess und auf die Seriösität der Entwickler gelegt. Das geistige Eigentum der Developer bei den über die Plattform finanzierten Projekten bleibt dabei aber jederzeit bei den Entwicklern, zu keiner Zeit müssen Rechte an den Projekten und Ideen abgetreten werden.

Gambitious ist wie SellaBand international ausgelegt und will eine zentrale Anlaufstelle für das Crowdfunding von Videospielen weltweit sein.

Analog zu SellaBand will Gambitious zukünftig bei den Incentives zusätzlich zu den üblichen Gegenleistungen für den Geldgeber, wie das Spiel usw., auch einen quotalen Anteil an den Erlösen des Spiels anbieten (revenue share).

Der Charme der Branchen-Plattformen liegt tatsächlich im Know-how der Betreiber, die meist aus der Branche kommen sowie auch im Know-how der Supporter, bei denen es sich großteils um erfahrene Anwender (also Spieler oder Musikinteressierte) handeln

[31] http://www.gambitious.com. Eröffnet im September 2012. Zugegriffen: 21. Mai 2014.

[32] http://www.kickstarter.com/projects/1613260297/shadowrun-returns. Zugegriffen: 13. Februar 2014.

[33] http://www.kickstarter.com/projects/1964352341/shadowrun-online?ref=live. Zugegriffen: 13. Februar 2014.

wird. Dadurch wird ein rascher Ausleseprozess der Projekte bewirkt und die Qualität der angebotenen Projekte erhöht. Damit einhergehend steigt auch die Erfolgswahrscheinlichkeit der Plattform.

Literatur

De Buysere K, Gajda O, Kleverlaan R, Marom D, A Framework for European Crowdfunding (2012) https://d21buns5ku92am.cloudfront.net/26522/documents/17930-1351284179-,FRAMEWORK_EU_CROWDFUNDING.pdf. Zugegriffen: 14. März 2014

Franzen C (2012) Crowd-Funding Website Kickstarter Has Double Million Dollar Day (englisch). TPM. Zugegriffen: 24. Mai 2013

Equitybasierendes Crowdfunding/ Crowdinvesting 9

Crowdfunding is an alternative form of financing that can complement other forms of traditional financing. As it was referred to above, it can contribute to addressing access to finance problems and help start-ups move up the „funding escalator".
– (European Commission 2014)

Einer der Bereiche, dem am meisten Wachstumspotenzial im Crowdfunding vorausgesagt wird, ist das equitybasierende Crowdfunding auch als Crowdinvesting bezeichnet.

Hier geht es im Gegensatz zur Finanzierung von einzelnen Projekten (rewardbasierendes Crowdfunding) um die Finanzierung von Unternehmen durch viele Kleininvestoren, die im Gegenzug für ihre Geldleistung eine Beteiligung am Unternehmensvermögen oder an den Unternehmensergebnissen erhalten.

9.1 Aspekte für das Unternehmen

Die Crowdinvesting-Plattformen adressieren meist junge Unternehmen (Startups), bei denen die Entwicklung von innovativen Web- und Mobile-Applikationen oder E-commerce-Geschäftsmodellen im Fokus stehen (B2C-Geschäftsmodelle). Die Geschäftsidee muss das Potenzial haben, Menschen zu begeistern. Denn neben dem finanziellen Aspekt benötigt auch diese Art des Crowdfundings den unmittelbaren, lebendigen Kontakt zwischen Startups und den Geldgebern und der gemeinsamen Begeisterung für ein Thema.

Wird ein Funding gestartet, hat dies, bedingt auch durch die Viralität des Web 2.0, meist einen sehr positiven Effekt auf den Bekanntheitsgrad des Unternehmens. Crowdinvestoren liefern nicht nur Kapital, sie verbreiten auch die Geschäftsidee des Unternehmens und sorgen für eine massive Steigerung der Visibilität des Unternehmens im Web.

E. Sixt, *Schwarmökonomie und Crowdfunding,* DOI 10.1007/978-3-658-02929-6_9

Beim Crowdinvesting erhalten Unternehmen nicht nur Kapital für eine Gründung, den Aufbau oder das weitere Wachstum, sondern meist bekommen die Unternehmer durch den Crowdfunding-Prozess auch wertvolles Feedback zum Geschäftsmodell bzw. zum Produkt des Unternehmens, sei es von seiten der Plattformbetreiber oder den potenziellen Investoren.

Wie bereits ausgeführt (vgl. Abschn. 5 zur Finanzierung innovativer Unternehmen) ist es besonders für junge Unternehmen in der Anfangsphase sehr schwierig Wachstumskapital zu bekommen, neue Finanzierungsmethoden wie Crowdinvesting könnten eine dementsprechende Alternative sein.

9.2 Aspekte für den Mikroinvestor

Durch das Konzept der kleinen Investitionssummen des Crowdinvestings wird das Business Angel Konzept welches bis dato nur sehr vermögenden Investoren vorbehalten war, allen interessierten Personen zugänglich (Stichwort: Demokratisierung des Mäzenentums). Ein Kleininvestor bekommt durch den Zugang zu Risikobeteiligungen an Unternehmen mit innovativen Geschäftsmodellen erstmals eine Alternative zu traditionellen Anlagemöglichkeiten mit kleineren Investitionssummen geboten und hat gemeinsam mit Experten und vielen anderen Mikroinvestoren die Chance auf hohe Rendite durch Gründungs- und Wachstumsinvestments.

Aufgrund der sehr unterschiedlichen vertraglichen Ausgestaltung der einzelnen Plattformen gilt es sowohl für die Startups als auch für die Investoren, einzelne Angebote kritisch zu vergleichen. Hat ein Investor sich für eine Plattform entschieden und stehen ausreichend Investitionsalternativen zur Auswahl, ist die Möglichkeit der Risikostreuung durch Portfoliobildung ein interessanter Aspekt. Es gilt jedoch stets zu beachten, dass Crowdinvesting üblicherweise der Frühphasenfinanzierung dient und somit uneingeschränkt als Wagniskapital einzustufen ist. Gerade bei unerfahrenen Investoren kann durch Vorauswahl der Startups, detailliert ausgearbeitete Businesspläne und die professionelle Präsentation auf der Plattform schnell der Eindruck entstehen, dass es sich hierbei um ein vermeintlich sicheres Investment handelt.

9.3 Die Rolle der Plattform

Welches Ausmaß an Unterstützung den Startups/Projektinhabern von der jeweiligen Plattform angeboten wird, ist ebenso wie das Ausmaß der durchgeführten Due Diligence Leistungen plattformabhängig und beeinflusst von den jeweils länderspezifisch geltenden Regelwerken.

Die Plattformen stehen den Startups oft beratend zur Seite, stellen üblicherweise letztendlich aber „nur“ die Vermittlung der Beteiligung zwischen den Crowdinvestoren und den Unternehmen sicher. Auf den Crowdinvesting-Plattformen ist eine Registrierung der potenziellen Investoren meist verpflichtend. Voraussetzung für diese ist die Volljährigkeit und die uneingeschränkte Geschäftsfähigkeit (hängt jedoch letztlich immer von der lokalen Gesetzeslage ab). Meist ermöglichen standardisierte Vertragswerke auf den Crowdinvesting-Plattformen eine rasche Abwicklung der Transaktionen.

Die Beratung der Projektinhaber erfolgt vorwiegend in Bezug auf die Vorbereitung der Kampagne, ist aber meist nicht langfristig ausgelegt. Verantwortlich für den Unternehmenserfolg sind stets die Unternehmer selbst.

Die Auswahl der Startups entwickelt sich neben dem Thema der technischen und funktionellen Güte und der Größe des Investorenpools immer mehr zum elementaren Qualitätsfaktor der Plattformen. Das Thema der betriebswirtschaftlichen Due Diligence spielt besonders bei den equitybasierenden Crowdfunding-Plattformen aus Gründen des Anlegerschutzes eine besondere Rolle. Während sich in den USA durch Angabe der Ablehnungsquote die Plattformen damit rühmen, jede Menge Projekte abzulehnen, findet in Europa dieser Ausleseprozess noch nicht in der Form statt.

Der Vorteil der Crowdinvesting-Plattformen liegt vor allem in der erhöhten Transparenz sowohl für die kapitalsuchenden Unternehmen, für die es sehr schwierig sein kann, an ein Venture Capital Netzwerk heranzukommen, als auch für investierende Business Angels, die dadurch vereinfacht an interessante Startups herankommen.

9.3.1 Beispiele für Crowdinvesting-Plattformen

9.3.1.1 Deutsche Plattformen: Seedmatch, Companisto, Innovestment, Bergfürst

Bis Ende Dezember 2013 waren nach dem Crowdinvesting-Bericht der Webseite Für-Gründer.de[1] in Deutschland über deutsche Crowdinvesting-Plattformen 116 Crowdinvesting-Projekte mit einem Gesamtvolumen von exakt 19,71 Mio. € finanziert worden (Abb. 9.1). Ende 2012 betrug das Gesamtvolumen 4,7 Mio. € und damit wurde 2013 ein Anstieg des Finanzierungsvolumens um 250 % erreicht.

Von den gesamten 19,71 Mio. € entfallen mehr als 8 Mio. eingesammeltes Kapital oder 49 % des Gesamtaufkommens auf die Plattform Seedmatch, gefolgt von der Plattform Bergfürst, die im letzten Quartal ihre erste Crowdinvesting-Kampagne für das Wachstumsunternehmen Urbanara mit einem Volumen von 2,9 Mio. € erfolgreich durchführte. Auf Companisto entfallen 17 % Marktanteil (3,3 Mio. €) gefolgt von Innovestment mit 1,4 Mio. € (7 %) Diese vier Plattformen beherrschen den deutschen Markt.

[1] Crowdinvesting-Monitor 2013, veröffentlicht auf Für-Gründer.de, http://www.fuer-gruender.de/kapital/eigenkapital/crowd-investing/monitor/. Zugegriffen: 13. Februar 2014.

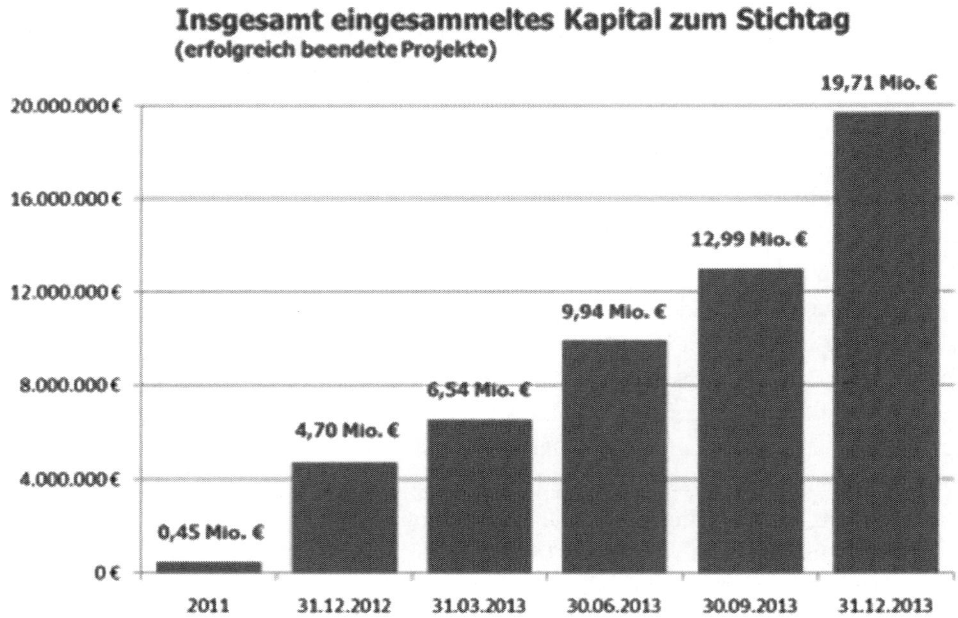

Abb. 9.1 Entwicklung von Crowdinvesting in Deutschland. (Quelle: Crowdinvesting-Monitor. Crowdinvesting-Monitor. http://www.fuer-gruender.de/kapital/eigenkapital/crowd-investing/monitor/, veröffentlicht auf dem Webportal Für-Gründer.de, im Frühjahr 2014. Zugegriffen: 20. März 2014)

Daneben gibt es noch Plattformen wie Deutsche Mikroinvest[2] bankless24[3] United Equity[4] um einige zu nennen, die durchaus interessante Geschäftsmodelle haben, aber bis dato weder bei der Anzahl der Investoren noch bei den finanzierten Startups eine kritische Masse erreicht haben.

2013 lag das durchschnittliche Finanzierungsvolumen je Finanzierungsrunde auf Seedmatch[5] bereits bei 350.000 €; Spitzenreiter war das Projekt E-Volo[6] mit 1,2 Mio. €

Auch auf Companisto werden die Finanzierungsrunden größer – beginnend mit den Projekt tame über 250.000 € bis hin zu Wonderpots, die im dritten Quartal 2013 500.000 € erzielen konnten.

2013 wurden erstmals auch zweite Crowdrunden für Wachstumsunternehmen auf den Plattformen durchgeführt (Seedmatch: Honestly, Front Row Society, miBaby usw.).

[2] https://www.deutsche-mikroinvest.de/. Zugegriffen: 23. Mai 2014

[3] https://www.bankless24.de. Zugegriffen: 23. Mai 2014.

[4] https://www.united-equity.de. Zugegriffen: 23. Mai 2014.

[5] https://www.seedmatch.de/, zuletzt zugegriffen am 23. Mai 2014.

[6] https://www.seedmatch.de/startups/e-volo. Zugegriffen: 31. Mai 2014.

Was die bis dato erfolgreichen Crowdinvesting-Plattformen Seedmatch, Innovestment[7] und Companisto[8] eint, ist der Alles-Oder-Nichts Ansatz, die Konzentration auf meist webbasierte Startups mit skalierbaren Geschäftsmodellen und ihre Konzentration – basierend auf den deutschen rechtlichen Gegebenheiten – auf mezzanine Finanzierungsformen: Sowohl auf Seedmatch als auch auf Companisto gewähren die Investoren den Wachstumsunternehmen betragsmäßig unbeschränkte partiarische Darlehen, also Mezzaninekapital. Damit kann momentan (Stand: Juni 2014), wie bereits durch die Bundesanstalt für Finanzdienstleistungsaufsicht (BaFin)[9] bestätigt, eine umfangreiche und teure Prospekterstellung durch die Startups umgangen werden. Innovestment bietet stille Beteiligungen mit dem Maximumbetrag von 100.000 € an.

Seedmatch, First-Mover im Bereich Crowdfunding für Startups in Deutschland, bietet mit 22.205 (Stand: 13. Februar 2014) registrierten Benutzern die größte Crowd sowie sehr hohe Finanzierungsgeschwindigkeiten. Finanzierungen dauern in der Regel nur wenige Tage bis hin zu wenigen Stunden. Die bisher schnellste Finanzierung eines Startups dauerte auf Seedmatch nur 87 Minuten.

Der Minimuminvestitionsbetrag bei Seedmatch beträgt 250 €. Der durchschnittliche Investor ist 37 Jahre alt und hat auf Seedmatch in 2,13 Startups insgesamt 2.016 € und pro Projekt 945,21 € investiert[10].

Companisto ist bislang die einzige deutsche Crowdinvesting-Plattform, die das Modell einer zwischengeschalteten Beteiligungsgesellschaft vorsieht, was bei einer Mindestbeteiligungshöhe von 5 € – wie Companisto sie vorsieht – auch durchaus angebracht ist. Durchschnittlich beteiligen sich bei den auf Companisto finanzierten Startups über 400 Personen. Die von Companisto finanzierten Unternehmen besetzen damit absolute Spitzenwerte im internationalen Crowdinvesting-Markt. Bei dem auf Companisto finanzierten Unternehmen BetterTaxi[11] waren es fast 500 Investoren. Insgesamt verzeichnet Companisto über 16.000 registrierte Nutzer und Unterstützer auf Facebook[12].

Durch die Zwischenschaltung der Beteiligungsgesellschaft will Companisto im Vergleich zu Innovestment und Seedmatch auch das Problem einer Nachfolgefinanzierung lösen: Zwar steht die Möglichkeit weiterer Finanzierungsrunden auf den Crowdinvesting-

[7] http://www.innovestment.de. Zugegriffen: 23. Mai 2014.

[8] https://www.companisto.com/de/. Zugegriffen: 23. Mai 2014.

[9] Jörg Begner: „Crowdfunding im Licht des Aufsichtsrechts, Was Plattformbetreiber und kapitalsuchende Anbieter von Beteiligungsmöglichkeiten beachten müssen", veröffentlicht am 5. September 2012 auf der Webseite der BaFin, http://www.bafin.de/SharedDocs/Veroeffentlichungen/DE/Fachartikel/2012/fa_bj_2012_09_crowdfunding.html. Zugegriffen: 13. Februar 2014.

[10] Seedmatch in Zahlen, Die aktuelle Entwicklung und der Erfolg von Startup-Crowdfunding bei Seedmatch im 4. Quartal 2013, https://www.seedmatch.de/infografik. Zugegriffen: 13. Februar 2014.

[11] https://www.companisto.de/BetterTaxi. Zugegriffen: 23. Mai 2014.

[12] „Wer bietet welche Vorteile? Crowd-Plattformen im Check: Companisto", veröffentlicht auf VC-Magazin.de am 8. Februar 2013. http://www.vc-magazin.de/aeltere-beitraege-aller-kategorien/item/1864-crowd-plattformen-im-check-companisto. Zugegriffen: 13. Februar 2014.

Plattformen offen (und wird zum Teil auch schon genutzt), jedoch könnte zukünftigen Venture-Capital-Gebern die Idee, sich mit Hunderten Kleinanlegern (Crowdinvestoren) auseinandersetzen zu müssen, nicht gefallen. Die Attraktivität einer Anschlussfinanzierung kann durch die vertragliche Ausgestaltung einer vorangegangenen Finanzierung jedenfalls mittels Crowdinvesting stark beeinflusst werden.

Innovestment bietet eine marktbasierte Unternehmensbewertung. Diese wird durch eine Auktion realisiert, in der stille Beteiligungen der Startups versteigert werden. Auf diese Weise bestimmt die Zahlungsbereitschaft aller interessierten Investoren die Bewertung und letztlich auch die Konditionen des Investments. In der Auktion werden die Einschätzungen einer Vielzahl von Investoren zusammengeführt.

Darüber hinaus gilt bei Innovestment nicht das Prinzip „first come, first served", sodass nicht nur diejenigen Investoren zum Zug kommen, die am schnellsten Anteile zeichnen. Damit soll den Investoren ausreichend Zeit gegeben werden, um sich gründlich mit dem Startup und der Planung auseinanderzusetzen und gegebenenfalls Rückfragen zu klären. Darüber hinaus spricht Innovestment eine sehr spezifische Investorenzielgruppe an. Die überwiegende Zahl an Investoren sind Führungskräfte und wichtige Multiplikatoren des Wirtschaftslebens, sodass die Startups auf Innovestment konstruktives Feedback, Coaching sowie Netzwerkerweiterung bekommen. Vor allem aber führt der im Vergleich zum Wettbewerb höheren Mindestbeitrag von 1000 € zu einer Vorselektion der Investoren.

Bei Seedmatch findet ein Funding idealerweise kurz vor oder nach dem Markteintritt, also in der Seed- oder Startup-Phase, statt. Auch bei Companisto sollten die Startups bereits die Concept-only-Phase hinter sich gelassen haben (vgl. dazu Abschn. 5.2.1. Typische Finanzierungsphasen eines Wachstumsunternehmen).

Die Crowdinvesting-Plattform Bergfürst[13] führte im 4. Quartal 2013 ihr erstes Crowdinvesting durch. Zugelassen durch die Bundesanstalt für Finanzdienstleistung (BaFin) darf Bergfürst demnach die Platzierung und die Anlagevermittlung von Aktien über ihre Webplattform durchführen.

Bergfürst ist damit die erste von der BaFin genehmigte Webplattform, die tatsächlich eine Beteiligung am Grundkapital eines Unternehmens vermittelt.

Bergfürst will sich auf innovative Wachstumsunternehmen konzentrieren, deren Geschäftsmodell jedoch bereits erprobt ist, die bereits entsprechende Umsätze erzielen und einen bereits beträchtlichen Kundenstock aufgebaut haben. Das aufgebrachte Kapital wird von den Unternehmen zur Internationalisierung bzw. für das weitere Wachstum benötigt. Die von Bergfürst begleiteten Unternehmen haben somit bereits eine Round-A-Finanzierung mit Business Angels oder einer Venture Capitalgesellschaft hinter sich. Auch bedingt dadurch, dass die finanzierten Unternehmen ein von der BaFiN genehmigtes Prospekt vorlegen müssen (mit entsprechend damit verbundenen Erstellungskosten), liegt das Minimumfinanzierungsaufkommen bei Bergfürst bei 2 Mio. €. Angestrebt ist ein Volumen zwischen 2 und 5 Mio. € pro Emission. Investoren können ab 250 € Aktien erwerben. Wie bei einem normalen Börsengang gibt es eine Zeichnungsfrist von ein paar Wochen, eine

[13] https://de.bergfuerst.com/. Zugegriffen: 23. Mai 2014.

Preisspanne und ein avisiertes Emissionsvolumen. Das im 4. Quartal 2013 durchgeführte erste Crowdinvesting auf der Plattform brachte einen Emissionserlös von 2,99 Mio. € für das Wachstumsunternehmen Urbanara. Bergfürst will auch das bis dato ungelöste Problem der mangelnden Liquidität der beim Crowdinvesting erworbenen Unternehmensanteile durch Einrichtung eines Marktplatzes für die bei den Crowdinvesting-Kampagnen auf Bergfürst erworbenen Aktien lösen.

Sofern die Kosten der Prospekterstellung und der Kapitalaufbringung auf der Plattform Bergfürst im üblichen Rahmen liegen, bietet Bergfürst nun auch eine Crowdinvesting-Möglichkeit für den Mittelstand Deutschlands.

Unterscheidung der Plattformen hinsichtlich Ausstiegsmöglichkeiten

Grundsätzlich steht bei den Finanzierungen über Crowdinvesting meist weniger der Ausstieg als viel mehr die mittel- bis langfristige Beteiligung mit Laufzeiten zwischen fünf und zehn Jahren an einem Unternehmen im Vordergrund. Danach können die Investoren und das Startup den Exit wählen. Bei Seedmatch hat ein partiarisches Darlehen eine Minimumlaufzeit von fünf Jahren. Auf Innovestment kann die stille Beteiligung erstmals nach drei Jahren gekündigt werden und die Beteiligung von Companisto sieht eine Laufzeit von acht Jahren vor. Angesichts dessen, dass viele der Investoren nicht nur aus altruistischen Motiven, sondern durchaus ertragsorientiert denken, sind diese Laufzeiten sehr lange und stellen aufgrund des noch fehlenden Sekundärmarktes für den Handel dieser Beteiligungsformen ein Problem dar.

Die auf der Plattform Bergfürst erworbenen Aktien sollen zukünftig von den Aktionären jederzeit über den elektronischen Handelsplatz, den Bergfürst betreibt, gehandelt werden. Genau wie die Gründer und bereits involvierten Frühphaseninvestoren können die Crowdinvestoren ihre Aktien im Trade Sale oder bei International Public Offerings (IPO) verkaufen. Anzumerken ist, dass bei den Crowdinvesting-Kampagnen auf Bergfürst analog zu den üblichen Bedingungen bei IPO die Frühphaseninvestoren und das Management meist ein Lock-up für ihre Aktien akzeptieren müssen.

Unterschiedliche Qualitätskriterien der Plattformen

Weder Seedmatch noch Innovestment oder Companisto führen eine rechtliche, wirtschaftliche oder technische Due Diligence bei den Startups ihrer Plattform durch.

Die Unternehmensbewertungen auf Innovestment und Seedmatch werden vom Projektinhaber/Unternehmen festgelegt. Bei Innovestment wird durch den durchgeführten Auktionsprozess die Unternehmensbewertung in der Folge von den Investoren angepasst. Bei Companisto wird der Unternehmenswert durch eine Vielzahl von Faktoren bestimmt, wobei die Bewertung durch Companisto vorgenommen wird.

Zu den Einflussfaktoren zählen dabei lt. Webseite der Companisto u. a.

- die Skalierbarkeit der Geschäftsidee,
- die Qualifikationen des Managements,
- der Businessplan,

- das Marktpotenzial und
- die Wettbewerbssituation.

Es erfolgt eine individuelle Bewertung der Unternehmen und letztendlich entscheiden die *Companisten*, ob sie zu den angebotenen Konditionen in das jeweilige Startup investieren möchten.

Sowohl das Team als auch das Geschäftsmodell müssen letztendlich die potenziellen Investoren, die *Companisten*, überzeugen.

Seedmatch wird bei der Auswahl ihrer Projekte durch ein externes Investmentteam unterstützt und legt eigener Aussage den Fokus auf First-Mover- und Game-Changer-Unternehmen, die zukunftsweisende Technologien und nachhaltige Produkt- und Service-Innovationen im B2C-Bereich entwickeln und anbieten. Auch spannende B2B-Ansätze stehen im Fokus.

Der Kriterienkatalog für Startups, die über Seedmatch finanziert werden möchten, können laut Webseite des Unternehmens wie folgt zusammengefasst werden

- deutliches und einfach verständliches Alleinstellungsmerkmal;
- klarer Kundennutzen;
- tragfähiges und skalierbares Geschäftsmodell;
- Investmentstory, die begeistert;
- ein teilfertiges, besser ein bereits fertig entwickeltes Produkt;
- Produkt oder Dienstleistung stehen für Nachhaltigkeit und Zukunft;
- überdurchschnittliches Wachstumspotenzial;
- mindestens 50.000 € Kapitalbedarf;
- komplementäres Gründerteam;
- ausgearbeiteter Businessplan/Finanzplan/Marketingplan;
- deutliche Unique Selling Proposition (USP);
- Produkte, die von der Unterstützung der Crowd profitieren;
- Fokus: B2C, Cleantech, Social Business.

Unterschied partiarische Darlehen/stille Beteiligungen/Genussrechte
Auch im Hinblick auf die Beteiligung der Investoren am Unternehmenserfolg verfolgen die Crowdinvesting-Plattformen unterschiedliche Konzepte. Gängige Partizipationsformen sind u. a. Zinszahlungen auf das investierte Kapital, Gewinnbeteiligungen am ausschüttbaren Jahresüberschuss sowie Teilhabe am Unternehmenswert und damit an Exit-Erlösen. Denkbar, aber nicht weit verbreitet, ist der Genuss von Vorteilen, die sich durch das Geschäftsmodell ergeben.

Von Seiten der Investoren gilt es kritisch abzuwägen, welches Konzept den eigenen Bedürfnissen am besten entspricht. Hier unterscheiden sich die unterschiedlichen Plattformen teils sehr deutlich. Companisto betont, dass Investoren nicht ausschließlich am Unternehmenserfolg, sondern vor allem auch am Unternehmenswert und an Exit-Erlösen beteiligt werden sollten. *Nur so profitieren die einzelnen Investoren von einem gewinnbringenden Verkauf des Unternehmens, was bei vielen Plattformen nicht der Fall sei*, betonen die Betreiber.

Mitspracherechte auf den Plattformen

Die Mitspracherechte der Investoren sind von der Beteiligungsform abhängig. Da es sich bei dem von Seedmatch, Innovestment und Companisto vermittelten Kapital vor allem um Mezzaninekapital handelt, erhalten die Investoren kein Mitspracherecht. Seedmatch erklärt, dass umfangreiche Mitspracherechte bei einer großen Crowd schwer umzusetzen und bei einem 250-Euro-Investment nicht verhältnismäßig seien. Damit bleibt die Handlungsfähigkeit des Startups gewahrt, da die Investoren keinen direkten Einfluss auf das operative Geschäft haben.

Sowohl bei Seedmatch als auch bei Innovestment besteht eine vertragliche Verpflichtung der Startups, die Investoren regelmäßig in Quartalreportings über aktuelle Entwicklungen zu informieren. Zudem muss der Jahresabschluss den Investoren zur Verfügung gestellt werden.

Seedmatch stellt den Gründern nach dem Funding zusätzlich einen geschlossenen Investor-Relations-Bereich zur Verfügung, zu dem nur die User Zugang haben, die auch tatsächlich investiert haben. Die Gründer können dort die aktuellen Entwicklungen kommunizieren, wichtige Unterlagen zentral ablegen und sich mit den Investoren auch über Themen austauschen, die noch nicht für die Öffentlichkeit bestimmt sind. Gleichzeitig haben die Investoren einen direkten Draht zu den Gründern und können selber Fragen stellen, Kontakte vermitteln oder Anregungen geben, berichtet Seedmatch.

Welche Kosten entstehen im Rahmen eines Fundings?

Alle drei deutschen Plattformen verrechnen ausschließlich eine Erfolgsprovision. Wird die Fundingschwelle nicht erreicht, werden in der Regel keine Kosten in Rechnung gestellt.

Seedmatch und Innovestment erheben ein Erfolgshonorar zwischen 5 und 10 % des aufgebrachten Betrages.

Auch Companisto liegt mit 9 % in einer ähnlichen Größenordnung, weist aber darauf hin, dass die Kosten für die Zahlungsabwicklung hierin bereits enthalten seien. Diese werden bei anderen Anbietern teilweise zugunsten der Außendarstellung aus der Provision herausgerechnet und gesondert in Rechnung gestellt (Abb. 9.2).

9.3.1.2 Plattformen in Großbritannien: Seedrs, Crowdcube

Seedrs[14] ist neben Crowdcube[15] die zweite britische equitybasierende Crowfunding-Plattform, die über eine Genehmigung der britischen Finanzaufsicht verfügt. Jeff Lynn und Carlos Silva gründeten die Plattform erst im Sommer 2012 und haben bis Sommer 2013 1,5 Mio. Britische Pfund (GBP) für 29 Startups über ihre Plattform eingeworben.

Crowdcube wurde 2011 von Luke Lang und Darren Westlake gegründet. Bis Sommer 2013 hatte die Plattform über 10 Mio. GBP für Anteile an 59 Unternehmen erfolgreich vermittelt. 42.979 Investoren haben sich bis dato auf der Plattform registriert. Das durchschnittliche Investment pro Investor beläuft sich auf 2700 GBP.

[14] http://www.seedrs.com. Zugegriffen: 23. Mai 2014.

[15] http://www.crowdcube.com/. Zugegriffen: 23. Mai 2014.

CrowdInvesting Plattformen im Vergleich
Deutschland

Kriterium	Seedmatch	Innovestment	Companisto	Bergfürst	bankless24
zu finanzierendes Unternehmen					
Rechtsform	GmbH, UG	GmbH, UG	GmbH, UG	Aktiengesellschaft	Kapital- und Personen gesellschaften
Sitz des Unternehmens	Deutschland	Deutschland	Deutschland	Deutschland	Deutschland, Österreich Schweiz
Unternehmensphase	Early Stage Phase	Early Stage Phase	Early Stage Phase	Folgefinanzierung für Marktdurchdringung und Markterweiterung	kleine bestehende Unternehmen
Beteiligung					
vermitteltes Kapital	Partiarische Nachrangdarlehen direkte Beteiligung	stille Gesellschaft direkte Beteiligung	partiarische Darlehen indirekt über Companisto-Unterbeteiligungsgesellschaft	Aktie, direkt	Genussrecht, direkt
Qualität des vermittelten Kapitals	Mezzaninkapital	Mezzaninkapital	Mezzaninkapital	Grundkapital	Mezzaninkapital
Wertpapierprospekt erforderlich	nein	nein	nein	ja	nein
Maximalbetrag	1. Finanzierungsrunde: 250 TEURO 2. Finanzierungsrunde: 1 Mio	100 TEURO	unbeschränkt	unbeschränkt (beginnt aber erst ab 2 Mio)	unbegrenzt
Fundingzeit	60 Tage + opt. weitere 60 Tage	4-6 Wochen	2 Monate + optional 2 Monate	3 Wochen	60 Tage + 30 Tage
Plattformgebühren	erfolgsabhängig; je nach Betrag 5 - 10%	erfolgsabhängig 8%	ebenfalls erfolgsabhängig 9% (beinhaltet auch Kosten für Zahlungsabwicklung)	Prozentsatz an Bergfürst (Prospekterstellungskosten sind zu berücksichtigen)	erfolgsabhängig 4- 75
Sekundärmarkt	nein	nein	nein	Ja, wenn Nachfrage vorh.	
Investor					
registrierte Benutzer der Plattformen	>10.000	keine Angaben	keine Angaben	keine Angaben	keine Angaben
Mindestbetrag Investitionssumme	250 Euro	1.000 Euro	5 Euro	250 Euro	100 Euro
Einschränkung auf Nationalität	nein	nein	nein	ja, Identifizierungsprozess muß durchgeführt werden!	nein
Kündigungsmöglichkeit seitens Investoren	5 - 7 Jahre	3 Jahre	8 Jahre	nein	
Rückzahlungsbetrag	Anteiliger Bonuszins auf vertraglich festgelegte Bewertungs-Multiples für EBIT bzw. Umsatz des letzten Jahres	kündigung Investor: Einlage Kündigung des Unternehmers: Unternehmenswert nach IDWS1	anteiliger Unternehmenswert nach IDWS	Verkauf über Plattform möglich	Nominalbetrag
Regelung bei Verkauf	sofortige Exitbeteiligung der Investoren	Verwässerung bei Kapital erhöhung > 10%. Anteilige Beteiligung am Verkaufserlös	jederzeit möglich 3/4 der Investoren müssen zustimmen		

Anmerkungen:
bei allen angeführten Plattformen findet eine Vorauswahl der Projekte durch die Plattformbetreiber statt
bei allen angeführten Plattformen wird das Alles - oder Nichts Prinzip angewandt.
bei allen angeführten Plattformen gibt es keinen Maximalbetrag pro Investor.

Abb. 9.2 Zusammenfassender Vergleich der Plattformen Seedmatch, Innovestment, Companisto, bankless 24

Der Erhalt der Genehmigung der britischen Finanzaufsichtsbehörde (FCA; Financial Conduct Authority) war verbunden mit folgenden Auflagen

- die Investoren müssen bei Registrierung auf der Plattform durch Ausfüllen eines Fragebogens auf die Risiken eines Investments gesondert hingewiesen werden;
- weiters muss je nach Erfahrungswert und Vermögensstand des Investors eine Unterteilung in sophisticated, high-wealth Investor usw. erfolgen.
- Zusätzlich musste die Plattform Crowdcube dem *Financial Services Compensation Scheme (FSCS)* mit einer Art Einlagensicherung (bis 85.000 GBP) beitreten.

Das *Financial Services Compensation Scheme (FSCS)* ist der britische Fonds letzter Instanz für Kunden von Finanzdienstleistungsunternehmen mit Zulassung im Vereinigten Königreich, d. h., der Fonds kann eine Entschädigung leisten, wenn ein solches Unternehmen nicht oder wahrscheinlich nicht in der Lage ist, die gegen das Unternehmen gerichteten Ansprüche zu bedienen. Normalerweise ist das der Fall, wenn es nicht mehr geschäftlich tätig ist oder für zahlungsunfähig erklärt wurde. [16]

Sowie bei Crowdcube richten sich die Investmentangebote bei Seedrs sowohl an vermögende (akkreditierte) als auch an nicht akkredierte Investoren. Bis zu 150.000 GBP kann das einzelne Projekt auf der Plattform Seedrs einwerben, Minimumbetrag ist wie bei Crowdcube 10 GBP. Die Unternehmen müssen kein Prospekt erstellen, sondern unterliegen einer Due Diligence der Plattform.

In der Gebührenstruktur unterscheiden sich die Plattformen beträchtlich: Auf der Plattform Crowdcube fällt eine Erfolgsprovision von 5 % sowie eine fixe Verwaltungsgebühr von 1750 GBP an. Seedrs hingegen verlangt 7,5 % vom eingeworbenen Geld und nochmals 7,5 %, wenn ein Exit aus dem Investment stattfindet.

Seedrs konzentriert sich ausschließlich auf Startups bzw. auf Early-Stage-Wachstumsunternehmen. Dementsprechend wirbt Seedrs damit, nur Unternehmen, bei denen die steuerlichen Vergünstigungen des Seed Enterprise Investment Scheme (SEIS[17]) zur Anwendung kommen, auf ihrer Plattform zu haben. Auf der Crowdcube-Plattform sind Unternehmen der unterschiedlichsten Branchen in den unterschiedlichsten Wachstumsstadien zu finden, sodass sowohl die steuerlichen Vergünstigungen des Enterprise Investment Scheme (EIS[18]) als auch des SEIS für die Investitionen Anwendung finden.

Interessant ist auch, dass Seedrs als Treuhänder für die Investoren handelt, d. h. Seedrs bündelt alle Investoren und beteiligt sich im Namen dieser Investoren in einem Aktienpaket an dem Startup. Seedrs übernimmt damit auch die Stimmrechte der Investoren und kümmert sich auch nach der Auktion, vergleichbar mit einem Venture-Capital-Geber, um

[16] http://www.fscs.org.uk/translated/german/. Zugegriffen: 23. Mai 2014.

[17] http://www.hmrc.gov.uk/seedeis/. Zugegriffen: 23. Mai 2014.

[18] The Enterprise Investment Scheme (EIS) is designed to help smaller higher-risk trading companies to raise finance by offering a range of tax reliefs to investors who purchase new shares in those companies. http://www.hmrc.gov.uk/eis/index.htm. Zugegriffen: 23. Mai 2014.

das Startup. Hinsichtlich dieser Vorgangsweise ist das Modell in etwa vergleichbar mit der deutschen Plattform Companisto.

Bei Seedrs beträgt der Angebotszeitraum drei Monate, während bei Crowdcube innerhalb von 60 Tagen ab Freischaltung des Projektes investiert werden muss.

Da sowohl bei Crowdcube als auch bei Seedrs Beteiligungen schon ab 10 GBP möglich sind, dürfte für Nachfolgefinanzierungen die Treuhandkonstruktion von Seedrs Vorteile aufweisen.

Die Investoren erhalten auf beiden Plattformen meist Aktien ohne Stimmrechte, nur wenige Unternehmen bieten auch Stimmrechtsaktien (A-shares) an. Die Beteiligungsangebote beginnen mit 10.000 GBP und können 1 Mio. GBP übersteigen.

Der Ausleseprozess auf beiden Plattformen beschränkt sich auf eine Eignungsprüfung des Projektes für das Crowdfunding. Voraussetzung für die Teilnahme als Investor ist ein britisches Bankkonto (zu Verifikationszwecken). Der Zahlungsprozess funktioniert über GoCardless Accounts, ein in Großbritannien sehr erfolgreiches online Direct Debitsystem.

Das Thema Sekundärmarkt adressieren momentan weder Crowdcube noch Seedrs.

Exkurs: Details zum Enterprise Investment Scheme (EIS) und dem Seed Enterprise Investment Scheme (SEIS)

Der Erfolg der britischen Crowdinvesting-Plattformen ist stark beeinflusst von der sehr vorteilhaften britischen Steuerregelung für Investitionen in nicht börsennotierte kleine und mittlere Unternehmen in Form des Enterprise Investment Schemes (EIS)[19] und vom Seed Enterprise Investment Scheme (SEIS)[20] für Investitionen in junge innovative Wachstumsunternehmen.

Die gewährten Steuervergünstigungen nach den Bestimmungen des Enterprise Investment Scheme (EIS) sind wie folgt:

- der Investor kann 30 % seines Investitionsbetrages gegen seine Einkommenssteuerschuld aufrechnen. Pro Jahr ist dabei ein Maximuminvestmentbetrag von 1 Mio. GBP gegeben (d. h. bis maximal 300.000 GBP können gegen die Einkommenssteuerschuld aufgerechnet werden). Es gibt diesbezüglich auch eine „Carry Back"-Möglichkeit, d. h. es kann die Steuerschuld des vorigen Jahres durch Investitionen im aktuellen Jahr vermindert werden.
- Veräußerungsgewinne nach der vorgesehenen Behaltefrist von drei Jahren sind zur Gänze kapitalertragssteuerfrei.
- Veräußerungsverluste können abzüglich der bereits geltend gemachten Steuervergünstigung (30 % des investierten Betrages) gegen die sonstigen Einkünfte verrechnet werden.
- Auch die Besteuerung von sonstigen Veräußerungsgewinnen kann durch ein qualifiziertes Investment (EIS) innerhalb eines Jahres aufgeschoben werden.

[19] http://www.hmrc.gov.uk/eis/part1/1-2.htm. Zugegriffen: 1. März 2014.

[20] http://www.hmrc.gov.uk/seedeis/. Zugegriffen: 1. März 2014.

Voraussetzungen für eine Inanspruchnahme der steuerlichen Vergünstigungen sind:

- Die Bilanzsumme des finanzierten Unternehmens darf 12 Mio. GBP nicht übersteigen.
- Das finanzierte Unternehmen (inklusive etwaiger Konzerntochtergesellschaften) darf nicht mehr als 250 Mitarbeiter haben.
- Nicht begünstigte Branchen sind etwa Immobilienmakler, Finanzinstitute usw.
- Es darf sich bei dem Unternehmen um kein an einer Börse gelistetes Unternehmen handeln.
- Innerhalb von zwölf Monaten dürfen dem finanzierten Unternehmen nicht mehr als 5 Mio. GBP Investitionskapital zugeflossen sein.

Das Seed Enterprise Investment Scheme (SEIS) konzentriert sich auf sehr junge Wachstumsunternehmen und sieht folgende Regelungen vor:

- Es muss sich ebenfalls bei dem finanzierten Unternehmen um ein nicht gelistetes Unternehmen handeln, wobei eine Notiz am britischen Alternative Investment Market (AIM) nicht als Börsenotierung gilt.
- Das Unternehmen muss weniger als 25 Angestellte haben.
- Die Bilanzsumme des Unternehmensdarf 200.000 GBP nicht übersteigen.
- Weiters darf das Unternehmen noch keine Venture Capital Trust Investments bekommen haben.
- Der Höchstbetrag an SEIS-Investitionen beträgt 150.000 GBP pro Unternehmen (wobei Förderungen mit zu berücksichtigen sind).
- Das Unternehmen darf nicht älter als zwei Jahre sein.
- Der Investor darf auch hier wieder keine Beteiligung über 30 % haben bzw. auch sonst keine Kontrollrechte besitzen, die Anteile müssen voll eingezahlt sein,
- weiters dürfen keine Sonderrechte gewährt werden (entsprechend der Regelungen beim EIS).

Die steuerlichen Vergünstigungen beim SEIS sind wie folgt:

- Die steuerliche Begünstigung steigt von 30 % auf 50 %, damit kann der Investor seine Einkommenssteuerschuld um 50 % seines Investments reduzieren, wobei das jährliche Maximuminvestment 100.000 GBP beträgt. Es können also bis zu 50.000 GBP gegen die Steuerschuld aufgerechnet werden.
- Veräußerungsgewinne sind vorbehaltlich der Behaltefrist kapitalertragsteuerfrei; Veräußerungsverluste sind analog zu den Regelungen beim EIS zu behandeln.
- Auch die Besteuerung von sonstigen Veräußerungsgewinnen kann durch ein qualifiziertes Investment (SEIS) innerhalb eines Jahres aufgeschoben werden.

Unternehmen, die sich für SEIS qualifizieren, können sich in der Folge auch für EIS qualifizieren.

Exkurs: Situation in den UK und anwendbare Regelungen der FCA

Eine Studie aus dem Dezember 2013 „*The Rise of Future Finance:* The UK Alternative Finance Benchmarking Report“, Liam Collins, Nesta, Richard Swart, University of California, Berkeley, Bryan Zahng, University of Cambridge, zeigt, das der UK Markt für alternative Finanzierungen um 548 Mio. GBP von GBP 492 Mio. 2012 auf GBP 939 Mio. 2013 gestiegen ist. Davon enfallen 310 Mio. auf den Spenden-Bereich, 287 Mio. GBP auf P2P Kredite und 193 Mio GBP auf P2C Kredite, auf Crowdinvesting 28 Mio. GBP und auf das rewardbasierende Crowdfunding 20,5 Mio. GBP 167 Mio. GBP entfiel auf sonstige Finanzierungsformen (z. B. Invoice trading) Insgesamt sind über 1,74 Billionen GBP an britische Einzelpersonen und Unternehmen in den letzten drei Jahren geflossen. Damit führt UK die europäischen Länder an.

2013 haben in den UK 9,4 Mio. Menschen über alternative Finanzierungsmodelle investiert. Die entsprechenden Zahlen für 2012 bzw. 2011 sind 7,69 bzw. 6,35 Mio. Die Steigerungen zeigen eine deutliche Zunahme.

Die von der Financial Conduct Authority mit Wirkung 1. April 2014 festgesetzten Regelungen hinsichtlich der britischen Crowdinvesting Plattformen lassen sich wie folgt zusammenfassen[21]:

- Sämtliche Crowdinvestingplattformen müssen registriert sein bei der FCA und unterliegen ihrer Aufsicht.
- Das 14tägige Widerspruchsrecht des Investors wird festgeschrieben (14 days cooling off period),
- weiters muss wie bisher je nach Erfahrungswert und Vermögensstand des Investors eine Unterteilung in sophisticated, high-wealth Investor oder unexperienced Investor usw. erfolgen.
- Die Crowdinvestingplattformen müssen explizit und im Detail auf die Risiken und Chancen der Veranlagungen hinweisen.
- Das verwendete Werbematerial der auf der Plattform dargestellten Unternehmen als auch der Crowdinvestingplattform selbst darf nicht falsch interpretierbar sein.
- Unerfahrene Investoren dürfen nicht mehr als 10 % ihres verfügbaren Vermögens (net investible investments) in Crowdinvesting-Kampagnen investieren, wobei ein Investor nach zweimaliger Investition in Crowdinvestingprojekte kein unerfahrener Investor mehr ist.
- Es wurde eindeutig festgelegt, dass die Veranlagungen auf den britischen Crowdfundingplattformen nicht gedeckt sind vom britischen Financial Services Compensation Scheme (vergleichbar mit der deutschen *Einlagensicherung*).

[21] Amy Andrew: „FCA announce new crowdfunding and lend-to-save regulation – but what do changes mean for savers and investors?“veröffentlicht auf dem Blog This is money. Co.uk, http://www.thisismoney.co.uk/money/smallbusiness/article-2578112/What-does-new-crowdfudning-P2P-regulation-mean-investors.html. Zugegriffen: 1. Juni 2014.

Einlagensicherung (seltener Guthabensicherung) ist die Bezeichnung für die gesetzlichen und freiwilligen Maßnahmen zum Schutz der Einlagen (Bankguthaben) von Kunden bei Kreditinstituten im Falle der Insolvenz.[22]

9.3.1.3 ASSOB

Die Australian Small Scale Offerings Board (ASSOB)[23] ist die international bis dato erfolgreichste Crowdinvesting-Plattform: Seit 2005 wurden über die Plattform 135 Mio. US-$ für Projekte eingeworben (Stand: Sommer 2013).

Die Fakten zu dieser Plattform per Dezember 2012 sind wie folgt

- Die Plattform[24] wurde 2005 von Paul Niederer gegründet.
- Die Investoren auf dieser Plattform erwerben Aktien an den Unternehmen.
- Unternehmen jeder Branche und in jedem Entwicklungsstadium können ein Crowdinvestingprojekt auf der ASSOB durchführen.
- Die Vorlage eines Prospektes ist nicht notwendig.
- Die Höhe der Finanzierung kann zwischen 50.000 und 5 Mio. US-$ liegen.
- Bis dato (Sommer 2013) gab es 176 gepitchte Projekte seit dem Start der Plattform. 86 % der über die Plattform finanzierten Unternehmen sind noch aktiv.
- Die Anzahl der registrierten Nutzer (Investoren) steigt jährlich um 26 % und ist von 7.444 in 2005 auf 23.859 in 2012 gestiegen.
- Das Angebot richtet sich an (vermögende) akkreditierte Investoren und „Mom and Dad"-Investoren (wobei die australischen Gesetze ein Maximum von 20 *„Mom and Dad"-Investoren* pro Jahr für solche Investments erlauben).

The term *Mum and Dad Investor* is a slang term for essentially an inexperienced investor, or someone who wants to own scks but has little knowledge of the stock market. This term was started by the investment bankers themselves, and has become adapted to refer to basically anyone who is not a professional investor. You sometimes hear it used by politicians when talking about keeping „mum and dad" investors safe from traditional investment bankers.[25]

- ASSOB stellt jedem Projekt einen Sponsor/Coach als Dienstleistung gegen Aufwandersatz zur Verfügung.
- Das durchschnittliche auf der Plattform erzielte Finanzierungsvolumen lag im Herbst 2013 bei 522.915 US-$ für durchschnittlich 21 % am Eigenkapital des finanzierten Unternehmens.

---

[22] http://de.wikipedia.org/wiki/Einlagensicherung. Zugegriffen: 1. Juni 2014.

[23] https://assob.com.au/. Zugegriffen: 31. Mai 2014.

[24] Jonathan Sundlund: „Exploring ASSOB a crowdfunding Model that works", veröffentlicht auf thecrowdcafe.com, am 12. November 2012, http://www.thecrowdcafe.com/exploring-assob-a-crowdfunding-model-that-works/. Zugegriffen: 13. Februar 2014.

[25] As defined by http://afterthealter.com/what-is-a-mum-and-dad-investor/. Zugegriffen: 1. März 2014.

- Die durchschnittliche Anzahl der Investoren pro Projekt lag bei 14 (Herbst 2013); die Höhe des durchschnittlichen Investmens pro Investor beträgt 38.023 US-$.
- Das Business-Modell der Plattform besteht aus der Verrechnung einer Startgebühr sowie monatlich laufenden Gebühren während der Finanzierungslaufzeit und einer Erfolgsgbühr von 1,5 % des aufgebrachten Finanzierungsvolumens.
- Die Plattform verdient vor allem an der Verrechnung von Zusatzdienstleistungen für die Zurverfügungstellung eines Pools von professionellen Beratern und Coaching-Dienstleistern.

Das Besondere an ASSOB ist der ebenfalls auf der Plattform eingerichtete Sekundärmarkt für die Anteile an den Unternehmen (ähnlich wie bei der deutschen Crowdinvesting-Plattform Bergfürst).

9.3.1.4 Schweizer Plattform: c-crowd

Bei c-crowd handelt es sich um eine Schweizer Plattform, die von der Eidgenössischen Finanzmarktaufsicht FINMA[26] lizenziert ist.

Über die Plattform können einerseits innovative Wachstumsunternehmen Aktienbeteiligungen (mit Stimmrechtsanteilen) anbieten: Zugelassen werden Schweizer Aktiengesellschaften, die ein Emissionsprospekt gemäß Art. 652a des Schweizerischen Obligationenrechts erstellen und zur öffentlichen Einsicht auf der Plattform auflegen. Nach einer Plausibilitätskontrolle durch die Plattform und nach Zustimmung des c-crowd-Verwaltungsrates wird das Projekt zur Zeichnung geöffnet. Die verrechneten Gebühren der Plattform betragen zusätzlich zu einer fixen Einstellgebühr 10 % des Emissionserlöses, hinsichtlich Finanzierungsvolumen gibt es nur den Minimumbetrag von 50.000 Schweizer Franken (CHF), jedoch keine Grenze nach oben.

Andererseits bietet c-crowd einen Online-Marktplatz, auf dem sich alle Unternehmen mit Finanzierungsbedarf (unabhängig von Branche, Alter oder Background der Gründer) potenziellen Investoren präsentieren können.

Im Zusammenführen von innovativen Jungunternehmen und Investoren sehen wir den grössten Bedarf und das grösste Potenzial, erläutert Philipp Steinberger, Mitgründer und Verwaltungsratspräsident von c-crowd, den strategischen Fokus Wir öffnen damit nicht nur neue Wege in der Unternehmensfinanzierung, sondern möchten gleichzeitig das Business-Angel-Konzept demokratisieren, indem wir Investoren ermöglichen, schon mit kleineren Investitionssummen Mitbesitzer eines spannenden Unternehmens zu werden und sich somit ein Portfolio solcher Beteiligungen aufbauen zu können.

[26] https://www.finma.ch/d/Seiten/default.aspx. Zugegriffen: 23. Mai 2014.

9.3.1.5 Plattformen, die sich an akkreditierte Investoren wenden: Investiere.ch, MicroVentures (US), SeedUps (UK)

Manche Crowdinvesting-Plattformen sehen Mindestinvestmentbeträge vor, wie beispielsweise die Schweizer Plattform Investiere.ch[27] auf der man erst ab 10.000 CHF aufwärts in Aktien von Unternehmen investieren kann. Das gleiche gilt für viele US-Plattformen beispielsweise wie MicroVentures[28] (US) auf dieser Plattform besteht ein Minimumbetrag von 5000 US-$.

Damit richten diese Plattformen ihr Angebot nicht an die *Crowd*, sondern an wohlhabende Privatinvestoren, Business Angels und Venture Capital Geber In den USA gibt es dafür einen Begriff des *qualifizierten Investors* (US: *accredited Investor*).

Qualifizierte Investoren sind Investmentbanken, Broker und Privatpersonen, die entweder über ein Vermögen von mindestens 1 Mio. US-$ verfügen oder zumindest 200.000 US-$ pro Jahr über die letzten drei Jahre verdient haben.

Accredited Investors

Under the Securities Act of 1933, a company that offers or sells its securities must register the securities with the SEC or find an exemption from the registration requirements. The Act provides companies with a number of exemptions. For some of the exemptions, such as rules 505 and 506 of Regulation D, a company may sell its securities to what are known as „accredited investors.“

The federal securities laws define the term accredited investor in Rule 501 of Regulation D as:

- a bank, insurance company, registered investment company, business development company, or small business investment company;
- an employee benefit plan, within the meaning of the Employee Retirement Income Security Act, if a bank, insurance company, or registered investment adviser makes the investment decisions, or if the plan has total assets in excess of $ 5 million;
- a charitable organization, corporation, or partnership with assets exceeding $ 5 million;
- a director, executive officer, or general partner of the company selling the securities;
- a business in which all the equity owners are accredited investors;
- a natural person who has individual net worth, or joint net worth with the person's spouse, that exceeds $ 1 million at the time of the purchase, excluding the value of the primary residence of such person;
- a natural person with income exceeding $ 200,000 in each of the two most recent years or joint income with a spouse exceeding $ 300,000 for those years and a reasonable expectation of the same income level in the current year; or
- a trust with assets in excess of $ 5 million, not formed to acquire the securities offered, whose purchases a sophisticated person makes. [29]

Auch hinsichtlich der Qualität der zu finanzierenden Unternehmen haben diese Plattformen strenge Regeln: Wie VentureBeat[30] in einem Artikel über MicroVentures im Mai 2013 feststellte, haben es in den letzten zwei Jahren von 2000 Anträgen nur 40 Unternehmen auf die Plattform geschafft.

---

[27] http://www.investiere.ch. Zugegriffen: 23. Mai 2014.

[28] http://www.microventures.com, zuletzt zugegriffan am 23. Mai 2014.

[29] http://www.sec.gov/answers/accred.htm.

[30] http://www.venturebeat.com/. Zugegriffen: 25. Mai 2014.

Sowohl MicroVentures als auch Investiere.ch achten vor allem auf einen intensiven Due-Diligence-Prozess und sehen sich nicht als Frühphaseninvestoren. In einem Interview für deutschestartups.de[31] sagte der CEO von investiere.ch, Steffen Wagner: *Auf Investiere.ch sollen deshalb auch nicht junge Start-ups mit einer neuen, interessanten Idee finanziert werden, sondern Unternehmen, die schon länger unterwegs sind und bereits gewisse Erfolge und eine Erstfinanzierung vorweisen können. Bei Investiere können sie auf eine Folgefinanzierung hoffen, die sich zwischen einigen Hunderttausend € und ca. 1,5 Mio. € abspielt.*

Investiere.ch hat in drei Jahren nach diesem Konzept bis dato 20 Finanzierungen durchgeführt (Stand: Herbst 2013). MicroVentures hat seit 2010 die Brokerlizenz in den USA und hat bis dato (Stand: Herbst 2013) 16 Mio. US-$ an 39 Unternehmen vermittelt. Interessanterweise beteiligen sich beide Plattformen in der Folge am Erfolg des finanzierten Unternehmens: So besteht die Vermittlungsgebühr bei MicroVentures aus 10 % der erlösten Summe und 10 % des realisierten Erlöses beim IPO, Trade Sale bzw. einer weiteren Finanzierungsrunde des finanzierten Unternehmens. Bei Investiere ist die gesamte Vermittlungsprovision der Plattform erfolgsbasiert: 4,5 % des erworbenen Aktienanteils gehen an die Plattform – die damit auch ein Interesse an der erfolgreichen Entwicklung des Unternehmens haben.

SeedUps, die britisch/irische Plattform, fährt ein Mischmodell: Die Plattform richtet sich an Startups in der Frühphase. Die investierten Beträge beginnen bei 1000 GBP. Die Plattform richtet sich momentan jedoch ebenfalls nur an qualifizierte Investoren (qualified High Net Worth Individuals/Sophisticated and Accredited Investors). SeedUps vertraut jedoch im Gegensatz zu Învestiere auf die Crowd, und lässt sie die Due Diligence der Projekte selbst durchführen. Die Projektdauer beträgt für alle Projekte auf SeedUps 180 Tage.[32]

[31] http://www.deutschestartups.de/. Zugegriffen: 25. Mai 2014.

[32] SeedUps Intelligent Crowdfunding, Frequently asked questions Investors, What is SeedUps, The Seedups matching engine uses proprietary algorithms and a patent-pending process to match multiple Investors with Startups who have great ideas. The net result is a fair valuation and strong motivation for both parties. http://www.seedups.com/about/faq/investor.html. Zugegriffen: 13. Februar 2014.

10 Lendingbasierendes Crowdfunding/ Crowdlending

Der Buchhandel wurde durch Amazon revolutioniert und nicht durch Hugendubel. Netflix hat den Filmverleih umgekrempelt und nicht etwa Blockbuster. Neue Marktteilnehmer wie Lendico ermöglichen neue und zugleich bessere Lösungen. Klassische Banken werden in Zukunft zunehmend durch solche Innovationen in Frage gestellt. Lendico sehe ich als Innovationstreiber und in 3 Jahren als sehr präsente und akzeptierte Alternative zum klassischen Bankgeschäft. – (Dominik Steinkühler, Geschäftsführer Lendico)

Auf den Lending-Plattformen gewähren Privatpersonen Kredite an Personen für private Zwecke (P2P) oder an Unternehmen (P2C). Die Kreditgeber erhalten dafür regelmäßige Zinszahlungen, die zum Teil die von den Banken gewährten Guthabenzinsen bei weitem übersteigen.

Speziell den P2P Lendingplattformen wird weltweit ein massives wachstum in den nächsten Jahren vorausgesagt. Die Gründe dafür sind vielfältig

- Banken haben durch die Finanz- und Wirtschaftskrise und der damit offensichtlich gewordenen Intransparenz ihrer Geschäftspraktiken einen massiven Vertrauensverlust in der Bevölkerung erlitten.
- In Deutschland nutzen ca. 12 Mio. Menschen dauerhaft Überziehungskredite bei Finanzinstituten. Zusätzlich borgen sich Schätzungen zufolge in Deutschland Personen privat Monat für Monat eine Gesamtsumme von 3,5 und 5 Mrd. €. Die Überziehungskredite von Banken werden mit durchschnittlich 12 % sehr hoch verzinst.

Interview mit Lendico Gründer Dominik Steinkühler „Klassische Banken werden in Zukunft zunehmend durch Innovationen in Frage gestellt", veröffentlicht auf dem Blog P2P-Kredite,. http://www.p2p-kredite.com/interview-mit-lendico-gruender-dominik-steinkuehler_2013.html#more-1793. Zugegriffen: 1. Juni 2014

E. Sixt, *Schwarmökonomie und Crowdfunding*, DOI 10.1007/978-3-658-02929-6_10

- Im Vergleich dazu sinken jedoch die Renditen auf konventionelle Veranlagungen (Sparguthaben, Anleihen usw.) ständig.
- Schon lange ist bekannt, dass Banken und Kreditinstitute Geld nur an Personen und Unternehmen verleihen, die es eigentlich gar nicht benötigen, beispielsweise weil sie genügend finanzielle Rücklagen haben, um den Kredit abzusichern. So haben in Deutschland nur rund 30 % aus der Altersgruppe bis 25 Jahre Zugang zu einem Dispositionskredit.

Die Crowdlending-Plattformen übernehmen mit ihrem Onlineangebot eine bis dato ausschließlich den Finanzinstituten zugewiesene Aufgabenstellung (Vermittlung von Krediten). Durch den rein internetbasierten Ansatz, bei dem kein Filialnetz unterhalten werden muss, wird eine Verringerung der administrativen Prozesskosten ermöglicht. Aufgrund der geringeren Kostenstruktur können die Online-plattformen auch kleinere Kreditsummen vermitteln, die sich für Banken nicht lohnen. Damit kann den Kreditgebern ein höherer Zinsertrag gezahlt werden, obwohl beim Schuldner für seinen aufgenommenen Kredit einen geringer Zinsaufwand anfällt. Vorteile des Onlinekreditmarktplatzes bestehen auch in einem relativ schnellen Zeitablauf einerseits bezüglich der Entscheidung ob der Kreditanfrage auf der Plattform freigeschalten wird und auch beim Pitch auf der Plattform selbst. Meist dauert das gesamte Prozedere wenige Wochen und ist damit nicht vergleichbar mit mühsamen Bankverhandlungen.

Die Verringerung der administrativen Prozesskosten geht jedoch einher mit der Verlagerung des Risikos des Kreditausfalls auf die Privatperson. Die Höhe des Zinssatzes richtet sich auf den Plattformen nach dem Risikoprofil bzw. der Bonität des Schuldners und nach der Laufzeit des Kredites.

Wie bei den reward- und den equitybasierenden Crowfunding-Plattformen haben sich bei den lendingbasierenden Plattformen inzwischen unterschiedlichste Geschäftsmodelle (z. B. Unterschiede bei den Laufzeiten, bei der Bonitätsprüfung, der Sicherheitengewährung usw.). herausgebildet.

Das grundsätzliche Prinzip ist jedoch unverändert: Der Kreditsuchende stellt auf der Plattform sein Projekt vor und erläutert, wofür er das Geld braucht. Der Kreditgeber kann sich dann entscheiden, ob er den Wohnungsumbau, den Garagenanbau oder die Geschäftsidee des Kreditnehmers finanzieren will. Meist müssen potenzielle Kreditnehmer Dokumente wie Gehaltsabrechnungen oder Arbeitsverträge einschicken, um ihre Angaben zu untermauern. Es gilt auch hier wieder das Alles-Oder-Nichts-Prinzip Nur wenn genügend Kreditgeber sich bereit erklären einen Kredit zu geben, kommt der Kredit zustande, anderenfalls nicht.

Meist vermitteln die Crowdlending-Plattformen unbesicherte Ratenkredite, dadurch können die Abwicklungskosten gesenkt werden, aber das Ausfallrisiko steigt damit. Dem begegnen die Kreditmarktplätze durch erhöhte Anforderungen an die Bonitätsprüfungen der Kreditnehmer. Zur Senkung des Ausfallsrisikos sehen die Kreditplattformen in der Regel eine Diversifikation der Veranlagungen vor, d. h. ein Anleger finanziert nicht eine große Kreditsumme allein, sondern viele Anleger tragen jeweils einen kleinen Betrag zur Finanzierung eines Kredites bei.

Bei der Intensität der Bonitätsprüfungen unterscheiden sich die einzelnen Plattformen, so teilt beispielsweise die deutsche Kredit-Plattform smava.de[1] die Kreditnehmer in Risikoklassen von A bis H (sehr kreditwürdig bis wenig kreditwürdig) ein. Ermittelt werden diese Einstufen mithilfe der Auskunftei SCHUFA[2]. Grundvoraussetzung für die Freischaltung der Kreditanfrage ist auf smava.de ein Monatseinkommen von mindestens 1000 €. Bei Kreditnehmern der Klasse A liegt die Wahrscheinlichkeit, dass sie das Geld nicht zurückzahlen, bei 1,38 %, bei der Klasse H sind es 15,02 %. Je höher das Ausfallrisiko, desto höher die Zinsen. Smava.de verlangt zusätzlich auch noch Einkommensnachweise beim Kreditantrag (mehr zur Kreditplattform smava.de im Abschn. 10.1 Onlinekreditplattformen in Deutschland).

Beim Peer-to-Company-Lending Lending können Kleinunternehmen über Onlinekreditplattformen Fremdkapital bei einer Vielzahl von Privatanlegern einwerben. Private Kreditgeber können auf Basis der einsehbaren Daten eine Entscheidung treffen. Zusätzlich zu den verpflichtenden Angaben zur Bonität seiner Person muss der Kreditwerber entsprechende Informationen zur Vermögens-/Ertrags- und Finanzlage des Unternehmens geben.

Die Plattform übernimmt bis zu einem gewissen Grad die Aufgabe eines Qualitätssicherers, indem die Kreditwürdigkeit geprüft wird. Sie übernimmt gegebenenfalls mit einer Bank als Partner auch die Kreditbetreuung (z. B. Verwaltung und Übermittlung der Zins- und Ratenzahlungen) über die Laufzeit.

Die Erlösmodelle der einzelnen Peer2Peer Lending-Plattformen variieren abhängig vom Ausmaß der angebotenen Dienstleistungen. Servicegebühren für den Kreditnehmer (meist auch abhängig von der Bonitätseinschätzung) fallen jedoch nur dann an, wenn das Kreditgesuch erfolgreich war und der Kredit ausgezahlt wird.

10.1 Onlinekreditplattformen in Deutschland

Im Vergleich zu Großbritannien und den Vereinigten Staaten ist der Crowdlendingmarkt in Deutschland noch massiv unterentwickelt und deckt nur einen Bruchteil des Privatkreditmarkts in Deutschland, der momentan mit einem Volumen von 230 Mrd. pro Jahr[3] beziffert wird.

[1] http://www.smava.de/. Zugegriffen: 23. Mai 2014.

[2] Ausführungen zum Thema Bonität der Kreditnehmer auf dem Blog der Smava.de, http://www.smava.de/747±Bonitaet.html. Zugegriffen: 14. Februar 2014.

[3] Georg Räth, Auxmoney: „Wir glauben an P2P-Kredite und bei uns funktioniert es auch." Veröffentlicht auf Gründerszene.de, am 9. Juli 2012. http://www.gruenderszene.de/interviews/auxmoney-p2p-kredite. Zugegriffen: 10. Oktober 2012.

Als Gründe werden immer wieder angeführt:

- Das Zinsniveau konkurrierender Bankkreditangebote ist deutlich niedriger als beispielsweise in den UK oder in den USA, d. h. die deutschen P2P-Kreditmarktplätze können daher Kreditnehmern nur geringe oder keine Wettbewerbsvorteile bieten.
- Dadurch haben deutsche P2P-Kreditplattformen tendenziell höheren Marketingaufwand, um Kreditnehmer zu gewinnen.Die Geschäftsprozesse bei den existenten deutschen Crowdlending-Plattformen sind noch nicht optimiert: Der Ansatz, wenig eigene Prüfungen der Kreditnehmerangaben durchzuführen und auf externe Ratingagenturen zurückzugreifen, birgt das Risiko erhöhter Ausfallraten, während eine detaillierte Prüfung aller Anträge die Transaktionskosten erhöht und die Konversionsrate von Anträgen zu Krediten stark senkt.
- Fehlende Liquidität. Im Gegensatz zu den Kreditnehmern gibt es für die Anleger bei den beiden deutschen Marktplätzen nicht die Möglichkeit eines vorzeitigen Ausstiegs. Anders als bei manchen ausländischen Anbietern gibt es keinen Zweitmarkt, an dem Kredite gehandelt werden.

Die größte Onlinekreditplattform Deutschlands **smava.de** wurde 2007 gegründet und arbeitet seit August 2012 mit zwei Kreditmarktplätzen[4]:

- Auf dem offenen Kreditmarktplatz richtet sich der Kreditantrag des Kreditwerbers auch an eine Vielzahl von mit der Onlineplattform smava.de kooperierenden Direktbanken, Filialbanken und Onlinebanken.
- Bei Nutzung des zweiten Kreditmarktplatzs smavaprivat werden nur Sofortkreditangebote von Privaten eingeholt.

Smava.de arbeitet aus finanzmarktaufsichtsrechtlichen Gründen für die Abwicklung der Smavaprivat Kredite mit der Fidor Bank AG[5] zusammen. Die Fidor Bank vergibt dabei die von den Anlegern zugesagten Kredite und verkauft diese ohne Preisaufschlag an die Anleger weiter, wenn das Eigenprodukt „Smavaprivat" gewählt wurde.

Smava hat 2013 den maximalen Kreditbetrag pro Projekt von 50.000 auf 75.000 € erhöht. Gleichzeitig verlängerte smava.de auch die maximale Laufzeit der Kredite auf 120 Monate.

Smava bietet seit 2008 auch die Möglichkeit, gewerbliche Kredite für kleine mittelständische Unternehmen oder Selbstständige einzuwerben, verlangt jedoch die Vorlage von Finanzunterlagen (meist Jahresabschlüsse) der letzten beiden Jahre – insofern ist diese Onlinekreditplattform für junge Unternehmen nicht geeignet.

---

[4] Pressemitteilung smava.de http://www.presseportal.de/pm/65820/2298939/produkterweiterung-um-bankkredite-beschert-online-kreditmarktplatz-smava-de-starkes-wachstum, August 2012.

[5] https://www.fidor.de/. Zugegriffen: 31. Mai 2014.

Ein Kreditgeber kann mindestens 250 € und insgesamt höchstens 100.000 € in Smavaprivat-Kredite investieren.

Die Vermittlungsprovision für die Plattform[6] bei Abschluss eines Smavaprivat-Kreditvertrags ist laufzeitabhängig und beträgt 2,5 % des Kreditbetrags für 36 Monate (mindestens 40 EUR) und 3 % für einen längeren Zeitraum, vom Kreditgeber wird eine Bearbeitungsgebühr von 1,35 % des Gebotspreises verlangt.

Das über die Plattform smava.de bis August 2012 abgewickelte Kreditvolumen liegt bei 70 Mio. €.

Auxmoney[7] ist die zweite große deutsche Plattform für Kredite an Privatpersonen und Selbstständige. Die bekannten und renommierten US-Geldgeber Index Ventures und Union Square Ventures investierten im März 2013 und April 2014 umgerechnet rund 20 Mio. € in diesen Onlinekreditmarktplatz. Diese Plattform stand jahrelang in Kritik aufgrund ihres überhöhten Gebührensystems: Dabei ging es um anfallende fixe Gebühren für die Veröffentlichung eines Kreditprojektes. Diese umstrittene Gebühr wird inzwischen nicht mehr eingehoben.

Es stehen regelmäßig rund 4000 Kreditprojekte auf der Plattform für die Anleger zur Auswahl. Die Kreditgeber können sich mit Beträgen ab 50 €[8] beteiligen. Das niedrige Einstiegsgebot wird mit zwei Argumenten begründet: Zum einem wird so fast jedem ermöglicht, in private Kreditprojekte zu investieren, zum anderen können Anleger sich dadurch ein breit gestreutes Anlageportfolio zusammenstellen. Mit 5000 € können sie in 100 verschiedene Kreditprojekte investieren. Eine perfekte Risikostreuung ist so möglich. Der Zinssatz bei den einzelnen Projekten wird in der Regel im Rahmen einer Reverse-Auktion ermittelt. Dabei können Anleger durch ein Gebot mit niedrigerem Zinssatz auch auf bereits vollständig finanzierte Kredite bieten. Kreditnehmer können ihre Bonität bei Auxmoney mit Bonitätszertifikaten, ausgestellt von Ratingagenturen wie SCHUFA Holding AG, Creditreform e. V. und der zu Bertelsmann gehörenden Arvato AG unterstreichen. Zudem können Kreditwerber zur Verbesserung ihrer Kreditanfrage auch Sicherheiten (momentan nur Personenkraftwagen) anbieten.

Laut einer Pressemitteilung vom Mai 2013 hat die Plattform inzwischen 12.000 Kredite durch mehr als 30.000 Anleger mit einem Volumen von 50 Mio. € finanziert (Newsroom Auxmoney GmbH 2013).

[6] Ausführungen zum Thema Preis- und Leistungsverzeichnis auf dem Blog der Smava.de, http://www.smava.de/1616±Preis--und-Leistungsverzeichnis.html. Zugegriffen: 14. Februar 2014.

[7] http://www.auxmoney.com. Zugegriffen: 14. April 2014.

[8] Wurde inzwischen gesenkt: Auxmoney hat auf den Wettbewerb reagiert und den minimalen Gebotsbetrag von 50 auf 25 € gesenkt. Auch die Mindestgebühr für Anleger von einem 1 € pro Gebot entfällt. Dadurch sinken bei Geboten unter 100 € die Gebühren für Anleger (die prozentuale Gebühr pro Gebot beträgt weiterhin 1 %), hinzugefügt am 1. Juni 2014.

Nach Angaben der Fachzeitschrift Finanztest ist die Zahlungsmoral der Kunden von Onlinekreditportalen in Deutschland ähnlich wie die von Bankenkunden. Die Ausfallquote betrage rund drei Prozent gegenüber 2,5 % bei Bankkrediten (Berliner Zeitung 2013).

Lendico[9] Mit Lendico startete der Inkubator Rocket Internet (siehe auch Abschn. 5.2.2. Informelles Beteiligungskapital) Ende 2013 einen P2P Kreditmarktplatz nach dem Beispiel des US-Kreditvermittlers Lending Club. Die Eigentümer betrachten vor allem eine schnelle europaweite Expansion des Marktplatzes als Erfolgskriterium für das Geschäftsmodell.

Die Plattform ist seit Dezember 2013 in Deutschland, seit Februar 2014 in Spanien, seit Anfang März in Polen und seit April 2014 auch in Österreich online. Kreditnehmer (Zielgruppe sind besonders Freiberufler und Selbstständige) können Geldbeträge zwischen 1000 und 25.000 € bei Laufzeiten bis zu 5 Jahren leihen. Der Mindestanlagebetrag liegt bei 25 €. Die Kreditwürdigkeit bewertet dabei ein Algorithmus, der auf Daten der SCHUFA und der Deutschen Post zurückgreift[10]. Kommt die Gesamtsumme zusammen, wird der Kredit über die Wildcardbank AG ausgezahlt, mit der Lendico kooperiert. Zurückgezahlt werden die Kredite in monatlichen Raten. Lendico verlangt von den Kreditnehmer Servicegebühren abhängig von der Risikoeinschätzung in Höhe von 0,5 bis 4,5 % des Darlehens bei Kreditauszahlung.

Finmar[11] diese deutsche Crowdlending-Plattform konzentriert sich auf den Nischenmarkt Crowd-to-Business/Peer-to-Company-Lending. Unternehmer und Selbstständige mit einem Finanzierungsbedarf von unter 25.000 € können sich auf der Plattform präsentieren. Die Plattform ist mit den ersten beiden Projekten seit Mitte Mai 2014 online.

lendstar.com[12] Bei dieser App-basierten Plattform leihen sich Freunde unter dem Motto „Trust your friends, not banks"! unter Nutzung ihres sozialen Netzwerkes, unabhängig von ihrer finanziellen Gesamtsituation und theoretischen Bonitätsbewertungen, Geld. Die Basisfunktionalität der Smartphone-App ermöglicht es den Benutzern, den Geldbedarf Freunden mitzuteilen und auf der Gegenseite, die Bereitschaft zum Verleihen des Geldes kundzutun. Der Geldtransfer findet dann außerhalb der App via Paypal, Girokonto etc. statt. In einer weiteren Ausbaustufe soll die Funktionalität erweitert und auch der direkte Transfer über die App möglich werden.

[9] https://www.lendico.de/. Zugegriffen: 1. Juni 2014.

[10] Rocket-Kreditmarktplatz Lendico leiht Geld in Österreich (Update: und in Südafrika), übernommen vom Blog gruenderszene.de., http://www.gruenderszene.de/allgemein/lendico-oesterreich. Zugegriffen: 1. Juni 2014.

[11] https://www.finmar.com/projekte.html. Zugegriffen: 14. April 2014.

[12] https://www.lendstar.io/ueber-lendstar/. Zugegriffen: 14. April 2014.

P2P Loan Volume Originated in September 2013
created by P2P-Banking.com

Company	Country	New loans [mio. US$]	vs. previous month	vs last years month
Assetz Capital		1,9	54%	n/a
Auxmoney		4,0	-7%	64%
Comunitae		0,2	39%	157%
Fixura		1,2	-24%	n/a
Folk2Folk		1,4	n/a	n/a
FundingCircle		17,4	-10%	163%
Isepankur		1,2	9%	2588%
Lending Club		203,0	6%	164%
MYC4		0,4	-33%	-3%
Pret d'Union		6,2	28%	n/a
Prosper		33,0	3%	83%
Ratesetter		17,5	2%	230%
Smartika		0,4	50%	n/a
Smava		1,0	-29%	-7%
Squirrl		0,0	0%	-100%
ThinCats		4,9	19%	n/a
Zopa		31,7	-19%	126%

Abb. 10.1 P2P Kreditaufkommen in September 2013. (Quelle: P2P Lending Services – Loan Volumes September 2013. (http://www.wiseclerk.com/group-news/countries/germany-P2P-lending-services-loan-volumes-september-2013/. Zugegriffen: 15. März 2014))

10.2 Onlinekreditplattformen in Großbritannien und den USA

Der Peer2peer- und Peer2Company-Lendingmarkt wächst besonders in den UK mit einer immensen Geschwindigkeit, in den letzten drei Jahren hat sich das Volumen verdreifacht und soll bis 2016 auf 1 Mrd. GBP steigen.

Insbesondere die Nachfrage kleiner und mittlerer Unternehmen nach Krediten auf diesem Markt wächst und übersteigt das Angebot bei weitem (Abb. 10.1).

Der Erfolg dieser alternativen Finanzierungsmethode in den UK ist auch auf die starke Förderung dieser Initiativen durch die Regierung zurückzuführen. So verdoppelt die britische Regierung in einer beispielhaften Initiative (Business Finance Partnership[13]) zur Förderung der Klein- und Mittelunternehmen momentan Kredite an Kleinunternehmen (Maximalhöhe je 20.000 GBP), die über die Onlinekreditmarktplätze Funding Circle und Zopa gewährt werden. Zusätzlich führt auch ein rasches Agieren der britischen Finanzaufsichtsbehörde FCA (Financial Conduct Authority) durch den Erlass von für diese alter-

[13] https://www.gov.uk/government/policies/making-it-easier-to-set-up-and-grow-a-business--6/supporting-pages/encouraging-private-sector-investment. Zugegriffen: 1. Juni 2014.

native Finanzierungsform geltenden Regelungen mit Wirkung zum 1. April 2014,[14] zur Beseitigung von Unsicherheiten und zum erhöhten Vertrauensaufbau in diese Veranlagungsform.

Die von der Financial Conduct Authority mit Wirkung 1. April 2014 festgesetzten Regelungen hinsichtlich der britischen Crowdlending Plattformen lassen sich wie folgt zusammenfassen[15]:

- Sämtliche Crowdlendingplattformen müssen registriert sein bei der FCA und unterliegen ihrer Aufsicht.
- Die einzelnen Crowdlendingplattformen müssen Notfallpläne zur Sicherstellung der ordnungsgemäßen Abwicklung der offenen Kreditverträge erstellen für den Konkurs- oder Liquidationsfall.
- Das 14tägige Widerspruchsrecht des Kreditnehmers und des Kreditgebers wird festgeschrieben (14 days cooling off period).
- Es muss auf die Risiken der Veranlagungen (auch Kreditgewährung wird als Investment gesehen) gesondert hingewiesen werden von den Crowdlendingplattformen.
- Die Crowdlendingplattformen müssen eine Cashreserve von zumindest 50.000 GBP aufbauen, wobei eine Übergangsfrist vorgesehen ist: bis 1. Oktober 2014 müssen 20.000- GBP vorhanden sein, ab 1. April 2017 muss die 50.000 GBP Grenze erfüllt sein. Diese Finanzmittel des Unternehmens sind strikt getrennt zu halten von den Finanzmitteln der Kreditnehmer/geber.
- Es wurde eindeutig festgelegt, dass die Veranlagungen auf einer Crowdlendingplattform nicht gedeckt sind vom britischen Financial Services Compensation Scheme (vergleichbar mit der deutschen *Einlagensicherung*).

Einlagensicherung (seltener Guthabensicherung) ist die Bezeichnung für die gesetzlichen und freiwilligen Maßnahmen zum Schutz der *Einlagen (Bankguthaben)* von Kunden bei *Kreditinstituten* im Falle der *Insolvenz*.[16]

Zopa[17], ein UKKreditmarktplatz für P2P-Kredite, gegründet 2005, hatte Mitte 2013 insgesamt ein Kreditvolumen von 350 Mio. GBP vermittelt. Die Plattform hat sich im Zuge des von der britischen Regierung initiierten Förderprogramms für klein- und mittlere Unternehmen ab Herbst 2013 auch für den P2C Markt geöffnet.

[14] http://www.fca.org.uk/news/the-financial-conduct-authority-outlines-how-it-will-regulate-crowdfunding. Zugegriffen: 1. Juni 2014.

[15] Amy Andrew: „FCA announce new crowdfunding and lend-to-save regulation – but what do changes mean for savers and investors?" veröffentlicht auf dem Blog This is money. Co.uk, http://www.thisismoney.co.uk/money/smallbusiness/article-2578112/What-does-new-crowdfudning-P2P-regulation-mean-investors.html. Zugegriffen: 1. Juni 2014.

[16] http://de.wikipedia.org/wiki/Einlagensicherung. Zugegriffen: 1. Juni 2014.

[17] http://www.zopa.com/. Zugegriffen: 23. Mai 2014.

Die britischen Plattformen überprüfen genauso wie die deutschen Plattformen die Bonität der Kreditsuchenden (zwischen 80 und 90 % der Kreditanträge werden abgelehnt). Als Qualitätskriterium für die Plattformen gilt das Bestreben im Erreichen einer möglichst niedrigen Ausfallrate. Auf Zopa liegt die Kreditausfallrate bei 0,25 % für die letzten drei Jahre.

Die durchschnittliche Höhe der gewährten Kredite ist 3500 GBP, das Durchschnittsalter der Kreditgeber liegt bei über 50 Jahren. Die Durchschnittsrendite der Kreditgeber liegt bei 4,6 % Nettoertrag (nach Gebühr an die Plattform Zopa).

Auf der UK-Plattform **Funding Circle**[18], einer P2C Onlineplattform, gegründet 2010, haben bis Ende Oktober 2013, 54.573 Privatpersonen Kredite an Unternehmen in Höhe von über 152 Mio. GBP gewährt. Die durchschnittliche Nettoertragsrendite liegt bei 5,8 %.

Die Vereinigten Staaten weisen ein Gesamtvolumen von 845 Mrd. US-$ an Kontokorrentkrediten und Kreditkartenverbindlichkeiten zum Ende Juni 2013 auf, was einen Rückgang um 170 Mrd. US-$ gegenüber dem Höchststand 2008 (1.015 Mrd. US-$) bedeutet. Der Rückgang zeigt wie restriktiv die Banken auch in den USA seit der Finanzkrise 2008 bei der Kreditvergabe an Privatpersonen und Unternehmen vorgehen.

In den USA gibt es zwei große P2P-Plattformen: **Lending Club**[19] und **Prosper**.[20] Beide Plattformen haben von der US-Börsenaufsichtsbehörde Securities and Exchange Commission (SEC) eine Genehmigung und bezüglich der über ihre Plattformen gewährten Kredite umfangreiche Berichtspflichten an die SEC. Analog zu den deutschen Plattformen wie smava.de oder Auxmoney arbeiten die US-Plattformen mit Banken bei der Kreditabwicklung zusammen. Lending Club nutzt beispielsweise die in Salt Lake City beheimatete Webbank. Die Crowdlending-Plattform **Lending Club**[21], gegründet 2006 von Renauld Lapanche, hat ein Kreditvolumen von 2 Mrd. US-$ 2013 erreicht, Prosper die zweitgrößte Plattform, gegründet von Chris Larsen 2005, will 2014 ein Kreditvolumen von 500 Mio. US-$ erreichen.

Beide Plattformen haben rigorose Bonitätsanforderungen an die Kreditnehmer und werben mit möglichst niedrigen Kreditausfallsquoten. Lending Club arbeitet mit Technologielösungen, die für jede genehmigte Kreditanfrage einen Zinssatz errechnet und eine Risikoklasse ermittelt. Basierend auf der Risikoklasse und den Vorstellungen des Investors, welchen Zinssatz er mit welchem Kapitaleinsatz erreichen will, wird für jeden Investor ein ädaquates Kreditportfolio zusammengestellt.

Beide Plattformen verlangen einen Minimumkreditscore von 704 bis 850 des Kreditwerbers. 90 % der Bewerber werden abgelehnt. Weitere Voraussetzungen sind ein Mindestalter von 18 Jahren, ein US-Bankkonto und eine Sozialversicherungsnummer. Die Kredit-

[18] http://www.fundingcircle.com. Zugegriffen: 10. März 2014.

[19] http://www.lendingclub.com. Zugegriffen: 10. März 2014.

[20] http://www.prosper.com. Zugegriffen: 10. März 2014.

[21] https://www.lendingclub.com/. Zugegriffen: 1. Juni 2014.

anfrage wird zwei Wochen auf der Webseite gezeigt, es gilt das Alles-Oder-Nichts-Prinzip d. h. kommt der gesamte Kreditbetrag nicht zusammen, wird kein Kredit gewährt.

Die Zinssätze liegen zwischen 6,7 und 35 % für Kredite auf der Plattform Lending Club und 6,04 und 31,34 % auf dem Kreditmarktplatz von Prosper (Stand: Herbst 2013). Die Risikoklasse gibt Auskunft darüber, wie viel Risiko der Kreditgeber bei der Kreditvergabe nimmt. Zum Beispiel hat ein Klasse-A-Darlehen einen niedrigen Zinssatz, was auch ein Signal an die Investoren ist, dass der Kreditnehmer ein geringes Risiko aufweist. Die Abwicklung des Kredites erfolgt über die Webbank, diese zieht dann auch im Auftrag von Lending Club monatlich direkt vom Bankkonto des Kreditnehmers die monatliche Ratenzahlung ein. Beide Webseiten sichern Vertraulichkeit zu – die gesamte Kommunikation zwischen Kreditnehmer und Kreditgeber erfolgt anonymisiert über die Webseite.

Kredite beginnen ab 1000 US-$ bis zum Maximalbetrag von 35.000 US-$. Die Laufzeit der Kredite beträgt drei oder fünf Jahre. Der Kreditnehmer zahlt an die Plattform eine Erfolgsgebühr, abhängig von seiner Risikoklasse von 1,11 bis 5 % (Lending Club), 0,5 bis 4,95 % (Prosper). Der Großteil der Kredite wird für die Umschuldung von Kreditkartenverbindlichkeiten genutzt.

Um sich als Kreditgeber registrieren zu können, ist der Nachweis notwendig, das a) ein jährliches Bruttoeinkommen von mindestens 70.000 US-$ erzielt wird und ein Nettovermögen von mindestens 70.000 US-$ vorhanden ist oder b) ein Nettovermögen von mindestens 250.000 US-$ vorhanden ist. Investiert werden kann ab 25 US-$. Die Kreditgeber zahlen rund 1 % ihrer realisierten Veranlagungserträge an die Plattformen.

Den attraktiven Zinssätzen der Plattformen stehen die geringe Liquidität und das höhere Kreditausfallsrisiko gegenüber. Für das Geschäftsmodell beider Webseiten ist die geringe Höhe der Ausfallraten erfolgskritisch: Die Plattform Prosper zeigt für Juli 2013 eine Ausfallsquote von 5,8 % im Vergleich zu 12,3 % aus 2009. Die Ausfallsquote auf der Onlineplattform Lending Club betrug Ende des ersten Quartals 2013 2,5 %, verglichen mit 6,7 % zum Ende 2009.

Laut den Aussagen von Renauld Lapanche haben die Investoren (Kreditgeber) von Juni 2007 bis Juli 2013 einen durchschnittlichen annualisierten Zinsertrag von 9,5 % erzielt, vergleichbar mit 1 bis 1,5 %, die auf Bankguthaben im gleichen Zeitraum gezahlt wurden. Der durchschnittliche Zinssatz von Prosper für den Zeitraum von Juli 2009 bis Juni 2013 war 9 %.

Obwohl sowohl die Anforderungen an die Bonität und das Kreditmanagement schon sehr ähnlich der Banken funktionieren, ergibt sich offensichtlich durch einen ausgefeilten Technologieeinsatz sowie durch Vermeidung des Aufbaus einer überdimensionierten Infrastruktur doch ein massives Einsparungspotenzial, das an die Kreditnehmer und Kreditgeber in Form besserer Zinskonditionen weitergegeben werden kann.

Nach einer Aussage von Jason Jones, dem Organisator der Konferenz Lendit soll für das Jahr 2016 in den USA ein P2P-Kreditvolumen von 20 Mrd. US-$ erreicht werden (Abb 10.2).

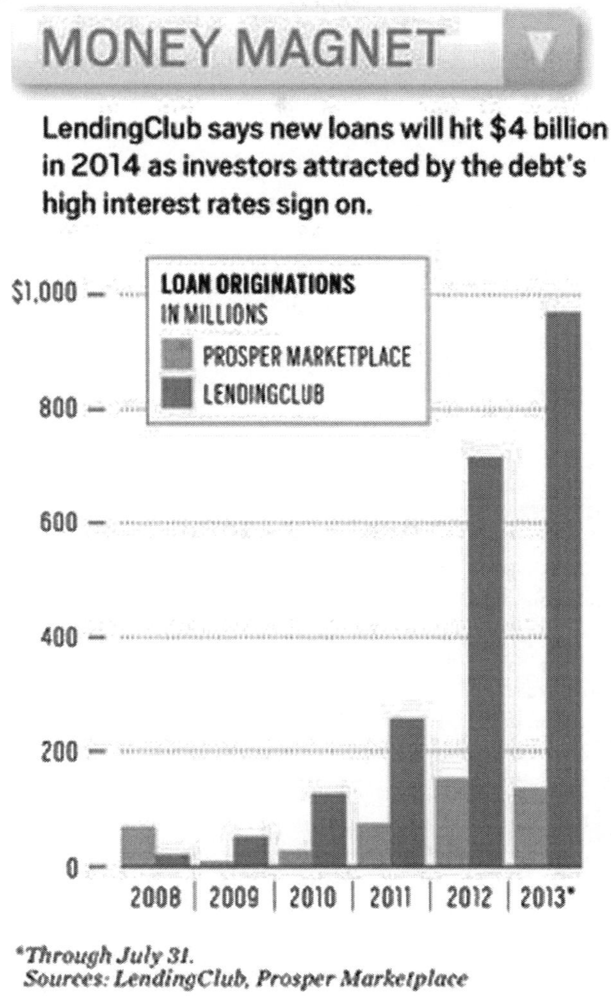

Abb. 10.2 Wachstumsraten vom Lending Club von 2007 bis 2012

10.3 Social-Lending-Plattformen

Zu den lendingbasierenden Plattformen zählen auch die Social-Lending-Plattformen, auf denen die Kreditgeber für die Finanzierung von Entwicklungshilfeprojekte zinsenlose Kredite gewähren.

Bei der wohl bekanntesten Plattform aus diesem Bereich handelt es sich um die Mikrofinanzkreditplattform Kiva.[22] Kiva bedeutet *Einigkeit* auf Swahili – die Plattform verbindet reiche und arme Menschen durch Leihgeschäfte. Zwei Amerikaner, Matt Flannery und Jessica Jackley, gründeten Kiva im Jahr 2005.

[22] http://www.kiva.org. Zugegriffen: 14. April 2014.

Bei der Mikrofinanzierung wird Klein- oder Kleinstunternehmern, meist aus Entwicklungsländern, die aufgrund ihrer persönlichen schlechten Lebensumstände keinen Zugang zu Banken bzw. Krediten haben, ein und zinsenlose Kredit für den Aufbau ihres Unternehmens gewährt. Es handelt sich immer um unbesicherte und zinsenlose Kredite. Die Darlehen werden innerhalb eines Jahres vollständig rückgezahlt. Der Mindesteinsatz liegt bei 25 US-$. Die Zahlungen werden über Paypal abgewickelt.

2006 erhielt die bengalische Grameen-Bank und ihr Gründer Muhammad Yunus für das Konzept der Mikrofinanzierung den Friedensnobelpreis.[23]

Kiva arbeitet mit meist gemeinnützigen Partnerorganisationen zusammen, die vor Ort die Kleinunternehmen identifizieren und in der Folge betreuen. Die Rückzahlungsquote auf Kiva beträgt mehr als 99 %, ist also sehr hoch, auch aufgrund der Tätigkeit dieser Partnerorganisationen.

Literatur

Newsroom Auxmoney GmbH (2013) Auxmoney überzeugt Stiftung Warentest. na Presseportal, die Recherche-Plattform von News Aktuell. http://www.presseportal.de/pm/73113/2478466/auxmoney-ueberzeugt-stiftung-warentest. Zugegriffen: 14. Feb. 2014

Rocket Internet gibt Kredit ohne Bank (2013, 2. Dezember) Berliner Zeitung. http://www.berliner-zeitung.de/wirtschaft/lendico-von-den-samwer-bruedern-rocket-internet-gibt-kredit-ohne-bank-,10808230,25497828.html. Zugegriffen: 1. Juni 2014

[23] http://de.wikipedia.org/wiki/Grameen_Bank. Zugegriffen: 9. Juni 2014.

Hybride Modelle

11

Es entwickeln sich immer mehr Mischmodelle aus den einzelnen Crowdfundingarten die nicht unerwähnt bleiben sollten:

- Royaltybasierende Crowdfunding-Modelle

Dabei bekommt der Geldgeber als Gegenleistung für sein Investment zusätzlich oder ausschließlich einen Anteil der Einnahmen aus dem finanzierten Projekt[1]. Der Projektinhaber muss bei diesem Lizenzmodell keine Anteile seines Unternehmens abgeben, und die Zahlungsverpflichtung tritt erst beim Projekterfolg ein. Interessant könnte dieses Lizenzmodell beispielsweise für Crowdfundingprojekte aus dem Bereich Film, Musik, Spiele und Software entwicklung oder Mode werden. Abwandlungen dieser Modelle sehen auch die Möglichkeit vor, dass die Lizenzgebühren nicht in Geld, sondern in Produkten oder Dienstleistungen zahlbar sind. Dabei steht einem Investment beispielsweise beim Winzer ein Wein-Abo gegenüber.

- Subscription Crowdfunding

In den USA entwickeln sich auch vermehrt Plattformen, auf denen Zahlungen auf regelmäßiger Basis zur Unterstützung kreativer oder karitativer Zwecke geleistet werden.

Ein Beispiel dafür ist Subbable[2] eine Plattform, die sich noch im Beta-Stadium befindet. Die Gründer, John und Hank Grün, sind YouTube-Prominente mit ihren eigenen Kanälen (vlogbrothers, The Lizzie Bennet Diaries). Auf Subbable zahlen YouTube-Fans

[1] Anne-Katrin Mayer: „5 Arten! Royalty-based Crowdfunding erweitert unsere Welt. Post #25", erschienen im Blog finmar, am 28. Juni 2013, http://blog.finmar.com/2013/06/28/5-arten-royalty-based-crowdfunding-erweitert-unsere-welt-post-25/. Zugegriffen: 14. Februar 2014.

[2] https://subbable.com/. Zugegriffen: 23. Mai 2014.

E. Sixt, *Schwarmökonomie und Crowdfunding,* DOI 10.1007/978-3-658-02929-6_11

auf monatlicher Basis und unterstützen auf diese Weise diese YouTube-Serien. Auch die Non-Profit-One-Percent-Donations[3]-Plattform und ihr Giving-Circles-Programm will ein Subscription-Modell[4] anwenden. Hier engagieren sich die Spender mit ihren Freunden und Verwandten in Giving Circles und unterstützen gemeinsam karitative Projekte durch monatlich regelmäßig kleine Beträge. Auf der Subscription-Crowdfunding-Plattform Patreon[5] unterstützt man Künstler nach jedem fertigen Werk, beispielsweise nach einem veröffentlichten Lied oder pro fertiggestellter Geschichte usw.

- Durchführung einer Kampagne auf der eigenen Webseite

Chris Roberts, ein bekannter Computerspiel-Programmierer, hat mit seinem Spiel Star Citizen[6] einen neuen Rekord im Crowdfunding gesetzt: 2012 hat Chris Roberts mit einem Crowdfunding-Projekt für sein PC-Spiel auf der eigenen Webseite begonnen. Die Aktion wurde parallel auf Kickstarter durchgeführt, wobei in 30 Tagen (18. Oktober bis 19. November 2012) über 2,1 Mio. US-$ mit 34.397 Unterstützern eingesammelt wurde. Nach Abschluss des Kickstarterauftritts wurde auf der Webseite von Chris Roberts weiter eingesammelt und das offensichtlich sehr erfolgreich. Insgesamt wurden bis Oktober 2013 über 14,5 Mio. US-$ mit beinahe 216.000 Unterstützern erzielt. Und da Chris Roberts bzw. auch die einzelnen Unterstützer offensichtlich noch weitere Ideen haben, was in seinem Star Citizenonlinespiel noch alles „eingebaut" werden könnte, geht das Sammeln weiter.

Ein Forum, indem die nächsten Entwicklungsschritte mit den Unterstützern besprochen und diskutiert werden, sowie die Möglichkeit eines LiveChats auf der Webseite sind Teil des Erfolgs dieser bisher erfolgreichsten Crowdfunding-Aktion weltweit.

Die Vorgehensweise, mit der Kickstarteraktion genügend Aufmerksamkeit zu erzielen, um dann auf der eigenen Plattform seine Community weiter zu betreuen, ist wohl die Ideallösung.

[3] Cahterine Shu: „The One Percent Foundation, A Non-Profit, Wants To Help Millennials Turn Philanthropy Into A Habit", veröffentlicht auf TechCrunch, am 3. Dezember 2013. Zugegriffen: 2. März 2014.

[4] a payment or promise of payment for consecutive issues of a magazine, newspaper, book, etc., over a specified period of time, Definition übernommen von http://dictionary.reverso.net/english-definition/subscription%20model. Zugegriffen: 2. März 2014.

[5] http://www.patreon.com/. Zugegriffen: 23. Mai 2014.

[6] https://robertsspaceindustries.com/about-the-game. Zugegriffen: 23. Mai 2014.

12 Rechtliche Situation der Crowdfunding-Plattformen

Abhängig von der jeweiligen Ausgestaltung der einzelnen Crowdfunding-Plattform zu den Fragestellungen

- Was erhält der Geldgeber/Unterstützer als Gegenleistung für seine Spende/Unterstützung/Investment?
- Falls finanzielle Gegenleistungen erfolgen, wird Fremdkapital oder Eigenkapital eingeworben und in welche gesellschaftsrechtliche Beteiligungsform liegt vor?
- Auf welche Art und Weise werden Anleger/Kreditgeber/Unterstützer und Projektinhaber/Kreditnehmer zusammengebracht?
- In welcher Weise erfolgt der Transfer des Kapitals?

ergeben sich unterschiedliche rechtliche, aufsichtsbehördliche und steuerliche Konsequenzen für die Projektinhaber, die Investoren/Unterstützer/Kreditgeber und die Crowdfunding-Plattformbetreiber in den einzelnen Ländern. Generell gilt das momentan die vorhandenen Regelwerke in den einzelnen Ländern großteils noch nicht auf die speziellen Gegebenheiten dieser neuen Finanzierungsmethoden entstanden aus dem Web 2.0 eingehen.

Rechtssicherheit zu erreichen für jeden einzelnen Transaktionsschritt des Crowdfundingprozesses ist jedoch offensichtlich einer der kritischen Faktoren um den mittel- und langfristigen Erfolg dieser alternativen Finanzierungsmethode sicherzustellen.

Als kritisch wird von den nationalen Aufsichtsbehörden vor allem der Bereich des Crowdlendings bzw. des Crowdinvestings gesehen, also jene Crowdfundingangebote bei denen finanzielle Gegenleistungen in Form von Zinsen, Unternehmensanteilen oder Anteilen am Unternehmensergebnis gewährt werden. Für diesen Bereich gilt es Regelungen zu finden, die

E. Sixt, *Schwarmökonomie und Crowdfunding,* DOI 10.1007/978-3-658-02929-6_12

einerseits das Potential dieser neuen Finanzierungsmethode erschliessen, andererseits jedoch den unerfahrenen Anleger vor zu hohem Kapitalverlust schützt.

Die einzelnen Länder reagieren auf diese Herausforderung sowohl zeitlich als auch inhaltlich unterschiedlich:

- In Großbritannien verlautbarte die Finanzmarktaufsichtsbehörde (FCA) bereits verbindliche Regelungen hinsichtlich der Crowdlending als auch der Crowdinvesting-Plattformen,
- Die SEC legte inzwischen ebenfalls einen Regelungsentwurf zum CROWDFUND Act (dazu mehr im Abschn. 16) vor.
- Die deutsche Finanzmarktaufsichtsbehörde (BaFin) gab bereits mehrere Stellungnahmen zu den anwendbaren Rechtsvorschriften auch hier speziell zum Crowdinvesting heraus.
- In Österreich wurde die gesetzlich geregelte Prospektmindestgrenze von 100.000 € auf 250.000 € angehoben, ansonsten arbeitet auch hier die Finanzmarktaufsicht mit Stellungnahmen.

12.1 Crowdfunding-Plattformen als Wertpapierdienstleister?

Rechtlich betrachtet, bieten Unternehmen im Rahmen einer equitybasierenden Crowdfunding-Kampagne einer unbestimmten Anzahl von Interessenten im Internet eine Vermögensbeteiligung an ihrem Unternehmen an und machen hierfür über die Sozialen Medien auch Werbung. Hier stellt sich die Frage für den Projektinhaber, ob bedingt durch das Angebot der Anteilspapiere eine Prospektpflicht ausgelöst wird. Zusätzlich ist die Rolle der Crowdfunding-Plattformen bei diesen Transaktionen zu hinterfragen. Stellen die Crowdinvesting-Plattformbetreiber lediglich den virtuellen Raum für die Bewerbung des Investments zur Verfügung oder sind sie nicht auch Vermittler der Investments bzw. als Berater der Unternehmen oder der Investoren zu verstehen?

12.1.1 Rechtliche Basis für die Prospektpflicht der Projektinhaber beim Crowdinvesting in Deutschland

Laut den Entscheidungen der BaFin liegt ein öffentliches Angebot an Wertpapieren bzw. Vermögensanlagen jedenfalls vor, wenn folgende Voraussetzungen erfüllt sind:

- Ein Unternehmen setzt Werbemassnahmen iZm einen Angebot an Wertpapieren.
- Die Anleger werden zielgerichtet angesprochen.
- Es muss eine konkrete Zeichnungsmöglichkeit bestehen.
- Es muss ein Bedürfnis nach Aufklärung durch ein (Verkaufs-)Prospekt bestehen.

Umgelegt auf den Bietprozess beim Crowdinvesting bildet der Businessplan des Emittenten zusammen mit einem Präsentationsvideo die Informations- und Entscheidungsgrundlage für den potenziellen Kleinanleger, sich mit einem bestimmten Mindestbetrag an dem Unternehmen zu beteiligen. Ein Angebot an Investoren über eine öffentlich einsehbare Onlineplattform gilt inzwischen unbestritten als öffentliches Angebot.

Technisch betrachtet, kommt die Beteiligung zustande, indem das öffentliche Angebot online – meist basierend auf einem standardisierten von der Crowdfunding-Plattform zur Verfügung gestellten Vertragswerk – unter Eingabe des Beteiligungsbetrages und der persönlichen Daten des Investors angenommen wird. Mittels plattformabhängiger Zahlungsabwicklung erfolgt zeitgleich oder geringfügig zeitverschoben die Bezahlung des Anlagebetrages.

Bei den auf den deutschen Crowdinvesting-Plattformen bis dato als Gegenleistung für den Beteiligungsbetrag angebotenen Vermögensanlagen bzw. Wertpapieren handelt es sich (Schenk 2012)

- um Aktien (Bergfürst)
- um stille Beteiligungen (Innovestment)
- um Genussrechtskapital (diverse kleine Plattformen)
- um partiarische Darlehen (Seedmatch, Companisto)

Je nach vertraglicher Ausgestaltung der Beteiligungsform ist zu prüfen, ob diese unter die Regelungen des dWertpapierprospektgesetzes oder des dVermögensanlagegesetzes fallen.

Wertpapierprospektgesetz

Wertpapiere im Anwendungsbereich des Wertpapierprospektgesetzes müssen zwingend das „*Merkmal der Handelbarkeit bzw. Übertragbarkeit*" aufweisen (Verbriefung). Entfällt dieses Merkmal, ist die Anwendbarkeit des Wertpapierprospektgesetzes nicht gegeben.

Gemäß § 2 Nr. 4 dWertpapierprospektgesetz versteht man unter einem öffentlichen Angebot jede Mitteilung an das Publikum in jedweder Form und auf jedweder Art und Weise, die ausreichende Informationen über die Angebotsbedingungen und die anzubietenden Wertpapiere enthält, um einen Anleger in die Lage zu versetzen, über deren Kauf oder Zeichnung zu entscheiden.

Die Voraussetzungen eines öffentlichen Angebots bejahend, hat der Anbieter oder Emittent von Wertpapieren nach den Vorschriften des Wertpapierprospektgesetzes generell die Plicht, einen öffentlichen Verkaufsprospekt zu erstellen und sich diesen im Vorfeld von der deutschen Genehmigungsbehörde, der BaFin, billigen zu lassen (sogenanntes Billigungsverfahren, § 13 dWpPG). Dabei prüft die BaFin, ob der Prospekt alle gesetzlich geforderten Mindestangaben enthält und verständlich abgefasst worden ist. Zudem wird sichergestellt, dass der Prospekt keine widersprüchlichen Aussagen aufweist.

Eine Prospektpflicht kann bei einem öffentlichen Angebot für Wertpapiere im Sinne des dWertpapierprospektgesetzes nur entfallen, wenn die Ausnahmetatbestände des § 3 Abs. 2 dWpPG erfüllt sind und sich das Anbot

- ausschließlich an qualifizierte Anleger richtet;

§ 31a WpHG: Professionelle Kunden im Sinne des Satzes 1 sind Unternehmen, die als a) Wertpapierdienstleistungsunternehmen, b) sonstige zugelassene oder beaufsichtigte Finanzinstitute, c) Versicherungsunternehmen, d) Organismen für gemeinsame Anlagen und ihre Verwaltungsgesellschaften, e) Pensionsfonds und ihre Verwaltungsgesellschaften, f) Unternehmen im Sinne des § 2a Abs. 1 Nr. 8, g) Börsenhändler und Warenderivatehändler, h) sonstige institutionelle Anleger, deren Haupttätigkeit nicht von den Buchstaben a bis g erfasst wird.

- in jedem Staat des Europäischen Wirtschaftsraums an weniger als 150 nicht qualifizierte Anleger richtet;
- nur an Anleger richtet, die Wertpapiere ab einem Mindestbetrag von 100 000 € pro Anleger je Angebot erwerben können;
- eine Mindeststückelung von 100.000 € besteht oder
- der Verkaufspreis für alle angebotenen Wertpapiere im Europäischen Wirtschaftsraum weniger als 100.000 € beträgt, wobei diese Obergrenze über einen Zeitraum von zwölf Monaten zu berechnen ist.

Der Schwellenwert von 100.000 € resultiert aus der Umsetzung der EU-Prospektrichtlinie. In Anlehnung an diese Richtlinie wurde bereits die Bagatellgrenze im Verkaufsprospektgesetz festgelegt, die auch im Vermögensanlagegesetz beibehalten wurde.

Vermögensanlagengesetz

§ 1 dVermAnlG definiert den Anwendungsbereich generell mit **Vermögensanlagen**, die im Inland (Deutschland) öffentlich angeboten werden. Insofern werden zunächst all die Vermögensanlagen erfasst, die zwar Wertpapiere im Sinne des § 1 Wertpapierprospektgesetz sind, aber nicht das Merkmal der „Verbriefung“ aufweisen.

Vermögensanlagen sind gemäß § 2 VermAnlG nicht in Wertpapieren im Sinne des Wertpapierprospektgesetz verbriefte

Anteile, die eine Beteiligung am Ergebnis eines Unternehmens gewähren (z. B. stille Beteiligungen)
Anteile an einem Vermögen, das der Emittent oder ein Dritter in eigenem Namen für fremde Rechnung hält oder verwaltet (Treuhandvermögen)
Anteile an sonstigen geschlossenen Fonds
Genussrechte und
Namensschuldverschreibungen.

Nach § 6 dVermAnlG muss ein Anbieter, der im Inland Vermögensanlagen öffentlich anbietet, einen Verkaufsprospekt nach diesem Gesetz veröffentlichen, sofern nicht bereits nach anderen Vorschriften eine Prospektpflicht besteht oder ein Verkaufsprospekt nach den Vorschriften dieses Gesetzes bereits veröffentlicht worden ist.

In § 2 Nr. 3 dVermAnlG sind wiederum folgende Ausnahmen von der Prospektpflicht vorgesehen:

- Angebote, bei denen von derselben Vermögensanlage nicht mehr als 20 Anteile angeboten werden;
- der Verkaufspreis, der im Zeitraum von zwölf Monaten angebotenen Anteile insgesamt 100.000 € nicht übersteigt oder
- der Preis jedes angebotenen Anteils mindestens 200.000 € je Anleger beträgt.

Wendet man die oben dargestellte Gesetzeslage auf die im Crowdinvesting momentan auftretenden relevanten Beteiligungsformen an, handelt es sich nur bei den Aktien, die über die Plattform Bergfürst angeboten werden um Wertpapiere im Sinne des Anwendungsbereichs des dWertpapierprospektgesetzes. Bei den stillen Gesellschaftsanteilen, die momentan über Innovestment bzw. den Genussrechtsscheinen, die z. B. über Funders, vermittelt werden, fehlt das Merkmal der Verbriefung. Daher ist das Vermögensanlagengesetz anzuwenden.

Sohin muss für alle Beteiligungsangebote dieser Ausprägungen, falls das Volumen mehr als 100.000 € übersteigt, ein Börsenprospekt vorgelegt werden.

Die über die Crowdfunding-Plattformen Seedmatch und Companisto angebotenen Beteiligungsmöglichkeiten in der Form partiarischer Nachrangdarlehen fallen momentan (Stand: Juni 2014) weder unter das dWpPG noch unter das dVermAnlG, sodass für die Projektinitiatoren keine Pflicht einer Prospekterstellung besteht und die Mindestgrenze von 100.000 € daher unbeachtlich ist.

12.1.2 Crowdinvesting-Plattformen und die Erlaubnispflichten nach dem dKreditwesengesetz[1]

Nach dem Kreditwesengesetz (§ 32 Absatz 1 Satz 1 dKWG) benötigt derjenige eine schriftliche Erlaubnis der BaFin, der gewerbsmäßig oder in einem Umfang, der einen in kaufmännischer Weise eingerichteten Geschäftsbetrieb erfordert, Bankgeschäfte betreiben oder Finanzdienstleistungen erbringen will.

[1] Jörg Begner: „Was Plattformbetreiber und kapitalsuchende Anbieter von Beteiligungsmöglichkeiten beachten müssen“, veröffentlicht am 5. September 2012. http://www.bafin.de/SharedDocs/Veroeffentlichungen/DE/Fachartikel/2012/fa_bj_2012_09_crowdfunding.html. Zugegriffen: 2. Juni 2014.

Gewerbsmäßigkeit, kaufmännischer Geschäftsbetrieb
Die Betreiber einer Crowdfunding–Plattform betreiben ihre Geschäfte regelmäßig gewerbsmäßig. Gewerbsmäßigkeit liegt vor, wenn die Geschäfte mit der Absicht der Gewinnerzielung verfolgt werden und der Betrieb auf eine gewisse Dauer angelegt ist, wobei insbesondere die Entgeltlichkeit des Geschäfts ein Indiz für die Gewinnerzielungsabsicht ist. Die Geschäfte der Plattformbetreiber sind fast ausschließlich entgeltlich. Regelmäßig erheben die Plattformbetreiber gegenüber dem Initiator jedenfalls für eine erfolgreiche Finanzierung Gebühren. Ob das alternative Erfordernis eines in kaufmännischer Weise eingerichteten Gewerbebetriebs vorliegt, bedarf stets einer Einzelfallprüfung. Voraussetzung hierfür ist, dass die Geschäfte einen derartigen Umfang haben, dass objektiv eine kaufmännische Organisation erforderlich ist. Das kann je nach Umfang der vom Plattformbetreiber getätigten Geschäfte unterschiedlich sein. Sind die Betreiber der „Crowdfunding"–Plattform als Kapitalgesellschaft (GmbH, AG) organisiert, ist das Erfordernis eines in kaufmännischer Weise eingerichteten Gewerbebetriebes kraft Rechtsform jedenfalls erfüllt.

Betreiben des Bankgeschäftes
Bei den derzeit erkennbaren Crowdfunding–Modellen werden – auch nach Einschätzung der BaFin – regelmäßig keine Bankgeschäfte betrieben. Auch das sog. Einlagengeschäft, bei dem unbedingt rückzahlbare Gelder angenommen werden und welches gemäß § 1 Abs. 1 KWG zu den Bankgeschäften gehört, wird in der Regel nicht betrieben.

Erbringung von Finanzdienstleistungen
Der Begriff der Finanzdienstleistungen umfasst

- die Vermittlung von Geschäften über die Anschaffung und die Veräußerung von Finanzinstrumenten (Anlagevermittlung),
- die Anlageberatung, die Anschaffung und die Veräußerung von Finanzinstrumenten im fremden Namen für fremde Rechnung (Abschlussvermittlung),
- und die Platzierung von Finanzinstrumenten ohne feste Übernahmeverpflichtung (Platzierungsgeschäft).

Finanzinstrumente umfassen nach dem Kreditwesengesetz Wertpapiere (definiert nach dem dWpPG; Details dazu unter Abschn. 12.1.1.), Vermögensanlagen (definiert nach dem dVermAnlG; Details dazu unter Abschn. 12.1.1.) und Anteile an Investmentvermögen. Die Anteile an Investmentvermögen sind aufgrund der deutschen Umsetzung der europäischen Richtlinie über alternative Investmentfonds-Manager („AIFM-Richtlinie") zu den Finanzinstrumenten hinzugekommen (Details dazu siehe Abschn. 12.1.6. Exkurs AIFM-Richtlinie).

Die Richtlinie 2011/61/EU über die Verwalter alternativer Investmentfonds, auch *AIFM-Richtlinie* (engl. *AIFMD* für *Alternative Investment Fund Manager Directive*) genannt, ist eine EU-Richtlinie, die am 11. November 2010 vom Europäischen Parlament angenommen wurde.

In dieser Richtlinie werden die Verwalter alternativer Investmentfonds reguliert, die nicht von der OGAW-Richtlinie (UCITS) erfasst wurden. Betroffen sind sowohl Verwalter mit Sitz in der EU als auch Verwalter aus Drittländern, die ihre Fonds in der EU vertreiben möchten.[2]

Wenn es sich bei den angebotenen Unternehmensbeteiligungen um Finanzinstrumente handelt, erbringen die Crowdfunding-Plattformbetreiber unter Umständen entweder die Anlage- oder die Abschlussvermittlung bzw. das Platzierungsgeschäft, bei dem es sich um einen Spezialfall der Abschlussvermittlung handelt. Die Anlagevermittlung erbringt etwa, wer als Bote des Anlegers dessen Willenserklärung, Finanzinstrumente anzuschaffen oder zu veräußern, an denjenigen weiterleitet, mit dem der Anleger ein solches Geschäft abschließen will. Die Botentätigkeit kann auch elektronisch erfolgen: Wer ein EDV-System zur Verfügung stellt, durch das die Willenserklärungen an potenzielle Vertragspartner weitergeleitet werden, betreibt ebenfalls Anlagevermittlung.

Insofern lässt sich festhalten, dass die Crowdfunding-Plattformen jedenfalls Finanzdienstleistungen im Sinne des Kreditwesengesetzes erbringen und dafür grundsätzlich eine Erlaubnis der BaFin benötigen, wenn eine Online-Crowdfunding-Plattform Wertpapiere, Vermögensanlagen oder Anteile an Investmentvermögen vermittelt.[3]

Für die Vermittlung von Wertpapieren (z. B. Aktien) gibt es keine Ausnahmen von der Erlaubnispflicht nach dem Kreditwesengesetz.

Jedoch bieten die meisten deutschen Crowdfunding-Plattformen, vor allem Vermögensanlagen (stille Beteiligungen, Genussrechte usw.) an und diesbezüglich gibt es Ausnahmeregelungen von der Erlaubnispflicht.

Dafür müssen gemäß § 2 KWG die folgenden Voraussetzungen vorliegen:

- Die Tätigkeit der Plattformen muss sich ausschließlich auf die Anlage- und Abschlussvermittlungen
- von Vermögensanlagen im Sinne des § 1 Abs. 2 VermAnlG (oder Anteilen an Investmentvermögen nach dem Kapitalanlagegesetzbuch) beschränken.
- Die Plattformen dürfen weiter dabei weder Eigentum noch Besitz an Geldern oder Anteilen der Kunden erlangen (§ 2 Absatz 6 Satz 1 Nr. 8e KWG).

Werden über eine Plattform also etwa lediglich **stille Beteiligungen** oder **Genussrechte** angeboten und nehmen die Plattformbetreiber nach ihrem Geschäftsmodell keine Gelder von den Anlegern entgegen, unterliegen sie keiner Erlaubnispflicht nach dem deutschen Kreditwesengesetz. Für das Platzierungsgeschäft braucht der Plattformbetreiber auch dann keine Erlaubnis nach dem KWG, wenn er dabei Gelder der Anleger entgegennimmt.

[2] veröffentlicht auf http://de.wikipedia.org/wiki/Richtlinie_2011/61/EU_%C3%BCber_die_Verwalter_alternativer_Investmentfonds. Zugegriffen: 2. März 2014.

[3] „Crowdfunding – die Regulierung hat den Schwarm voll im Griff", veröffentlicht am 27. November 2013 auf der Plattform der Rechtsanwaltskanzlei Osborne Clarke, http://www.osborneclarke.com/connected-insights/publications/crowdfunding-die-regulierung-hat-den-schwarm-fest-im-griff/?lang=de. Zugegriffen: 2. März 2014.

Da es sich bei den partiarischen Nachrangdarlehen Darlehen nach der aktuell geltenden Rechtslage (Stand: Juni 2014) nicht um Vermögensanlagen handelt, besteht momentan für die Crowdinvesting-Plattformen Seedmatch und Companisto keine Erlaubnispflicht nach KWG.

12.1.3 Erlaubnispflicht nach dem Zahlungsdiensteaufsichtsgesetz (ZAG)

Nimmt der Betreiber der Crowdfunding-Plattform selbst keine Gelder von den Anlegern entgegen, erbringt er keine Zahlungsdienste nach dem ZAG. Tut er dies jedoch und leitet er die Gelder an den Projektinitiator weiter, ist die Erlaubnispflicht nach § 8 Absatz 1 Satz 1 ZAG anwendbar.[4]

Obwohl es grundsätzlich denkbar ist, dass die Crowdinvesting-Plattformbetreiber von der Ausnahme für Handelsvertreter nach dem Zahlungsdiensteaufsichtsgesetz Gebrauch machen können, haben neuere Entscheidungen der BaFin gezeigt, dass der Anwendungsbereich dieser Ausnahmeregelung sehr eng ausgelegt wird.

Eine andere Möglichkeit, um die Anforderungen einer Erlaubnis zu vermeiden, wäre, dass der Betreiber der Plattform einen externen Zahlungsdienstleister einbindet, der die Zahlungen abwickelt, was momentan vom Großteil der deutschen Plattformen auch praktiziert wird.

12.1.4 Gewerberechtliche Vorschriften für Crowdinvesting-Plattformen

Relevant für die deutschen Crowdinvesting-Plattformen sind die für die Makler und Anlageberater geltenden Bestimmungen der Gewerbeordnung.

> Nach § 34c Abs. 1 GewO benötigen Anlageberater, Makler usw., die gewerbsmäßig
> 1. den Abschluss von Verträgen über Grundstücke, grundstücksgleiche Rechte, gewerbliche Räume oder Wohnräume vermitteln oder die Gelegenheit zum Abschluss solcher Verträge nachweisen,
> 1a. den Abschluss von Darlehensverträgen vermitteln oder die Gelegenheit zum Abschluss solcher Verträge nachweisen,
> 2. den Abschluss von Verträgen über den Erwerb von Anteilscheinen einer Kapitalanlagegesellschaft oder Investmentaktiengesellschaft, von ausländischen Investmentanteilen, die im Geltungsbereich des Investmentgesetzes öffentlich vertrieben werden dürfen, von sonstigen öffentlich angebotenen Vermögensanlagen, die für gemeinsame Rechnung der Anleger verwaltet werden oder von öffentlich angebotenen Anteilen an einer und von verbrieften Forderungen gegen eine Kapitalgesellschaft oder Kommanditgesellschaft vermitteln,

[4] die in Deutschland Zahlungsdienste als Zahlungsinstitut erbringen wollen – also Gelder von den Anlegern entgegennehmen und diese an den Projektinitiator/das Unternehmen weiterleiten.

> 3. Anlageberatung im Sinne der Bereichsausnahme des § 2 Abs. 6 Satz 1 Nr. 8 des Kreditwesengesetzes betreiben
> zum Betrieb ihres Gewerbes eine Erlaubnis der zuständigen Gewerbebehörde. Die Erlaubnis kann inhaltlich beschränkt und mit Auflagen verbunden werden, soweit dies zum Schutze der Allgemeinheit oder der Auftraggeber erforderlich ist; unter denselben Voraussetzungen ist auch die nachträgliche Aufnahme, Änderung und Ergänzung von Auflagen zulässig.

Die momentan auf den Crowdinvesting-Plattformen vermittelten stillen Beteiligungen oder unverbrieften Genussrechte sind unter § 34c Abs. 1 Ziffer 2 GewO zu subsumieren.

Sofern durch Crowdinvesting-Plattformen Finanzierungen über Nachrangdarlehen oder partiarische Darlehen ermöglicht werden, sind die Tätigkeiten unter § 34c Abs. 1 Ziffer 1a GewO zu subsumieren. Insofern ergibt sich gewerberechtlich eine Erlaubnispflicht auch für die Crowdinvesting-Plattformen Seedmatch und Companisto.

Ab dem 01.01.2013 ist der neu geschaffene § 34f GewO für Finanzanlagenvermittler wirksam: im gegenständlichen Zusammenhang sind folgende Bestimmungen des neuen § 34f GewO relevant:

> (1) Wer im Umfang der Bereichsausnahme des § 2 Absatz 6 Satz 1 Nummer 8 des Kreditwesengesetzes gewerbsmäßig zu
> 1.Anteile oder Aktien an inländischen offenen Investmentvermögen, offenen EU-Investmentvermögen oder ausländischen offenen Investmentvermögen, die nach dem Kapitalanlagegesetzbuch vertrieben werden dürfen,
> 2.Anteile oder Aktien an inländischen geschlossenen Investmentvermögen, geschlossenen EU-Investmentvermögen oder ausländischen geschlossenen Investmentvermögen, die nach dem Kapitalanlagegesetzbuch vertrieben werden dürfen,
> 3.Vermögensanlagen im Sinne des § 1 Absatz 2 des Vermögensanlagengesetzes
> Anlageberatung im Sinne des § 1 Absatz 1a Nummer 1a des Kreditwesengesetzes erbringen oder den Abschluss von Verträgen über den Erwerb solcher Finanzanlagen vermitteln will (Finanzanlagenvermittler), bedarf der Erlaubnis der zuständigen Behörde. Die Erlaubnis kann inhaltlich beschränkt oder mit Auflagen verbunden werden, soweit dies zum Schutz der Allgemeinheit oder der Anleger erforderlich ist; unter denselben Voraussetzungen sind auch die nachträgliche Aufnahme, Änderung und Ergänzung von Auflagen zulässig. Die Erlaubnis nach Satz 1 kann auf die Anlageberatung zu und die Vermittlung von Verträgen über den Erwerb von einzelnen Kategorien von Finanzanlagen nach Nummer 1, 2 oder 3 beschränkt werden.
> … (2) Die Erlaubnis ist zu versagen, wenn …
> 3. der Antragsteller den Nachweis einer Berufshaftpflichtversicherung nicht erbringen kann oder
> 4. der Antragsteller nicht durch eine vor der Industrie- und Handelskammer erfolgreich abgelegte Prüfung nachweist, dass er die für die Vermittlung von und Beratung über Finanzanlagen im Sinne des Absatzes 1 Satz 1 notwendige Sachkunde über die fachlichen und rechtlichen Grundlagen sowie über die Kundenberatung besitzt; die Sachkunde ist dabei im Umfang der beantragten Erlaubnis nachzuweisen.

Die größte Änderung des § 34f GewO gegenüber der alten Rechtslage ist wohl die neu hinzugekommene Notwendigkeit des Abschlusses einer Berufshaftpflichtversicherung und des nun notwendigen Nachweises der Kompetenzen in der Vermögensberatung, die für die Crowdfunding-Plattformen nun gelten. Wobei auch hier anzuführen ist, das für die Vermittlung von partiarischen Nachrangdarlehen auch weiterhin die Bestimmungen des § 34c GewO anwendbar bleiben (Stand: Juni 2014).

12.1.5 Zusammenfassung

Gegenwärtig bestehen in Deutschland hauptsächlich drei Arten von Crowdinvesting-Plattformen.

- Plattformen, die die Ausnahmegenehmigung des § 2 KWG in Anspruch nehmen, diese betreiben ausschließlich Anlage- oder Abschlussvermittlungen v. a. betreffend stiller Beteiligungen und von Genussrechten. Damit die Projektinitiatoren keiner Prospektpflicht unterliegen, liegen die Angebote innerhalb der Prospektmindestgrenze von 100.000 €. Gewerberechtlich liegt jedoch jedenfalls eine Erlaubniserfordernis sowie die Verpflichtung der Einhaltung der entsprechenden gewerberechtlichen Vorschriften vor.
- Crowdinvesting-Plattformen, die eine Erlaubnis der BaFin zur Erbringung von Finanzdienstleistungen nach KWG haben wie Bergfürst. Die auf dieser Crowdinvesting-Plattform gelisteten Unternehmen (ausschließlich Aktiengesellschaften) bieten eine Beteiligung an ihrem Unternehmen in Aktien an und erstellen dementsprechend ein Wertpapierprospekt, das gemäß den Bestimmungen des dWpPG von der BaFin genehmigt werden muss.
- Crowdinvesting-Plattformen, wie Seedmatch und Companisto, bei denen die Geldgeber Mezzaninekapital in Form von partiarischen Nachrangdarlehen an innovative Unternehmer geben und den Betrag verzinst zurückerhalten. Je nachdem, wie das partiarische Nachrangdarlehen im Einzelfall strukturiert ist, ist es betriebswirtschaftlich als Eigen – oder Fremdkapital zu qualifizieren. Partiarische Darlehen werden momentan (Stand: Juni 2014) weder vom dWertpapierprospektgesetz (WpPG) noch vom sdVermögensanlagengesetz (VermAnlG) erfasst, so das weder eine Erlaubnispflicht für die vermittelnde Crowdinvesting-Plattform noch eine Prospektpflicht für das begebende Unternehmen begründet wird. Gewerberechtlich liegt jedoch jedenfalls eine Erlaubniserfordernis sowie die Verpflichtung zur Einhaltung der entsprechenden gewerberechtlichen Vorschriften vor.

12.1.6 Exkurs: Gesetzeslage in Österreich

12.1.6.1 Prospektpflicht in Österreich

Nach dem § 2 Abs. 1 öKMG bedarf ein öffentliches Anbot von (übertragbaren) Wertpapieren oder Veranlagungen im Inland ein durch die FMA (österreichische Finanzmarktaufsichtsbehörde) gebilligtes Prospekt. Ein *öffentliches Angebot* im Sinne des § 1 Abs. 1

öKMG liegt dann vor, wenn eine Mitteilung an das Publikum mit ausreichenden Informationen über die Bedingungen eines Angebotes oder einer Einladung zur Zeichnung erfolgt. Die Mitteilung an das Publikum kann in jedweder Form oder auf jedwede Art und Weise erfolgen.

Gemäß dem § 1 Abs. 3 öKMG sind *Veranlagungen*: „Vermögensrechte, über die keine Wertpapiere ausgegeben werden, aus der direkten oder indirekten Investition vom Kapital mehrerer Anleger auf deren gemeinsame Rechnung und gemeinsames Risiko oder auf gemeinsame Rechnung und gemeinsames Risiko mit dem Emittenten, sofern die Verwaltung des investierten Kapitals nicht durch die Anleger selbst erfolgt."

Ob ein *Anbot im Inland* erfolgt, richtet sich nach dem Marktortprinzip: Maßgeblich ist daher der Ort, wo sich die angesprochenen Marktteilnehmer immer befinden und wo der Anleger im Inland angesprochen wird. Kriterien sind etwa die Verwendung der deutschen Sprache, der Hinweis auf österreichische Besonderheiten und Ansprechpartner in Österreich.

Der Prospekt hat alle Angaben zu enthalten, die es dem Anlegern ermöglichen, sich ein fundiertes Urteil über die Vermögens-, Finanz- und Ertragslage des Emittenten und dessen Entwicklungsaussichten und über die mit den Wertpapieren (oder den Veranlagungen) verbundenen Rechte zu bilden.

§ 3 öKMG definiert verschiedene Ausnahmen von der Prospektpflicht. Keine Prospektpflicht besteht, wenn

- ein Angebot an Anleger gerichtet ist, die mindestens einen Betrag von 250.000 € veranlagen oder die Mindeststückelung 250.000 € beträgt;
- ein Angebot von Wertpapieren oder Veranlagungen, das sich an Anleger richtet, die bei jedem gesonderten Angebot Wertpapiere oder Veranlagungen ab einem Mindestbetrag von 100.000 € pro Anleger erwerben sowie ein Angebot von Wertpapieren oder Veranlagungen mit einer Mindeststückelung von 100.000 €.
- Angebote, die sich an weniger als 150 natürliche oder juristische Personen pro EWR-Vertragsstaat richtet und bei denen es sich nicht um qualifizierte Anleger handelt; und
- allgemeine Angebote, die sich lediglich an qualifizierte Anleger richten.

12.1.6.2 Konzessionspflichtige Bankgeschäfte

Gemäß § 1 Abs. 1 Z 1 öBWG ist die Entgegennahme fremder Gelder zur Verwaltung oder als Einlage ein konzessionspflichtiges Bankgeschäft. Dieser Tatbestand des sog. Einlagegeschäftes wird von der öffentlich rechtlichen Entscheidungspraxis als Auffangtatbestand verwendet. Insbesondere die FMA legt diesen Tatbestand sehr extensiv aus, sodass er möglichst auf alle Arten von Veranlagungsgeschäften, auch jenen des sog. grauen Kapitalmarktes, Anwendung finden soll. Insbesondere die erste Variante des Tatbestandes, nämlich die *Entgegennahme zur Verwaltung* setzt die FMA als Allheilmittel ein. Diese Praxis wurde vielfach auch vom öVerwaltungsgerichtshof mitgetragen. In der Entscheidungspraxis haben sich folgende Kriterien für die Einordnung eines Investitionsmodells als Einlagengeschäft herausgebildet:

Der Konzessionspflicht unterliegen Geschäfte, die

- gewerblich durchgeführt werden;
- bei denen der Anleger eine tatsächliche Verfügungsmacht über Teile seines Vermögens verschafft,
- bei denen die Geltendmachung des Rückforderungsanspruches in der Disposition des Anlegers steht und
- dem Verwalter der fremden Gelder ein Entscheidungsspielraum über deren Einsatz gewährt wird.

In der von der FMA veröffentlichten allgemeinen Information zu Bürgerbeteiligungsmodellen für Verbraucher[5] geht die FMA auf rechtliche Implikationen der einzelnen möglichen Beteiligungsformen ein

Beteiligung an einer Gesellschaft (AG, GmbH, Kommanditgesellschaft, Stille Gesellschaft, Genossenschaft, etc.)

Die Beteiligung an einer Gesellschaft und die Entgegennahme und Verwaltung von Eigenkapital durch diese Gesellschaft, löst keine Konzessionspflicht nach dem BWG aus. Zu beachten ist aber, dass eine Beteiligung grundsätzlich die Teilnahme an Gewinnen und Verlusten miteinschließt.

Beteiligung an einer Gesellschaft unter Ausschluss der Verlustteilnahme
Wird die Verlustteilnahme ausgeschlossen, kann jedoch – z. B. bei der stillen Gesellschaft – der Tatbestand des konzessionspflichtigen Einlagengeschäfts gemäß § 1 Abs. 1 Z 1 öBWG erfüllt sein. Zu beachten ist gleichzeitig eine etwaige Prospektpflicht gemäß öKMG, wenn ein öffentliches Angebot erfolgt, und keine Ausnahme gemäß § 3 öKMG zu Anwendung kommt. Wenn die Investition unter anderem auf gemeinsame Rechnung und auf gemeinsames Risiko mehrerer Anleger und Emittenten erfolgt, dann fallen auch Investitionen in Kommanditgesellschaften und stille Gesellschaften unter den Begriff der Veranlagung gemäß öKMG.

Darlehen
Die Entgegennahme fremder Gelder mit unbedingtem Rückzahlungsanspruch (d. h. mit fixer Verzinsung oder aber zumindest Garantie des Nominalbetrages) auf Grundlage standardisierter Verträge erfüllt den Tatbestand des Einlagengeschäfts gemäß § 1 Abs. 1 öBWG, somit ist eine entsprechende Bankkonzession des Darlehensnehmers nötig.

Qualifiziertes Nachrangdarlehen
Typischerweise nimmt hier ein Unternehmer als Darlehensnehmer eine Vielzahl von Darlehen mit *qualifizierter Nachrangklausel* auf. Vereinbart wird üblicherweise, dass der Dar-

[5] http://www.fma.gv.at/typo3conf/ext/dam_download/secure.php?u=0&file=8157&t=1401803200 &hash=30880547d2852d98ec4c17580114e0eb. Zugegriffen: 2. Juni 2014.

lehensgeber die Rückzahlung des Darlehens und die Zahlung von Zinsen solange und soweit *nicht* verlangen kann, wie sie beim Unternehmer einen Grund für die Eröffnung eines Insolvenzverfahrens herbeiführen würde.

Da die beschriebene Entgegennahme nachrangiger Darlehen keiner Konzession der FMA bedarf, können auch Unternehmen, die nicht der Aufsicht der FMA unterliegen, derartige Geschäfte betreiben. Die Vereinbarung eines qualifizierten Nachrangs bewirkt ebenso, dass Geldgeber für die Vergabe von Nachrangdarlehen keine Konzession der FMA benötigen.

12.1.6.3 Bestimmungen für die Plattformen nach dem öWAG 2007

In Österreich ist das umfassendste Regelwerk für den Schutz von Investoren bei Beratungs- und/oder Vermittlungsdienstleistungen das Wertpapieraufsichtsgesetz 2007 (WAG 2007). Das öWAG 2007 sieht Organisationsvorschriften und Wohlverhaltensregeln vor:

Die **Organisationsvorschriften** bestimmen, welche rechtlichen Voraussetzungen Wertpapierunternehmen einzuhalten haben. Die **Wohlverhaltensregeln** setzen den Standard für die erbrachten Dienstleistungen.

Die Organisationsvorschriften sehen folgende Unterteilung vor:

Vermittlung von Finanzinstrumenten

Die Beratung, Annahme und Übermittlung von Aufträgen (zusammengefasst Vermittlung) von Finanzinstrumenten (übertragbare Wertpapiere z. B. Unternehmensanleihen, sonstige verbriefte Wertpapiere) unterliegt dem Wertpapieraufsichtsgesetz 2007 (öWAG 2007). Nach dem öWAG 2007 ist bei der Vermittlungstätigkeit von Finanzinstrumenten eine eigenständige Konzession als Wertpapierunternehmen oder die Kooperation (als Erfüllungsgehilfe) mit einem Wertpapierunternehmen oder einem Kreditinstitut notwendig. Um als Erfüllungsgehilfe tätig zu werden, ist die Gewerbeberechtigung als Gewerblicher Vermögensberater oder als Wertpapiervermittler notwendig.

Vermittlung von sonstigen Investitionen oder Beteiligungen

Die Gewerbliche Vermögensberatung ist auch zur Beratung, Annahme und Übermittlung von Aufträgen (zusammengefasst Vermittlung) von sonstigen Investitionen oder Beteiligungen (z. B. Genussscheine, stille Beteiligungen usw.) umfassend berechtigt. Unternehmensberater und Immobilientreuhänder sind jeweils eingeschränkt zu derartigen Tätigkeiten berechtigt.

Die Gewerbeberechtigung der Gewerblichen Vermögensberatung erlaubt auch die Vermittlung von Krediten und Finanzierungen.

Zur Ausübung der Gewerblichen Vermögensberatung gemäß § 136a öGewO sind notwendig:

- Nachweis der Befähigung (reglementiertes Gewerbe);
- Bestehende Zuverlässigkeit (Zuverlässigkeitsgewerbe);
- Nachweis des Bestehens eines Vertretungsverhältnisses für die Wertpapiervermittlung (Wertpapiervermittler oder vertraglich gebundener Vermittler);
- Weiterbildungsverpflichtung bei Tätigkeit der Wertpapiervermittlung in der Form des Wertpapiervermittlers;
- Vermögensschadenhaftpflichtversicherung: Die Vermögensschadenhaftpflichtversicherung muss eine Versicherungssumme von mindestens 1.257.505 € für jeden einzelnen Schadensfall und 1.886.258 € für alle Schadensfälle eines Jahres haben.

Anzumerken ist hier, dass in der österreichischen Rechtsordnung und auch von den Höchstgerichten davon ausgegangen, wird, dass einer Vermittlung regelmäßig eine Beratung vorangeht. Der gewerberechtliche Begriff der Vermittlung ist weit gefasst und schließt auch Vorarbeiten mit ein. Wenn z. B. eine Crowdfunding-Plattform Investoren sucht, dann ist dies als eine Vorarbeit zur Vermittlung anzusehen. Dieser Denkansatz gilt auch bei der Bereitstellung von konkreten Antragsformularen sowie bei der Zurverfügungstellung von Information über ein Investitionsobjekt auf der Crowdfunding-Plattform.

Wohlverhaltensregeln des öWAG 2007:
Aufgrund der Rechtsprechung und fehlender anderer Standards haben die **Wohlverhaltensregeln** des WAG 2007 auch für Dienstleistungen Relevanz, die nicht unter die Anwendung des WAG 2007 fallen (indirekte Anwendbarkeit). Da die Organisationsregeln auch die Prüfungsaufgabe der Finanzmarktaufsicht für das gesamte öWAG 2007 abstecken, hat das WAG 2007 auch in jenen Bereichen Relevanz, über welche die Finanzmarktaufsicht keine Prüfungskompetenz (Gewerbliche Vermögensberater) hat. Anders ausgedrückt ist die Finanzmarktaufsicht nur für die Beaufsichtigung des öWAG 2007 bei konzessionierten Unternehmen zuständig. Für die Beaufsichtigung jener Dienstleistungen auf die das öWAG 2007 nur analog bzw indirekt anwendbar gemacht wird, ist die Gewerbebehörde zuständig.

Zusammenfassung:
Die österreichischen Crowdinvesting-Plattformen in der momentanen Ausprägung vermitteln sonstige Beteiligungen (z. B. Genussscheine) iS des § 136a GewO, müssen daher einen Befähigungsnachweis vorlegen und unterliegen der Aufsicht der Gewerbebehörden. Nach den gesetzlichen Erfordernissen müssen sie auch eine Vermögensschadenhaftpflichtversicherung abschließen – um etwaige Ansprüche geschädigter Investoren abgelten zu können.

12.1.7 Exkurs: AIFM-Richtlinie[6]

Mit der Richtlinie 2011/61/EU über die Verwaltung alternativer Investmentfonds und zur Änderung anderer Richtlinien wurde auf EU-Ebene beschlossen, die Tätigkeit der Verwalter von alternativen Investmentfonds (Alternative Investment Fund Manager – AIFM) sehr stark zu reglementieren und einer gemeinsamen Aufsicht zu unterwerfen

Alle EU-Mitgliedsstaaten mussten bis zum 22. Juli 2013 die Alternative-Investment-Fund-Manager-Richtlinie („AIFM-Richtlinie") in nationales Recht umsetzen.

In Deutschland ist die Umsetzung durch die Einführung des Kapitalanlagengesetzbuchs erfolgt. Dabei ist der deutsche Gesetzgeber durch die Schaffung zusätzlicher regulatorischer Vorgaben für Fondsstrukturen und Fondsmanager weit über die umzusetzenden Vorgaben der AIFM-Richtlinie hinausgegangen (sog. *gold plating*).

12.1.7.1 Definition eines Alternativen Investmentfonds („AIF")

Das Kapitalanlagengesetzbuch – das Fonds und deren Verwalter einer umfassenden Regulierung unterwirft – ist anwendbar, wenn ein Alternativer Investmentfonds („AIF") vorliegt, der von einem Manager für Alternative Investmentfonds („AIFM") verwaltet wird.

Entscheidend für die Frage, ob Crowdfunding der Regulierung des Kapitalanlagengesetzbuchs unterliegt ist daher, ob einer der Beteiligten als AIF oder AIFM anzusehen ist.

Nach dem Kapitalanlagengesetzbuch sind alternative Investmentfonds (AIF) jeder Organismus für gemeinsame Anlagen, die *von einer Anzahl von Anlegern Kapital* einsammelt, um es *gemäß einer festgelegten Anlagestrategie* zum Nutzen dieser Anleger zu investieren. Diese aufsichtsrechtliche Regulierung soll grundsätzlich alle Investmentfonds erfassen, die nicht bereits durch ein anderes aufsichtsrechtliches Regime reglementiert werden. Es spielt dabei keine Rolle, in welcher rechtlichen oder vertraglichen Form alternative Investmentfonds verwaltet werden. Ausgenommen sind u. a. jedoch solche AIF, bei denen das eingesammelte Kapital unmittelbar der operativen Tätigkeit dient.

Dazu bestimmt die European Securities and Markets Authority[7] („ESMA") in ihrer Stellungnahme zur AIFM-Richtlinie „Guidelines on key concepts of the AIFM" vom 19. Dezember 2012, dass ein gewöhnliches Unternehmen mit einem allgemeinen gewerblichen Unternehmensgegenstand nicht als Organismus für gemeinsame Anlagen angesehen wird.

Die BaFin führt dazu weiter aus, dass solche Unternehmen operativ tätig sind, *die Anlagen im Rahmen eines laufenden Geschäftsbetriebs selbst betreiben*[8] Zusätzlich stellt

---

[6] „Crowdfunding – die Regulierung hat den Schwarm voll im Griff", veröffentlicht am 27. November 2013 auf der Plattform der Rechtsanwaltskanzlei Osborne Clarke, http://www.osborneclarke.com/connected-insights/publications/crowdfunding-die-regulierung-hat-den-schwarm-fest-im-griff/?lang=de. Zugegriffen: 2. März 2014.

[7] Europäische Wertpapier- und Marktaufsichtsbehörde.

[8] Auslegungsschreiben der BaFin zum Anwendungsbereich des Kapitalanlagengesetzbuchs (KAGB) und zum Begriff des „Investmentvermögens" vom 14. Juni 2013. Zugegriffen: 2. Juni 2014.

die BaFin im Rahmen ihres Auslegungsschreibens klar, dass ein Unternehmen auch dann operativ tätig ist, wenn es sich gruppeninterner Gesellschaften oder fremder Dienstleister bedient, solange die unternehmerischen Entscheidungen im laufenden Geschäftsbetrieb („day-to-day discretion of control") bei dem Unternehmen selbst verbleiben.

12.1.7.2 Finanzierung eines operativ tätigen Unternehmens

Vor dem Hintergrund des Auslegungsschreibens der BaFin sind Unternehmen, die über eine Crowdfunding-Plattform Finanzmittel einwerben wollen als operativ tätige Unternehmen außerhalb des Finanzsektors zu definieren, vorausgesetzt

- ihre Unternehmensstrategie ist schlichtweg der unternehmerische Erfolg;
- sie verfolgen keine festgelegte Anlagestrategie, sondern wollen lediglich ihren laufenden Geschäftsbetrieb finanzieren;
- sie betreiben die Anlagen, die Produktion oder das Projekt selbst innerhalb ihres laufenden Geschäftsbetriebs oder bedienen sich gruppeninterner Gesellschaften oder fremder Dienstleister (solange unternehmerische Entscheidungen im laufenden Geschäftsbetrieb bei dem Unternehmen selbst verbleiben).

In der Regel wird ein „typisches" Startup-Unternehmen bzw. ein KMU diese Voraussetzungen erfüllen, sofern es seinen laufenden Geschäftsbetrieb mithilfe einer Crowdfunding-Plattform finanzieren will. Auf diese Unternehmen sind somit die Bestimmungen des Kapitalanlagegesetzbuches nicht anwendbar.

12.1.7.3 Finanzierung einer Projektgesellschaft

Crowdinvesting

Jedoch scheint die BaFin nach ihren Ausführungen im Rahmen ihres Auslegungsschreibens davon auszugehen, dass ein Unternehmen nicht als operativ tätig anzusehen ist, wenn es zur Finanzierung eines einzelnen Projektes gegründet wurde (*Projekt-Gesellschaft*) – wie z. B. ein Film, ein Computerspiel, ein Wind- oder Solarpark – und dabei die Produktion oder die Anlagen nicht selbst betreibt oder – bei Nutzung eines Dienstleisters – sich nicht die unternehmerischen Entscheidungen vorbehält.

Es kann somit nicht ausgeschlossen werden, dass es sich bei dieser Art von Projekt-Gesellschaft um einen AIF im Sinne des Kapitalanlagengesetzbuchs handelt, wenn den Investoren eine Erfolgsbeteiligung an dem Projekt angeboten wird.

Nachrangdarlehen dürften grundsätzlich so strukturiert sein, dass kein AIF vorliegt, da hier grundsätzlich keine Verlustbeteiligung des Anlegers vorgesehen ist.

Donations- und rewardbasierendes Crowdfunding

Einige der Projekt-Gesellschaften gewähren keinerlei finanzielle Erlöse, sondern ausschließlich eine (oft geringe) nicht monetäre Entlohnung. In diesen Fällen (wenn z. B. ein Ticket oder eine Kopie des Films oder Spiels versprochen wird) kann argumentiert werden, dass das Kapital nicht zum Nutzen der Anleger investiert wird und daher kein Investmentvermögen und kein AIF vorliegt. Die BaFin hat sich allerdings bisher noch nicht zu einer möglichen Anwendung des Kapitalanlagengesetzbuches auf donations- und rewardbasierendem Crowdfunding geäußert.

Diskussionspunkt: festgelegte Anlagestrategie
Interessant in diesem Zusammenhang sind die Erläuterungen der BaFin im Zusammenhang mit der Qualifizierung eines Immobilienunternehmens als AIF:

Insbesondere im Immobilienbereich ist fraglich, welche Tätigkeiten als operativ anzusehen sind. Der Betrieb einer Immobilie (z. B. eines Hotels oder einer Pflegeeinrichtung) ist als operative Tätigkeit anzusehen. Auch die Projektentwicklung (Konzeption, Ankauf, Entwicklung der Immobilie und anschließender Verkauf der selbst entwickelten Immobilie) ist als operative Tätigkeit anzusehen. Ferner sind „facility management", Makler- und Bewertungstätigkeiten oder Finanzierungsberatung im Zusammenhang mit dem Kauf oder Verkauf einer Immobilie als operative Tätigkeiten anzusehen. Dass sich die Immobiliengesellschaft im Rahmen ihrer operativen Tätigkeiten fremder Dienstleister oder gruppeninterner Gesellschaften bedient, ist unschädlich, solange die unternehmerischen Entscheidungen im laufenden Geschäftsbetrieb bei ihr verbleiben. Ist der Unternehmensgegenstand einer Immobiliengesellschaft dagegen auf den Erwerb, die Vermietung, die Verpachtung, die Verwaltung sowie den Verkauf von Immobilien ausgerichtet und nicht auf eine operative Tätigkeit, kann eine Abgrenzung nur anhand des Tatbestandsmerkmals „festgelegte Anlagestrategie" versus allgemeine Unternehmensstrategie erfolgen.

Die Tatbestandsvoraussetzung einer *festgelegten Anlagestrategie* wird entsprechend den Guidelines der ESMA dann erfüllt, wenn ein Organismus im Rahmen einer Strategie festlegt, wie das gemeinschaftliche Kapital verwaltet werden muss, damit es eine gemeinsame Rendite für die Anleger generiert. Die folgenden Merkmale können einzeln oder kumulativ auf das Vorliegen einer festgelegten Anlagestrategie hindeuten:

- die Strategie ist spätestens zu dem Zeitpunkt festgelegt, zu dem die Beteiligung des Anlegers bindend geworden ist;
- die Strategie ist in einem Dokument ausgeführt, das Teil der Anlagebedingungen oder der Satzung des Organismus ist oder auf das in den Anlagebedingungen oder der Satzung Bezug genommen wird;
- der Organismus hat eine rechtlich bindende und von den Anlegern durchsetzbare Verpflichtung, die Strategie den Anlegern gegenüber einzuhalten;
- die Strategie konkretisiert die Richtlinien, nach denen die Anlage zu erfolgen hat (z. B. Anlage in bestimmte Kategorien von Vermögensgegenständen, Beschränkungen bei der asset allocation, Verfolgung bestimmter Strategien, Anlage in bestimmte geographische Regionen, Beschränkungen des Leverage, bestimmte Haltefristen oder sonstige Risikodiversifikations-vorgaben).

12.1.7.4 Crowdfunding-Plattformen

Grundsätzlich sammelt die Crowdfunding-Plattform kein Kapital von Anlegern für eigene Zwecke ein. Daher kann eine solche Plattform selbst grundsätzlich nicht als AIF angesehen werden.

Selbst wenn das zugrunde liegende Investment (z. B. die Projekt-Gesellschaft) einen AIF darstellt, sprechen gute Argumente dagegen, dass die Crowdfunding-Plattform diesen „managt". Vielmehr führt die Plattform lediglich Investoren und das zu finanzierende Projekt/Unternehmen zusammen. Der „Manager" ist typischerweise das Unternehmen selbst, welches auf der Crowdfunding-Plattform nach Investoren sucht.

Im Ergebnis sprechen daher gute Gründe dafür, dass Crowdfunding-Plattformen selbst keine Alternative Investment Manager (AIFM) sind.

12.1.7.5 Rechtsfolgen der Qualifikation als AIF?

Wird ein Unternehmen als AIF qualifiziert, bedarf es abhängig von der Höhe des verwalteten Vermögens entweder einer Konzession oder einer Registrierung. Einen AIFM treffen umfassende Pflichten im Hinblick auf den organisatorischen Aufbau des Unternehmens, das Risiko- und Liquiditätsmanagement, Monitoring, Reporting und Information gegenüber Anlegern und der Finanzaufsichtsbehörde.

Eine Anwendung des Kapitalanlagengesetzbuchs auf Unternehmen, die sich mittels Crowdfunding-Plattformen finanzieren wollen (was für Projekt-Gesellschaften derzeit wahrscheinlich erscheint), und der damit verbundene Aufwand und die Kosten würden eine wirtschaftlich sinnvolle Nutzung der neuen alternativen Finanzierungsmethode Crowdfunding unmöglich machen. Projekte, wie Filme oder Spiele, würden zudem rein faktisch „verboten", weil sie keine Sachwerte im Sinne des Kapitalanlagengesetzbuchs darstellen.

Diese strenge Regulierung steht im Widerspruch zu der von der Europäischen Kommission ausdrücklich beabsichtigten Förderung des Crowdfundings. In diesem Sinn gibt es bereits Bestrebungen die BaFin Finanzmarktaufsichtsbehörden der einzelnen Länder von der Notwendigkeit des ausdrücklichen Ausschlusses der Finanzierungsform Crowdfunding vom Anwendungsbereich des Kapitalanlagengesetzbuchs zu überzeugen.

12.1.8 Exkurs: Zur Abgrenzung partiarisches Darlehen/stille Beteiligung sowie dem Genussrecht (unter Anwendung der österreichischen Gesetzeslage)

Bei den auf den deutschen und österreichischen Crowdinvesting-Plattformen momentan vermittelten Finanzierungen für die Startups handelt es vorwiegend um **Mezzanine-Finanzierungen.** Der Begriff **Mezzanine-Kapital** (abgeleitet aus ital. „mezzo" = halb) umfasst dabei als Sammelbegriff Finanzierungsarten, die in ihren rechtlichen und wirtschaftlichen Ausgestaltungen eine Mischform zwischen Eigen- und Fremdkapital darstellen. Dabei wird in der klassischen Variante einem Unternehmen wirtschaftliches oder bilanzielles Eigenkapital zugeführt, ohne den Kapitalgebern Stimm- oder sonstige Einflussnahmerechte bzw. Residualansprüche wie den echten Gesellschaftern zu gewähren[9].

12.1.8.1 Aspekte des partiarischen Darlehens

Beim Nachrangdarlehen mit Zins und Gewinnanteil als sogenanntem Gewinndarlehen bzw. partiarischem Darlehen handelt em sich um ein verzinsliches Darlehen von privaten Geldgebern an Unternehmen mit Ergebnisbeteiligung und einer Rangrücktrittserklärung. Ein solches partiarisches Darlehen wird regelmäßig mit einer Mindestverzinsung ausgestaltet und enthält zusätzlich eine Gewinnbeteiligungsvereinbarung. Die variabel vereinbare Erfolgsbeteiligung des Darlehensgebers kann am Umsatz (Umsatzbeteiligung) oder auch an einen bestimmten Unternehmensgewinn (Ergebnisbeteiligung) gekoppelt sein. Das partiarische Darlehen stellt somit eine Sonderform eines Unternehmensdarlehens dar Das Darlehen muss nachrangig sein, d. h. der partiarische Darlehensgeber steht im Falle einer Liquidation oder Insolvenz auf der Stufe des Gesellschafters.

Nachrangdarlehen bzw. partiarische Darlehen gelten nach der herrschenden Gesetzeslage (Stand: Juni 2014) nicht als Wertpapiere bzw. als Vermögensanlagen und sind daher von einer Prospektpflicht in Deutschland ausgenommen. Nach der Definition des § 1 Ziffer 3 öKMG sind Veranlagungen Vermögensrechte, über die keine Wertpapiere ausgegeben werden, aus der direkten oder indirekten Investition von Kapital mehrerer Anleger auf deren gemeinsame Rechnung und gemeinsames Risiko oder auf gemeinsame Rechnung und gemeinsames Risiko mit dem Emittenten. Sofern die Verwaltung des investierten Kapitals nicht durch die Anleger selbst erfolgt, fallen partiarische Darlehen in Österreich nicht unter die Prospektpflicht.

Ein solches Darlehensmodell läuft jedoch grundsätzlich sowohl in Deutschland als auch in Österreich Gefahr, beim Betreiber (Darlehensempfänger) als bankenkonzessionspflichtiges Einlagengeschäft im Sinne des Bankaufsichtsgesetzes (§ 1 Abs. 1 Z 1 öBWG: Entgegennahme fremder Gelder zur Verwaltung oder als Einlage bzw.) qualifiziert zu werden. Nach den bisherigen Erfahrungen in Deutschland ist von großer Bedeutung, dass die Bestimmungen bei einem solchen Darlehensmodell keine „festen rückzahlbaren Gelder" beinhalten dürfen. Dies wird regelmäßig gestaltet durch eine sogenannte Nachrangabrede mit einem Rücktritt hinter die Ansprüche anderer Gläubiger des Unternehmens. Eine reine Nachrangabrede ist jedoch nach Beurteilung der BaFin allein nicht ausreichend, um das Tatbestandsmerkmal der „festen rückzahlbaren Gelder" auszuschließen. Es muss sich um einen sogenannten *qualifizierten Nachrang* handeln, der die Nachrangigkeit sowohl der Zinsen und Gewinnausschüttungen als auch den Nachrang der Tilgung betrifft. Dieser Rangrücktritt hinter anderen Gläubiger des Unternehmens ist noch dadurch zu verstärken, in dem vereinbart wird, dass eine Darlehenstilgung Rücksicht auf eine entstehende Zahlungsunfähigkeit zu nehmen hat. Das Nachrangdarlehen muss auch übertragbar und jederzeit kündbar sein, um sich von der stillen Beteiligung eindeutig abzugrenzen. Es kommt also bei der Vertragsgestaltung des partiarischen Darlehens als „Massen-Finanzie-

[9] http://de.wikipedia.org/wiki/Mezzanine-Kapital. Zugegriffen: 2. Juni 2014.

rungsinstrument“ entscheidend auf die kapitalmarkt- und bankaufsichtsrechtskonforme Vertragsgestaltung an.

In einer Information der österreichischen Finanzmarktaufsicht (FMA) zu Bürgerbeteiligungsmodellen wurden im Sommer 2013 folgende Feststellungen zum qualifizierten Nachrangdarlehen (auch partiarische Darlehen) getroffen:

> Im Falle eines Bürgerbeteiligungsmodells nimmt ein Unternehmer als Darlehensnehmer eine Vielzahl von Darlehen mit „qualifizierter Nachrangklausel“ auf. Vereinbart wird üblicherweise, dass der Darlehensgeber die Rückzahlung des Darlehens und die Zahlung von Zinsen solange und soweit nicht verlangen kann, wie sie beim Unternehmer einen Grund für die Eröffnung eines Insolvenzverfahrens herbeiführen würde.
> Eine solche Nachrangvereinbarung hat für den Darlehensgeber zur Folge, dass er im Fall einer ernsten finanziellen Krise des Unternehmens/Darlehensnehmers nicht mit einer Rückzahlung des Darlehens oder der Zahlung von Zinsen rechnen kann. Im schlechtesten Fall bedeutet das den Totalverlust des Darlehensbetrages. Die FMA stellt eindeutig dar, das Gelder, die als qualifizierte Nachrangdarlehen entgegen genommen werden, keine Einlagen im Sinne des BWG (Bankwesengesetzes) darstellen. Es besteht daher keine gesetzliche Einlagensicherung, aber auch keine Konzessionspflicht und keine Prospektpflicht für den begebenden Unternehmer.
> Der Tatbestand der Veranlagung gemäß § 1 Abs. 1 Z3 öKMG ist bei qualifizierten Nachrangdarlehen nicht erfüllt. Die Geldgeber bilden bei derartigen Darlehen keine Risikogemeinschaft, da jeder Geldgeber seinen Anspruch gesondert geltend machen kann. Weiters liegt bei Vereinbarung einer Nachrangigkeit kein von einer Gemeinschaft zu erwartender Gewinn als Zweck einer Veranlagung vor.

12.1.8.2 Abgrenzung zur stillen Gesellschaft

Der Investor wird bei dieser Form der Unternehmensfinanzierung als „Stiller“ bezeichnet. Diese Bezeichnung resultiert aus dem zentralen Merkmal der stillen Beteiligung: Der Investor beteiligt sich zwar am Handelsgeschäft eines anderen, tritt dabei aber nicht nach außen erkennbar als Gesellschafter auf (z. B. keine Eintragung ins Firmenbuch).
Gesetzlich geregelt ist die stille Gesellschaft im dHGB §§ 230 – 236 und im dBGB (§§ 705 ff.) bzw. im öUGB (§ 179 ff.). Die meisten dieser gesetzlichen Regelungen sind jedoch nicht zwingend anzuwenden. Vielmehr kann die Vertragsgestaltung zwischen dem Unternehmen und dem Stillen dispositiv geregelt werden. Es ergeben sich somit für die stille Beteiligung zahlreiche Ausgestaltungsmöglichkeiten, die es erlauben, die Modalitäten der stillen Beteiligung an die speziellen Bedürfnisse des Kapital suchenden Unternehmens und des Investors anzupassen.

Als echte Personengesellschaft wird die stille Gesellschaft durch Abschluss eines Gesellschaftsvertrages gebildet. Der Stille wird durch diesen Vertrag zur Leistung einer Einlage in das Unternehmensvermögen verpflichtet; im Gegenzug verpflichtet sich das Unternehmen, eine Gewinnbeteiligung zu gewähren. Eine Verlustbeteiligung des Stillen ist zwar auch möglich, aber nicht zwingend. Grundsätzlich ist der Gesellschaftsvertrag formfrei (Ausnahme: Aktiengesellschaft).

Wird dem Unternehmen vom Investor lediglich Kapital mit einer Gewinnbeteiligung als Gegenleistung überlassen, ohne einen weiteren Zweck zu erfüllen, handelt es sich bei dem geschlossenen Vertrag noch nicht um eine stille Beteiligung, sondern um ein partiarisches Darlehen (meist ist auch ein fixer Zinssatz vereinbart). Auch besteht oft im Gegensatz zur stillen Beteiligung kein Kündigungsverzicht.

Bei einer stillen Gesellschaft darf der gemeinsame Zweck nicht auf eine reine Gewinnerzielungsabsicht beschränkt sein. Vielmehr muss sich der Investor in dem stillen Beteiligungsvertrag verpflichten den Unternehmensgegenstand des Geschäftsinhabers zu fördern. Dies führt dazu, dass der Stille die Rückzahlung seiner Einlage oder die Zahlung der Gewinnbeteiligung nicht zur Unzeit, also bei Liquiditätsengpässen oder in der Krise des Unternehmens, verlangen kann.

Fraglich ist, wie eine Abgrenzung der stillen Beteiligung von Genussrechtsbeteiligungen vorgenommen werden kann; dienen doch beide Formen der Mezzaninefinanzierung dem gemeinschaftlichen Zweck der Gewinnerzielung und weisen auch beide in der Regel eine Verlustbeteiligung des Investors auf. Eine Genussrechtsbeteiligung kann somit genau wie eine stille Beteiligung ausgestaltet werden. Während jedoch lediglich Genussrechte die Möglichkeit der Verbriefung (Fungibilität wird erhöht) bieten, kommen nur dem stillen Gesellschafter unweigerlich bestimmte Rechte aus den §§ 230 ff. HGB (Kontrollrechte usw.) zu. Eine steuerlich relevante Mitunternehmerschaft kann zudem nur durch die stille Gesellschaft realisiert werden.

12.1.8.3 Abgrenzung zum Genussrecht

Beim Genussrecht wird ebenso wie beim partiarischen Darlehen Kapital gegen eine Gewinnbeteiligung (und meist auch Verlustbeteiligung) überlassen. Hierbei erfolgt keine gemeinsame Zweckverfolgung – somit bestehen keinerlei Kontroll- bzw. Treuepflichten.

Im Unterschied zum partiarischen Darlehen gibt es beim Genussrecht jedoch üblicherweise eine Beteiligung am Verlust des Unternehmens. In Österreich gibt es inzwischen drei Crowdinvesting-Plattformen: conda.at[10], 1000 × 1000.at[11], greenrocket.at[12]. Auf allen drei Plattformen werden Genussrechte als Gegenleistung für das eingeworbene Investorengeld angeboten.: Die Unternehmen auf der Plattform Conda.at gewähren Genussrechte mit einem Anteil am Firmenwert und Liquidationserlös, Gewinn- und Verlustteilnahme, Kündigungsverzicht durch den Genussrechtszeichner auf 10 Jahre, mit Nachrangigkeit gegenüber Gläubigern des Unternehmens. Die Genussrechte die über die Plattform 1000 × 1000.at angeboten werden, sehen ebenfalls eine Beteiligung an Firmenwert, am Liquidationserlös, eine Gewinn- und Verlustteilnahme sowie einen Kündigungsverzicht des Genussrechtszeichners auf unbeschränkte Zeit vor. Nachrangigkeit gilt aus vereinbart. Auch auf der Plattform greenrocket.at werden Genussrechte mit einem Anteil am Firmenwert und Liquidationserlös angeboten, Gewinn- und Verlustteilnahme, ein Kündigungsverzicht durch den Genussrechtszeichner auf 10 Jahre und die Nachrangigkeit des

[10] https://www.conda.at/. Zugegriffen: 9. Juni 2014.

[11] https://1000×1000.at/home. Zugegriffen: 9. Juni 2014.

[12] https://www.greenrocket.com/. Zugegriffen: 9. Juni 2014.

Genussrechtskapitals gegenüber Drittgläubigern des Unternehmen sind ebenfalls vorgesehen.

Ein Genussrecht begründet immer ein schuldrechtliches und kein gesellschaftsrechtliches Verhältnis. Berechtigt das Genussrecht zu einem Anteil am Reingewinn, Firmenwert, stillen Reserven und am Liquidationserlös eines Unternehmens, liegt ein Substanzgenussrecht vor. Werden diese Merkmale nicht erfüllt, handelt es sich um ein obligatorisches (obligationenartiges) Genussrecht.

12.2 Mittelbare Beteiligung auf den Crowdinvesting-Plattformen

Auf einigen Plattformen wird zwischen den Crowdinvestoren und dem Emittenten eine Fondsgesellschaft zwischengeschaltet. Diese Fondsgesellschaft kann gesellschaftsrechtlich die unterschiedlichsten Formen haben. Beispielsweise wird auf der Companisto-Plattform mit dem GmbH & Co KG Modell gearbeitet. Dadurch wird die Haftung der Crowdinvestoren (Kommanditisten der GmbH & Co. KG) auf die erbrachte Einlage beschränkt (Schenk 2012).

In den Fällen der Zwischenschaltung einer KG entspricht das Beteiligungsmodell faktisch einem geschlossenen Investmentfonds. Die KG selbst tritt gegenüber dem Emittenten, also dem Unternehmen, das über die Crowdinvesting-Plattform Geld akquirieren möchte, als Beteiligungsnehmer auf. Vorteile ergeben sich durch eine solche Konstruktion vor allem bei Anschlussfinanzierungen und für die Verwaltung der Eigentumsanteile.

12.3 Reward- und donationbasierende Plattformen als Zahlungsdienstleister

Da auf sämtlichen Plattformen ein Geldtransfer an den Projektinhaber vermittelt wird, haben auch alle Plattformen egal, ob donationbasierend, rewardbasierend oder equitybasierend die Bestimmungen der Europäischen Union im Zusammenhang mit dem elektronischen und grenzüberschreitenden Zahlungsverkehr zu berücksichtigen (*Einheitlicher Euro-Zahlungsverkehrsraum*).

Der Begriff *Einheitlicher Euro-Zahlungsverkehrsraum*, auf Englisch Single Euro Payments Area (SEPA), bezeichnet im Bankwesen das Projekt eines europaweit einheitlichen Zahlungsraums für Transaktionen in Euro. In diesem Zahlungsraum sollen für Kunden keine Unterschiede mehr zwischen nationalen und grenzüberschreitenden Zahlungen erkennbar sein.

Für die deutschen reward- und spendenbasierenden Crowdfunding-Plattformen gelten analog zu den Crowdinvesting-Plattformen die Bestimmungen nach dem Zahlungsdiensteaufsichtsgesetz (vgl. Abschn. 12.1.3) hinsichtlich der Entgegennahme von Kundengeldern. Nach dem österreichischen Kreditwesengesetz ist die Tätigkeit der Entgegennahme von Geld unter bestimmen Voraussetzungen ebenfalls als Bankdienstleistung zu werten und erfordert eine Bankkonzession. Analog zu den deutschen Crowdinvesting-Plattformen versuchen die österreichischen Plattformen und die deutschen rewardbasierenden und donationbasierenden Plattformen diese rechtliche Implikation zu vermeiden und arbeiten dementsprechend mit lokalen Banken zusammen, um den Erfordernissen der nationalen Bank- und Kreditwesengesetze mit allen damit zusammenhängenden Bestimmungen wie Geldwäschegesetze usw. Genüge zu tun (Röthler und Wenzlaff 2011).

Startnext nutzt FidorPay. Dies ist ein kostenloses eGeld-Konto der Fidor Bank AG, das jeder Projektstarter aus Deutschland auf Startnext benötigt. Die Unterstützungsgelder werden auf dem Fidor-Konto verwaltet und sind mit dem jeweiligen Projekt verknüpft. Startnext verwaltet so zu keiner Zeit Gelder von Startern oder Supportern

Auch bei Respekt.net (eine österreichische rewardbasierende Crowdfunding-Plattform) erfolgt die Einzahlung auf Treuhandkonten bei Banken.

12.4 Rewardbasierende Plattformen und das Konsumentenschutzgesetz

Die auf den rewardbasierenden Plattformen erfolgreichsten Projekte stehen meist im Zusammenhang mit Vorabkäufen von Produkten. Hier sind von den Projektinhabern sowie den Plattforminhabern die Regelungen zum E-Commerce und zum Konsumentenschutz zu berücksichtigen (z. B. *E-Commerce Richtline* usw.).

The E-Commerce Directive was incorporated in to Austrian law by the Federal Act of 21 December 2001 by which certain legal aspects of electronic commercial and legal transactions are to be regulated (E-Commerce-Gesetz – ECG).[13]

12.5 Rechtliche Situation im Crowdlending

Inwieweit der Betrieb einer Internet-Plattform zur Vermittlung von Peer-to-Peer-Krediten einer Genehmigungspflicht (§ 32 dKWG iVm § 1 Abs. 1 KWG) nach den Finanzmarktaufsichtsgesetzen unterliegt, hängt ebenfalls jeweils von der konkreten Ausgestaltung des Angebots ab.

Ist das Geschäftsmodell der Plattform als reine Kreditvermittlung konzipiert, so sind in Deutschland die Rechtsvorschriften für die Kreditinstitute im speziellen das KWG nicht anwendbar. Die BaFin hat bereits festgestellt, dass sie kein Problem mit den Tätigkeiten der momentan in Deutschland aktiven P2P-Plattformen hat.

Momentan arbeiten die deutschen Crowdlending-Plattformen smava.de und Auxmoney und Lendico jedoch ohnehin bei der Abwicklung der einzelnen Transaktionen mit

[13] http://ec.europa.eu/internal_market/e-commerce/docs/study/liability/austria_12nov2007_en.pdf. Zugegriffen: 9. Juni 2014.

konzessionierten Bankinstituten zusammen: Bei erfolgreichen Bietprozessen zieht die Bank die einzelnen Beträge von den Kreditnehmern ein, die Summe wird von der Bank an den Kreditnehmer weitergeleitet und die die daraus entstehenden Forderungen (Kreditforderung) an die Kreditgeber abgetreten. Die Banken, die eine Vollbanklizenz für derartige Transaktionen haben (SWK-Bank bzw. Fidor-Bank usw.) sind in der Folge die eigentlichen Vertragspartner der Kreditnehmer bzw Kreditgeber.

12.5.1 Einlagensicherung

Im Gegensatz zu den traditionellen Banken, liegt die Kreditvergabe auf den Crowdlending-Plattformen im Ermessen des Einzelnen, d. h. nicht der Bankmanager fällt die Kreditentscheidung sondern der einzelne Kreditgeber. Was mit einer Verlagerung des Risikos auf den Privatanleger einhergeht. Das Ausfallsrisiko und das Marktrisiko trägt damit der einzelne Kreditgeber und das Instrument der gesetzlichen vorgesehenen Einlagensicherung ist nicht anwendbar. Durch die Zusammenarbeit der deutschen Kreditplattformen mit den Banken greifen jedoch die Bestimmungen des deutschen Einlagensicherungsfonds und die Kredite sind abgesichert.

12.5.2 Thema: Transparenz und Bankgeheimnis

Für die Projektinitiatoren (private Kreditnehmer auf einer P2P-Plattform, Unternehmer, Projektbetreiber bzw. Unternehmensgründer auf einer P2C-Plattform) bietet die alternative Finanzierungsform Crowdfunding große Chancen, es besteht jedoch auch ein hohes Reputationsrisiko. Dieses Risiko resultiert aus der Preisgabe von persönlichen bzw. unternehmensinternen Informationen, welches beispielsweise bei Banken bis dato durch das Bankgeheimnis geschützt ist. Durch die Tatsache, dass Kredite über P2P-Plattformen durch Verträge zwischen Privatpersonen besiegelt werden, sind die Daten der kreditnehmenden Personen auf diesen Finanzierungs-Plattformen weniger geschützt. Die Plattformbetreiber befinden sich dadurch in einem Spannungsfeld: Einerseits fordern potenzielle Anlegerinnen und Anleger möglichst hohe Transparenz, andererseits wünschen sich die Kreditnehmer eine diskrete Möglichkeit der Kreditaufnahme.

12.6 Neueste Entwicklungen: Aktionsplan zum Schutz der Anleger

Am 22 Mai 2014 haben das deutsche Bundesjustizministerium und das Bundesfinanzministerium einen Aktionsplan zum Schutz der Anleger[14] herausgegeben.

[14] http://www.bmjv.de/DE/Themen/Verbraucherschutz/Ma%C3%9FnahmenpaketVerbesserungSchutzKleinanleger/Ma%C3%9FnahmenKleinanlegerschutz_node.html. Zugegriffen: 29. Mai 2014.

Erklärtes Ziel der Ministerien ist eine Verbesserung der Informationsmöglichkeiten der Privatanleger hinsichtlich der Erfolgsaussichten einer Anlage unter Wahrung eines ausgewogenen Verhältnisses zwischen staatlicher Regulierung und Eigenverantwortung des Anlegers.

Konkreter Anlass für den Aktionsplan ist der Konkursfall (vorläufiger Insolvenzantrag im Jänner 2014) der Prokon Regenerative Energien GmbH, von der 74.000 Genussrechte-Inhaber (1,4 Mrd. €) betroffen sind.

Die Hintergründe zum Prokon-Skandal können laut diverser Zeitungsartikel wie folgt zusammengefasst werden: Prokon finanzierte seine Windparks ursprünglich mit dem Verkauf von Fonds-Anteilen an einer Kommanditgesellschaft. Die BaFin zwang die Prokon 2008/2009 zu einer Änderung der Rechtsform, da das Unternehmen nach Ansicht der Aufseher ein erlaubnispflichtiges Bankgeschäft betrieb. Daraufhin organisierte Prokon die Ausgabe von Genussrechten, die dem sogenannten grauen Kapitalmarkt zuzurechnen sind. Hier greifen vergleichsweise wenige Regulierungsvorgaben. Der Prospekt zur Ausgabe der Genussrechte wurde der BaFin zur Prüfung vorgelegt. Diese prüfte die Unterlagen nach eigenen Angaben auf Vollständigkeit. An Zinszahlungen hat die Prokon den Genussscheininhabern bis zu 8 % zugesagt. Im Herbst 2013 kam es bedingt durch negative Medienberichterstattung zu hohen vorzeitigen Kündigungen der Genussscheininhaber und damit zu einem Liquiditätsengpass, der bedingt durch einen Schneeballeffekt zu einem vorläufigen Insolvenzantrag der Prokon im Jänner 2014 führte.

Im Rahmen des Aktionsplans zum Schutz der Anleger sollen nun aufgrund des Prokon Debakels Maßnahmen in folgenden Bereichen gesetzt werden:

1. Beseitigung aufgedeckter Regelungslücken und Umgehungsmöglichkeiten
2. Verstärkte Transparenz von Finanzprodukten und Offenlegung ihrer Risiken
3. Verbesserung des Zugangs der Anleger zu Informationen über Finanzprodukte
4. Etablierung zusätzlicher Leitplanken für den Vertrieb von Finanzprodukten
5. Flankierende Erweiterung des Aufsichtsinstrumentariums.

ad 1. Beseitigung aufgedeckter Regelungslücken und Umgehungsmöglichkeiten
Im Rahmen dieser Maßnahme soll vor allem der Katalog der nach dem dVermögensanlagegesetz (VermAlG) geregelten Anlageformen erweitert werden und auch solche Angebote erfassen, die sich bei wirtschaftlicher Betrachtung als gleichwertig zu den bereits erfassten Anlagen darstellen. Als Beispiele für „solche Angebote" des grauen Kapitalmarktes (die zukünftig eingeschränkt werden sollen) führt der Aktionsplan insbesondere partiarische Darlehen oder Nachrangdarlehen an.

Offensichtlich sind sich die Ministerien aber bewusst das partiarische Nachrangdarlehen derzeit wohl das populärste Finanzinstrumente sind, die bei Finanzierungsvorhaben auf deutschen Crowdfinanzierungs-Plattformen verwendet werden. Denn das Aktionspapier weist darauf hin, das soweit von Änderungen in diesem Bereich Crowdfunding-Kampagnen betroffen sind, Lösungen gefunden werden sollen, die Anliegen der mit

Crowd-Investitionen finanzierten jungen Unternehmen unter Berücksichtigung der Belange des Anlegerschutzes gerecht werden.

ad. 2. Verstärkte Transparenz von Finanzprodukten und Offenlegung ihrer Risiken
Obwohl lt. oben angeführten Hintergrundartikeln zu Prokon, die Prokon ja sehr wohl ein Prospekt erstellt hatte und offensichtlich eher das Problem beim Prospektkontrollor BaFin zu suchen ist, betonen die Ministerien sehr wohl wieder die Bedeutung eines Verkaufsprospektes auch bei Vermögensanlagen: *Der Prospekt soll dem Anleger ein umfassendes Bild von Anlagegegenstand und Anbieter vermitteln, um diesem eine zutreffende Abwägung von Vorteilen und Risiken einer Investition zu ermöglichen. Folgende Ergänzungen der Anforderungen an die Prospekte für Vermögensanlagen sollen den Anlegern mehr und qualitativ bessere Informationen auch bei Vermögensanlagen verschaffen:*

- Die Fälligkeit bereits begebener, noch laufender Vermögensanlagen ist künftig anzugeben, um dem Anleger die Einschätzung zu erleichtern, in welchem Umfang eine Anlage dazu genutzt wird, früher eingegangene Verpflichtungen zu bedienen. Damit soll der Vorspiegelung einer nicht vorhandenen wirtschaftlichen Produktivität und unzulässigen „Schneeballsystemen" entgegengewirkt werden.
- Unternehmen im Anwendungsbereich des Vermögensanlagengesetzes, die zur Aufstellung eines Konzernabschlusses verpflichtet sind, müssen diesen zukünftig in jedem Fall in den Prospekt aufnehmen, so dass sich Anleger auch ein Bild von der finanziellen Situation des Konzerns machen und bei ihrer Anlageentscheidung etwaige Risiken in anderen Konzernbereichen berücksichtigen können.
- Um einen größeren Einblick in die Zahlungsströme zu gewähren und so die wirtschaftliche Leistungsfähigkeit des Anbieters besser nachvollziehbar zu machen, haben größere Unternehmen im Anwendungsbereich des Vermögensanlagengesetzes künftig eine Kapitalflussrechnung offenzulegen.
- Schließlich sollen verpflichtende Angaben zu den an Begebung und/oder Vertrieb von Vermögensanlagen beteiligten Unternehmen auch personelle Verflechtungen im Umfeld des Anbieters für den Anleger transparent machen.

3. Verbesserung des Zugangs der Anleger zu Informationen über Finanzprodukte
Parallel zur Erweiterung des Kreises der in den Prospekt aufzunehmenden Angaben wird die Zugänglichkeit und Aktualität der relevanten Veröffentlichungen zur jeweiligen Vermögensanlage verbessert. Damit soll es dem Anleger ermöglicht werden, die mit der Vermögensanlage verbundenen Risiken besser einzuschätzen:

- An die Stelle der bislang zeitlich unbegrenzten Gültigkeit von Verkaufsprospekten zu Vermögensanlagen tritt künftig eine maximale Gültigkeit von 12 Monaten, so wie dies bereits bei Prospekten zu Wertpapieren der Fall ist. Damit wird sichergestellt, dass den Anlegern beim Erwerb von Vermögensanlagen ausschließlich Angaben vorliegen, die nicht älter als ein Jahr sind.

- Zu dem werden die Vorgaben für Nachträge, die aufgrund von Entwicklungen innerhalb der Gültigkeitsdauer des Verkaufsprospekts notwendig werden, näher konkretisiert. Geschäftsvorfälle, die zumindest für das laufende Geschäftsjahr erhebliche Auswirkungen auf die Fähigkeit des Anbieters zur Erfüllung der gegenüber den Anlegern eingegangenen Verpflichtungen haben, wie eine drohende Insolvenz, sind künftig zwingend in einem Nachtrag aufzunehmen. Zugleich werden die Möglichkeiten für die Aufsichtsbehörde zur Durchsetzung der Nachtragspflicht erweitert.
- Nach Beendigung des aktiven Vertriebs einer Vermögensanlage trifft den Anbieter künftig für die Restlaufzeit der Anlage die Pflicht zur Abgabe von ad hoc-Mitteilungen, in denen er alle Tatsachen veröffentlichen muss, die seine Fähigkeit zur Rückzahlung und/oder zur Zinszahlung beeinträchtigen können. Auf diese Weise haben die Inhaber von Vermögensanlagen sowie Zweiterwerber stets aktuelle Informationen zur weiteren Einschätzung des Risikos der Anlage zur Verfügung.
- Sämtliche Prospektangaben sowie ergänzende Dokumente und ad hoc-Mitteilungen müssen zentral auf derselben Internetseite unter demselben Pfad zur Verfügung stehen, auch wenn die Veröffentlichung zeitlich versetzt erfolgt. Damit soll der Anleger alle relevanten Informationen gesammelt an einer Stelle finden können („Internet- Transparenz“). Nachträge sind unter Angabe des Zeitpunkts der Aktualisierung zu dem in eine konsolidierte elektronische Fassung des Prospekts einzuarbeiten, um Anlegern einen leichten Zugriff auf sämtliche aktuellen Informationen zu ermöglichen.

ad. 4. Etablierung zusätzlicher Leitplanken für den Vertrieb von Finanzprodukten
In Richtung Anlegerschutz sind folgende Maßnahmen angedacht:

- Um unerfahrene Anleger zu schützen, wird die Zulässigkeit von Werbung für Vermögensanlagen grundsätzlich auf solche Medien beschränkt, deren Schwerpunkt auf der Darstellung von wirtschaftlichen Sachverhalten liegt und bei deren Leserschaft somit ein gewisses Maß an Vorkenntnissen vorausgesetzt werden kann. Darüber hinaus kann die Bundesanstalt Missständen bei der Werbung für Vermögensanlagen entgegenwirken.
- Wenn bestimmte Finanzprodukte erheblichen Bedenken für den Anlegerschutz begegnen, etwa aufgrund ihrer Komplexität, kann die Bundesanstalt darüber hinausgehend für bestimmte Produkte oder Produktgruppen Vertriebsverbote und Vertriebsbeschränkungen verhängen.
- Flankierend werden Wertpapierfirmen bereits bei der Entwicklung eines Finanzprodukts verpflichtet, den Kreis der Endkunden zu bestimmen, auf die ein Produkt abzielt, und dabei alle relevanten Risiken für die betroffenen Anlegergruppen zu bewerten (Product-Governance).
- Die Kundengruppe, auf die ein Anlageprodukt abzielt, ist künftig im Informationsblatt für Wertpapiere und im Vermögensanlagen-Informationsblatt zu veröffentlichen, so dass Privatkunden sich informieren können, ob ein Produkt für sie vom Anbieter als geeignet beurteilt wird.

- Für sämtliche Vermögensanlagen wird künftig eine Mindestlaufzeit eingeführt, ergänzt durch eine ausreichende Kündigungsfrist. Dadurch wird für die Anleger transparent, dass die Anlagen unternehmerische Investitionen von gewisser Dauer sind. Die Bewerbung der Finanzprodukte mit der Aussicht auf kurzfristige Rückzahlung der Einlage im Bedarfsfall ist damit nicht länger möglich. Zugleich erhöht die Maßnahme die Planungssicherheit der Anbieter.
- Um sicherzustellen, dass die Anleger auch beim Direktvertrieb über die wichtigsten Eigenschaften und Risiken einer Vermögensanlage informiert sind, sollen die Anleger künftig das Vermögensanlagen-Informationsblatt, das einen verschärften Hinweis auf Risiken enthält, unterschreiben.

ad. 5. Flankierende Erweiterung des Aufsichtsinstrumentariums
Flankierend zu den neuen materiellen Vorgaben für Anbieter von Vermögensanlagen und-Wertpapierfirmen sowie den erweiterten Prüf- und Anordnungskompetenzen der Bundesanstalt ist auch das Instrumentarium der Aufsichtsbehörden zu ergänzen:

- Um die Öffentlichkeit zu informieren, erhält die Bundesanstalt in Fällen, in denen Auskunftsverlangen oder Anordnungen gegenüber dem Anbieter eines Finanzprodukts nicht befolgt werden, die Befugnis zur Veröffentlichung von Warnhinweisen.
- Die Bundesanstalt kann künftig aufsichtsrechtliche Maßnahmen der Gefahrenabwehr, die sie im Rahmen der Bekämpfung von Verstößen gegen das Vermögensanlagegesetz ergreift, auf ihrer Internetseite bekannt machen. Ist die aufsichtsrechtliche Maßnahme noch nicht bestandskräftig, wird die Veröffentlichung mit dem Hinweis „diese Entscheidung ist noch nicht bestandskräftig“ versehen. Ferner sollen verhängte Bußgelder künftig – in Vorwegnahmen entsprechender EU-Vorgaben – zu veröffentlichen sein.
- Die BaFin erhält die Möglichkeit, einen externen Wirtschaftsprüfer mit einer Sonderprüfung des Jahresabschlusses zu beauftragen, wenn dazu Anlass bei einem Emittenten des „grauen“ Kapitalmarkts besteht, insbesondere bei Hinweisen Dritter, etwa des Finanzmarktwächters oder der Schlichtungsstellen auf bestehende Missstände.
- Zugleich wird die bisherige Obergrenze, bis zu der das Bundesamt für Justiz bei verspäteter Vorlage von Rechnungslegungsunterlagen Ordnungsgelder verhängen kann, für Unternehmen im Anwendungsbereich des Vermögensanlagengesetzes sowie für kapitalmarktorientierte Kapitalgesellschaften und haftungsbeschränkte Personenhandelsgesellschaften von 25.000 auf 250.000 € erhöht. Im Zuge der Umsetzung der Transparenzrichtlinie wird die Obergrenze auf 10 Mio. € heraufgesetzt werden.

Auch wenn im beschlossene Aktionsplan zum Schutz der Anleger nur unter Punkt 1 explizit auf die Crowdfunding-Industrie hingewiesen wird, so werden doch alle in Aussicht gestellten Maßnahmen (auch 2–5) massive Auswirkungen auf vor allem die Crowdinvesting-Plattformen in Deutschland haben. Viele der Einzelmaßnahmen erinnern an die Vorschläge der SEC im JOBS Act zum CROWDFUND Act, mittels denen auch versucht wird, einen Kompromiss zwischen der Eigenverantwortung eines mündigen Anlegers und einem möglichst weitgehenden Anlegerschutz zu finden. So verlangen auch die geplanten Bestimmungen zum CROWDFUND Act die Nutzung nur eines „Internetkanals" zur Übermittlung der Informationen eines Emittenten oder auch die verpflichtende Signierung eines Informationsblattes indem der Anleger bestätigt, das Risiko der Vermögensanlage verstanden zu haben usw.

Verständlich ist die grundsätzliche Forderung der Bundesregierung auf Gleichbehandlung der Veranlagungsform des partiarischen Darlehens mit anderen Veranlagungsformen durchaus. Meiner Ansicht macht auch die Forderung des § 34 f GewO nach dem Abschluss einer Berufshaftpflichtversicherung und einer nachgewiesenen Kompetenz in der Vermögensberatung Sinn und sollte für alle Crowdfunding-Plattformen ein Qualitätskriterium sein.

Offen ist jedoch die Frage inwiefern – um nicht dem Wachstum der Crowdfundingbranche in Deutschland im Weg zu stehen –, die Bestimmung des § 2 Nr. 3 b VermAnlG nach dem öffentliche Angebote von Vermögensanlagen nur dann prospektfrei bleiben können, wenn der innerhalb eines Jahres erzielte Emissionserlös 100.000 € nicht überschreitet, aufgeweicht werden sollte und welchen Weg Deutschland dabei gehen wird. Die diesbezügliche Grenze in Österreich wurde bereits 2013 auf 250.000 € erhöht.

Literatur

Röthler D, Wenzlaff K (2011) Crowdfunding schemes in Europe. European Expert Network on Culture (EENC). http://tosca.vtlseurope.com:8098/arxius/pdf/E130066.pdf. Zugegriffen: 25. Okt 2014.

Schenk R (2012) Crowdinvesting in Deutschland – Rechtliche Aspekte. Grin Verlag Gmb, Berlin

Steuern und Crowdfunding 13

Abhängig von der Art der Crowdfunding-Kampagne kommen unterschiedliche steuerliche Regelungen zur Anwendung.

13.1 Donation- und Rewardbasierendes Crowdfunding

13.1.1 Zur Anwendbarkeit der umsatzsteuerlichen Vorschriften bei Crowdfunding Projekten

Unternehmereigenschaft für umsatzsteuerliche Zwecke UnternehmerIn ist, wer eine gewerbliche oder berufliche Tätigkeit selbständig ausübt. Zu diesen Tätigkeiten gehört nach dem Gesetz jede *nachhaltige* Tätigkeit zur Erzielung von Einnahmen; eine Gewinnerzielungsabsicht ist dabei nicht notwendig. Die UnternehmerInneneigenschaft hängt von keiner bestimmten Rechtsform ab, sie kann auch bei losen Zusammenschlüssen entstehen, wenn diese zur Erzielung von Einnahmen nach außen tätig werden.

Eine gewerbliche oder berufliche Tätigkeit wird *nachhaltig* (Abschn. 2.3 Abs 5 UStAE) ausgeübt, wenn sie auf Dauer zur Erzielung von Entgelten angelegt ist. Zu einem Unternehmen (Abschn. 2.7 Abs 1 S 1 UStAE) gehören sämtliche Betriebe oder berufliche Tätigkeiten desselben Unternehmers oder derselben Unternehmerin: alle Tätigkeiten eines Unternehmers oder einer Unternehmerin, die zur Erzielung von Einnahmen führen, bilden umsatzsteuerlich ein Unternehmen. In den Rahmen des Unternehmens (Abschn. 2.7 Abs 2 UStAE) fallen neben den Grundgeschäften auch alle Hilfsgeschäfte, welche die Haupttätigkeit mit sich bringt.

Leistung und Gegenleistung Bei der erbrachten Leistung muss es sich um eine Leistung im wirtschaftlichen Sinne handeln. Dies bedeutet, dem oder der LeistungsempfängerIn

E. Sixt, *Schwarmökonomie und Crowdfunding,* DOI 10.1007/978-3-658-02929-6_13

muss ein individueller Vorteil aus der Leistung entstehen, der zu einem Verbrauch im Sinne des MwSt-Rechts führt.

Es handelt sich um echte nicht umsatzsteuerbare Zuschüsse (Abschn. 10.2 Abs 7 S 2 UStAE), wenn die Zahlungen nicht an bestimmte Gegenleistungen anknüpfen, sondern z. B. auf Grund überwiegend öffentlich-rechtlichen Interesses gezahlt werden (beispielsweise Förderungen). Nicht umsatzsteuerbare Zuschüsse liegen vor, wenn Zahlungen nicht auf Grund eines Leistungsaustausches erfolgen oder nicht in Zusammenhang mit einem bestimmten Umsatz stehen.

Bemessungsgrundlage der Steuer Entgelt (§ 10 Abs 1 S 2 UStG) ist alles, was der Leistungsempfänger aufwendet, um die Leistung zu erhalten, jedoch abzüglich der Umsatzsteuer. Grundsätzlich gilt, dass das Entgelt auch dann Bemessungsgrundlage für die Umsatzsteuer ist, wenn es dem objektiven Wert der bewirkten Leistung nicht entspricht (Abschn. 10.1 Abs 2 UStAE) (Ausnahme: Wert der Leistung beträgt weniger als 50 % des Entgeltes).

Entstehung der Steuerschuld Wird die Steuer nach vereinbartem Entgelt berechnet, entsteht sie mit Ablauf des Voranmeldezeitraums, in dem die Leistung ausgeführt worden ist. Wird das Entgelt vor Ausführung der Leistung vereinnahmt, ist die Steuer zum Ablauf des Voranmeldezeitraums fällig, in dem das Entgelt vereinnahmt wurde. Bei Berechnung der Steuer nach vereinnahmten Entgelt wird diese immer zum Ablauf des Voranmeldezeitraums fällig, in dem das Entgelt vereinnahmt wurde, der Zeitpunkt der Leistungserbringung spielt hier keine Rolle.

Anzuwendender Mehrwertsteuersatz Die Höhe der Mehrwertsteuer ist abhängig von der Art der erbrachten Lieferung oder Leistung d. h. werden Bücher oder Tickets als Dankeschön gegeben, kommt ein Mehrwertsteuersatz von 7 % (10 % in Österreich) zur Anwendung, für sonstiges Dankeschön (z. B. T-Shirts) müssen 19 % (20 % in Österreich) verrechnet werden usw.

Exkurs: Kleinunternehmerregelung

Die Kleinunternehmerregelung gemäß § 19 dUStG ist eine Vereinfachungsregelung im Umsatzsteuerrecht, die Unternehmern mit niedrigen Umsätzen ein Wahlrecht gewährt, weitgehend wie Nichtunternehmer behandelt zu werden. Kleinunternehmer können auf den Ausweis und die Abführung von Umsatzsteuer verzichten, sind dann aber auch vom Vorsteuerabzug aus Rechnungen anderer Unternehmer ausgeschlossen.

Die Umsatzsteuer wird von Unternehmern nicht erhoben, wenn der maßgebende Umsatz zuzüglich der darauf entfallenden Steuer im vorangegangenen Kalenderjahr 17.500 € nicht überstiegen hat und im laufenden Kalenderjahr 50.000 € voraussichtlich nicht übersteigen wird. Vorsteuerabzug ausschließende, steuerfreie Umsätze und Umsätze von Wirtschaftsgütern des Anlagevermögens sind nicht in den maßgebenden Umsatz einzubeziehen (§ 19 Abs 1 S 1 u. 2 UStG).

Kleinunternehmer haben die umsatzsteuerlichen Vorschriften zur Erstellung von Rechnungen zu erfüllen. Sie dürfen aber in ihren Ausgangsrechnungen nur den Bruttowert (bzw. Nettowert) ohne Angabe von Umsatzsteuersätzen und Umsatzsteuer aufführen. Dadurch wird verhindert, dass ein vorsteuerabzugsberechtigter Leistungsempfänger Vorsteuer aus den Rechnungen des Kleinunternehmers geltend machen kann. Weist ein Kleinunternehmer dennoch Umsatzsteuer offen aus, ist er zur Abführung dieser an das Finanzamt verpflichtet, die nur durch eine entsprechende Korrektur des falschen Steuerausweises in der Rechnung verhindert bzw. rückgängig gemacht werden kann (§ 14c Abs 1; § 17 Abs 1 UStG).

In Österreich beträgt die Umsatzgrenze für die Anwendung der Kleinunternehmerregelung (§ 6 Abs 1 Z 27 UStG) 30.000 €. Einmal in fünf Jahren darf die Grenze um max. 15 % überschritten werden.

Sowohl in Deutschland als auch in Österreich gibt es die Möglichkeit auf die Kleinunternehmerregelung zu verzichten.

13.1.2 Grundsätzliches zur Anwendbarkeit der ertragssteuerrechtlichen Regelungen

Um zu bewerten, ob die Einnahmen aus Crowdfundingkampagnen der Ertragssteuer unterliegen, ist zuerst die Unternehmereigenschaft des Projektbetreibers zu prüfen.

Unternehmereigenschaft nach den ertragssteuerrechtlichen Regelungen Im Gegensatz zur Definition des Unternehmers nach den umsatzsteuerrechtlichen Vorschriften setzen die ertragssteuerrechtlichen Regelungen eine Tätigkeit mit Gewinnerzielungsabsicht voraus. Diese definiert sich über eine wirtschaftlich auf Vermögensmehrung gerichtete Tätigkeit, wobei hierbei die gesamte Dauer der Tätigkeit betrachtet wird.

Definition der Betriebseinnahmen Die deutsche und österreichische Rechtsprechung definiert Betriebseinnahmen als sämtliche Zugänge in Geld oder Geldeswert, die durch den Betrieb veranlasst sind. Die Einnahmen müssen mit dem Betrieb in einem tatsächlichen oder wirtschaftlichen Zusammenhang stehen, dabei kommt es auf das auslösende Moment an. Nach dem Urteil des BFH vom 02.09.2008 sind betriebliche Einnahmen nicht nur Einnahmen, die aus Sicht des Unternehmers oder der Unternehmerin als Entgelt für betriebliche Leistungen erbracht werden, sondern können weit darüber hinausgehen. Dabei ist es weder erforderlich, dass ein Rechtsanspruch vorliegt, noch dass es zu einem Vermögenszuwachs im Betrieb kommt. Selbst nicht angestrebte oder nicht gewollte Einnahmen können Betriebseinnahmen sein.

Nach der Definition in Abschn. 6.5 Abs 1 der deutschen Einkommensteuerrichtlinien 2012 sind Zuschüsse Vermögensvorteile, die Zuschussgebern zur Förderung von zumindest auch in ihren Interessen liegenden Zwecken den Zuschussempfängern zuwenden (ohne Gegenleistung). Diese Zuschüsse (auch wenn ustrechtlich nicht steuerbar) sind ertragssteuerlich ebenfalls als Betriebseinnahmen zu erfassen. Erst wenn kein wirtschaftlicher Zusammenhang mit dem Unternehmen gegeben ist, verlagert sich die Zahlung in die Privatsphäre und ist nicht einkommensteuerpflichtig. Dann ist allerdings in Deutschland die Frage zu klären, ob sie der Schenkungsteuer unterliegt (Achtung Freibetrag von 20.000 €).

13.1.3 Steuerliche Situation beim spendenbasierenden (donation-based) Crowdfunding

Beim donationbasierenden Crowdfunding bekommt der Unterstützer für seine Zuwendung keine oder nur eine Gegenleistung von völlig unerheblichen Wert (z. B. eine einem Spendenerlagschein angeschlossene Weihnachtskarte).

Situation beim Unterstützer Grundsätzlich sind freiwillige Zuwendungen bzw. Spenden ohne Gegenleistung weder in Deutschland noch in Österreich steuerlich abzugsfähig. Da der Gesetzgeber jedoch freiwillige Zuwendungen von Privaten oder Unternehmen für bestimmte Zwecke wie Forschungseinrichtungen, mildtätige Zwecke oder gemeinnützige Organisationen fördern will, sehen die steuerlichen Bestimmungen sowohl in Deutschland als auch in Österreich Ausnahmen vor. Dabei muss grundsätzlich eine Spende ohne Erwartung eines besonderen Vorteils geleistet werden und die Spendenmotivation muss im Vordergrund stehen. Freiwillig erfolgt eine Leistung auch dann, wenn sich der Spender moralisch verpflichtet fühlt oder die Spende durch betriebliche Erwägungen mitveranlasst ist. Freiwillige Zuwendungen müssen zu einer endgültigen wirtschaftlichen Belastung des Gebers führen (d. h. keine Darlehen oder Verwahrungen).

- **Steuerliche Behandlung in Österreich**

Steuerlich abzugsfähig in Österreich sind Spenden an Einrichtungen, die im Gesetz (§ 4a Abs 3 Z 1 bis 3, Abs 4 und Abs 6 öEStG) ausdrücklich aufgezählt werden und an Einrichtungen, die zum Zeitpunkt der Spende über einen gültigen Spendenbegünstigungsbescheid verfügen und daher in der Liste der spendenbegünstigten Einrichtungen auf der Website des öBMF aufscheinen.

Die Feststellung, ob die gesetzlichen Voraussetzungen für die Aufnahme in die Liste der begünstigten Spendenempfänger vorliegen, erfolgt auf Antrag durch einen Bescheid (Spendenbegünstigungsbescheid) des für das gesamte Bundesgebiet Österreich zuständigen Finanzamtes Wien 1/23.

Maximal können 10 % des laufenden Einkommens/Betriebsergebnis auf Jahresbasis steuerlich geltend gemacht werden. Werden Wirtschaftsgüter zugewendet, ist der gemeine Wert als Betriebsausgabe anzusetzen.

Ab 2013 gilt die gesetzliche Verpflichtung, auf Verlangen des Spenders eine Spendenbestätigung auszustellen! Die Bestätigung kann eine einzelne Spende oder auch eine Jahresspendensumme beinhalten.

Unentgeltliche Zuwendungen, die an Organisationen gewährt werden, die keinen Spenden-begünstigungsbescheid haben, können steuerlich nicht geltend gemacht werden. Dasselbe gilt für jenen Teil der Zuwendungen, der oben angeführte im Gesetz vorgesehene Grenzen übersteigen.

- **Steuerliche Behandlung in Deutschland**

In Deutschland muss eine Spende der Förderung mildtätiger, kirchlicher, religiöser, wissenschaftlicher und als besonders förderungswürdig anerkannter gemeinnütziger Zwecke dienen. Die Begriffe mildtätig, kirchlich oder religiös im Zusammenhang mit Spenden sind in den §§ 52 bis 54 dAbgabenordnung (AO) geregelt. Der Abzug der Spenden ist davon abhängig, dass der Spendenempfänger eine inländische juristische Person des öffentlichen Rechts, eine öffentliche Dienststelle (z. B. Universität, Forschungsinstitut oder Stadtamt) oder eine als gemeinnützig anerkannte Organisation ist. Die Gemeinnützigkeit des Vereins, der Stiftung oder der gemeinnützigen GmbH (GmbH) muss durch eine vorläufige Bescheinigung über die Gemeinnützigkeit oder einen Freistellungsbescheid des Finanzamts – welches für die spendenempfangende Organisation zuständig ist – anerkannt worden sein.

Zuwendungen für steuerbegünstigte Zwecke (Spenden) sind grundsätzlich bis zur Höhe von 20 % des Gesamtbetrags der Einkünfte oder alternativ mit 0,4 % der Summe der gesamten Umsätze und der im Kalenderjahr aufgewendeten Löhne und Gehälter als Sonderausgabe abzugsfähig. Der Höchstbetrag für Unternehmen beträgt im Jahr 2 Promille des Gesamtumsatzes und der aufgewendeten Löhne und Gehälter oder aber 10 % des steuerpflichtigen Gewinns (§ 9 Abs 1 Nr. 2 KStG). Bei der Einkommensteuererklärung müssen die Zuwendungsbestätigungen (umgangssprachlich als Spendenquittung bezeichnet) vorgelegt werden. (Ausnahmen: Spenden bis zu 200 €).

Anzumerken ist, dass in Deutschland der Kreis der spendenbegünstigten Organisationen viel weiter gefasst ist im Vergleich zu Österreich, und für die Spendenabzugsfähigkeit schon die Bestätigung der Gemeinnützigkeit ausreicht, wohingegen in Österreich noch zusätzlich ein Spendenbegünstigungsbescheid vorliegen musS Beispielsweise sind in Österreich die Spenden an den Wikimedia-Österreich-Verein (zur Unterstützung von Wikipedia) nicht steuerlich abzugsfähig – anders als in Deutschland.

Situation beim Projektbetreiber Wenn es sich beim Projektbetreiber um einen „bestätigten" gemeinnützigen Verein handelt, kommen die entsprechenden steuerrechtlichen Bestimmungen für Vereine zur Anwendung (diesbezüglich wird nicht näher darauf eingegangen).

Handelt es sich beim Projektbetreiber um eine sonstige rechtliche oder natürliche Person gilt folgendes:

umsatzsteuerrechtlich: da keine Gegenleistung für die Unterstützung gegeben wird, handelt es sich um keinen steuerbaren Umsatz/also keine Umsatzsteuer (für steuerrechtliche Zwecke liegen nicht umsatzsteuerbare Zuschüsse vor).

ertragssteuerrechtlich: falls das Projekt innerhalb eines Unternehmens betrieben wird, sind die Einnahmen als Betriebseinnahmen zu versteuern. Falls es sich ausschließlich um eine Crowdfunding-Kampagne außerhalb eines Betriebes handelt (z. B. Funding für Studiengebühren usw.) gilt die erhaltene Zahlung als Schenkung (nicht steuerbar innerhalb des Freibetrags von 20.000 € pro Person (§ 16 dErbStG)).

13.1.4 Steuerliche Behandlung beim Reward-Based Crowdfunding

Auf den rewardbasierenden Crowfunding-Plattformen erhalten die Geldgeber als Gegenleistung für ihre finanziellen Zuwendungen das fertige Produkt (Vorfinanzierung), individuelle Geschenke (Dankeschöns), Medialeistungen (Sponsoring),

Abhängig von der Gegenleistung bestimmt sich die steuerliche Qualifikation der Transaktion.

Eindeutige Vorfinanzierung (PreSales) Unternehmer lassen sich sehr häufig im Rahmen eines Crowdfundings ihre Produktentwicklung bzw. die serielle Fertigung ihrer Produkte finanzieren. Die Geldgeber erhalten gegen sofortige Zahlung des meist günstigeren Kaufpreises das Produkt nach Herstellung. Zivilrechtlich gesehen, wird dabei ein Kaufvertrag mit Lieferfrist abgeschlossen: Betriebswirtschaftlich kommt es bereits zum Zeitpunkt der Entgegennahme des Geldes zu einer Umsatzrealisierung mit Rechnungslegung. Steuerrechtlich liegt beim Projektinitiator eine ertragssteuerpflichtige Betriebseinnahme vor und umsatzsteuerlich ein umsatzpflichtiger Veräußerungserlös. Beim Unterstützer/Geldgeber liegt ein Anschaffungsprozess in Höhe der Zuwendung vor.

Sponsoring (Gegenleistung: Werbung) Unter Sponsoring wird im allgemeinen die Gewährung von Geld oder geldwerten Vorteilen durch Unternehmen zur Förderung von Personen, Gruppen und/oder Organisationen in sportlichen, kulturellen, kirchlichen, wissenschaftlichen, sozialen, ökologischen oder ähnlich bedeutsamen gesellschaftspolitischen Bereichen verstanden, mit der regelmäßig auch eigene unternehmensbezogene Ziele der Werbung oder Öffentlichkeitsarbeit verfolgt werden. Leistungen eines Sponsors beruhen häufig auf einer vertraglichen Vereinbarung zwischen dem Sponsor und dem Empfänger der Leistungen (Sponsoringvertrag), in dem Art und Umfang der Leistungen des Sponsors und des Empfängers geregelt sind.

Grundsätzlich gilt: Bekommt der Geldgeber als Gegenleistung für seine Geldzuwendung Werbeleistungen, liegen beim Unterstützer/Geldgeber (wenn Unternehmer) im allgemeinen Betriebsausgaben vor, auch wenn die Geld- oder Sachleistungen des Projektinitiators und die erstrebten Werbeziele für das Unternehmen nicht gleichwertig sind. Der

Projektinitiator wiederum realisiert steuerbare (ertrags- und umsatzsteuerpflichtige) Betriebseinnahmen.

Liegt ein krasses Missverhältnis zwischen den Leistungen des Sponsors und dem erstrebten wirtschaftlichen Vorteil (Richtwert: gemeiner Wert der Werbeleistung beträgt weniger als 50 % des Wertes der Zuwendung des Geldgebers) vor, wird der Betriebsausgabenabzug beim Geldgeber in jenem Ausmaß versagt, in dem der Wert der Geldzuwendung die Gegenleistung (gemeiner Wert) übersteigt (Ausnahme: steuerlicher Tatbestand der Spende liegt vor). Beim Geldempfänger/Projektinitiator liegt in Höhe des gemeinen Wertes der erhaltenen Gegenleistung ein umsatzsteuerpflichtiger Umsatz vor, in Höhe des Betrages der den gemeinen Wert übersteigt, liegt ein nicht steuerbarer Zuschuss vor. Für ertragssteuerliche Zwecke (falls Unternehmen) liegen zur Gänze steuerpflichtige Betriebseinnahmen vor.

Anmerkung: Im Schreiben vom 13. November 2012 des deutschen Bundesministerium für Finanzen wird speziell auf die umsatzsteuerliche Behandlung von Geldzuwendungen für Sponsoring eingegangen. Das dBMF hält fest, das mit der bloßen Nennung des Sponsors – ohne besondere Hervorhebung – diesem vom Zuwendungsempfänger weder ein verbrauchsfähiger Vorteil gewährt, noch ihm Kosten erspart werden, die er sonst hätte aufwenden müssen. Daher erfolgt mit dem Hinweis des Empfängers von Zuwendungen auf Plakaten, in Veranstaltungshinweisen, in Ausstellungskatalogen, usw., keine Erbringung einer Leistung im Rahmen eines Leistungsaustausches. Dieser Hinweis kann unter Verwendung des Namens, Emblems oder Logos des Sponsors, jedoch ohne besondere Hervorhebung oder Verlinkung zu dessen Internetseiten, erfolgen. D. h. falls im rewardbasierenden Crowdfunding Dankeschöns in Form der Nennung des Unterstützers z. B. im Abspann des finanzierten Films oder Magazins usw. gewährt werden, liegen insofern nicht steuerbare Zuschüsse vor, die nicht der Umsatzsteuer zu unterwerfen sind. Beim Projektinitiator sind die Einnahmen jedoch als Betriebseinnahmen zu erfassen (falls im Rahmen eines Unternehmens erbracht).

Sonstige Gegenleistungen Bei einer rewardbasierenden Crowdfunding-Kampagne werden, soweit es sich nicht um PreSales und nicht um Sponsoring handelt, häufig Gegenleistungen von den Projektinitiatoren gegeben, die nicht dem Wert der erhaltenen Geldleistung entsprechen. Dabei kann es ebenso wie beim Sponsoring zur Realisierung des Tatbestands eines nicht steuerbaren Zuschusses kommen. Darauf wird im folgenden eingegangen.

Erfassung beim Unterstützer/Supporter/Geldgeber Betriebswirtschaftlich handelt es sich – soweit keine Deckung im gemeinen Wert der Gegenleistung gegeben ist (Voraussetzung gemeiner Wert der Gegenleistung ist geringer als 50 % der Zuwendung) – um unentgeltliche Zuwendungen, die nur unter bestimmten Bedingungen zu Spenden im Sinne des Steuerrechts werden und steuerlich als Betriebsausgabe abzugsfähig sind. Beträgt der gemeine Wert der erhaltenen Gegenleistung mehr als 50 % der finanziellen Zuwendung, ist der gesamte Betrag – falls im Rahmen eines Unternehmens gegeben – als Betriebsausgabe oder Anschaffungskosten zu erfassen.

Erfassung beim Projektinitiator Beträgt der Wert der Gegenleistung weniger als 50 % des erhaltenen Geldbetrages, liegt in Höhe des gemeinen Wertes der erhaltenen Gegenleistung ein umsatzsteuerpflichtiger Umsatz vor, in Höhe des Betrages der den gemeinen Wert übersteigt, liegt ein nicht umsatzsteuerbarer Zuschuss vor. Für ertragsteuerliche Zwecke (falls Unternehmen) liegen beim Projektbetreiber zur Gänze steuerpflichtige Betriebseinnahmen vor. Eine Schenkung liegt mE nicht vor, da es sich bei Schenkungen per Definition um Zuwendungen handelt, die über die vertraglich vereinbarte Leistung hinausgehen und damit ohne Rechtsanspruch erfolgen was mE für Zusagen bei rewardbasierenden Crowdfunding-Kampagnennicht anwendbar ist.

Beträgt der Wert der Gegenleistung mehr als 50 % des erhaltenen Geldbetrages, unterliegt der gesamte Betrag der Umsatzsteuer bzw. der Ertragssteuer.

Der gemeine Wert (§ 9 Bewertungsgesetz (BewG)) wird durch den Preis bestimmt, der im gewöhnlichen Geschäftsverkehr nach der Beschaffenheit des Wirtschaftsgutes bei einer Veräußerung zu erzielen wäre. Dabei sind alle Umstände, die den Preis beeinflussen, zu berücksichtigen. Ungewöhnliche oder persönliche Verhältnisse sind nicht zu berücksichtigen. Der gemeine Wert ist ein Bruttowert. Er beinhaltet auch die Umsatzsteuer (vgl. u. a. A 153 Abs 4 Satz 3 UStR 2005, Völkel/Karg, Umsatzsteuer, Stuttgart 2007), entnommen Wikipedia, http://de.wikipedia.org/wiki/Gemeiner_Wert, *zuletzt zugegriffen am 6.August 2014.*

13.2 Equity- und Lendingbasierendes Crowdfunding

Auf den verschiedenen Crowdinvesting/Crowdlending-Plattformen in Deutschland werden eine Vielzahl verschiedener Finanzierungsformen angeboten. Während Crowdlending typischerweise auf festverzinslichen, nicht nachrangig ausgestalteten Darlehen basiert, kommt beim Crowdinvesting ein breit gefächertes Instrumentarium zum Einsatz, das vom partiarischen Nachrangdarlehen, bei dem sich die Höhe der Gegenleistung für die Kapitalüberlassung an Gewinn oder Umsatz des Kapitalnehmers orientiert, über Genussrechte und stille Beteiligungen bis hin zum „echten" Eigenkapital im gesellschaftsrechtlichen Sinne in Form von Aktien reicht.

Entsprechend der Gestaltungen variiert die steuerliche Behandlung der jeweiligen Finanzierungsformen.

13.2.1 Die gängigen Finanzierungsformen im Überblick

13.2.1.1 Festverzinsliche Darlehen

Bei einem Darlehen handelt es sich um eine Kapitalüberlassung auf schuldrechtlicher Basis. Der Darlehensgeber überlässt dem Darlehensnehmer einen Geldbetrag und erhält hierfür eine feste Verzinsung. Nach der vereinbarten Darlehenslaufzeit ist der Darlehensbetrag zurückzuzahlen.

- **Deutschland**[1]

Beim Privatanleger stellen die an ihn gezahlten Darlehenszinsen Einkünfte aus Kapitalvermögen dar, die grundsätzlich der sog. Abgeltungsteuer unterliegen. Dies bedeutet, dass die Zinseinkünfte nicht dem persönlichen Steuersatz des Anlegers unterliegen, sondern pauschal mit 25 %, zzgl. 5,5 % Solidaritätszuschlag (Solz) auf den Steuerbetrag und ggf. Kirchensteuer, besteuert werden, so dass sich ein Steuersatz in Höhe von 26,375 % (ohne Kirchensteuer) ergibt. Bei der Ermittlung der Einkünfte aus Kapitalvermögen ist als Werbungskosten ein Betrag von € 801 (Einzelveranlagung) abzuziehen (Sparer-Pauschbetrag); der Abzug der tatsächlichen Werbungskosten ist indes ausgeschlossen.

Beim betrieblichen Anleger stellen die Darlehenszinsen gewerbliche Einkünfte dar, die mit dem persönlichen Einkommensteuersatz des Anlegers besteuert werden. Ist der Anleger eine Körperschaft, unterliegen die Zinseinkünfte einer 15 %igen Körperschaftsteuer (zzgl. 5,5 % Solz) und der Gewerbesteuer (ca. 15 %).

Beim Darlehensnehmer sind, wenn es sich um ein Darlehen für gewerbliche Zwecke handelt, die gezahlten Darlehenszinsen grundsätzlich in voller Höhe als Betriebsausgaben abziehbar. Im Rahmen der Gewerbesteuer erfolgt eine gewerbesteuerliche Hinzurechnung in Höhe von 25 % der Entgelte für Zinsen, die den Betrag von € 100.000 übersteigen, so dass die gezahlten Zinsen für gewerbesteuerliche Zwecke unter Umständen nicht voll als Betriebsausgaben berücksichtigt werden.

Für den Darlehensnehmer besteht unter Umständen die Pflicht, Kapitalertragsteuer einzubehalten und an das Finanzamt abzuführen (§ 43 Abs 1 Nr. 7 EStG).

- **Österreich**

Der Privatanleger bezieht mit den an ihn bezahlten Darlehenszinsen Einkünfte aus Kapitalvermögen, die nicht endbesteuert sind. Die betreffenden Zinsen sind im Veranlagungsweg zum Normalsteuersatz zu erfassen.

Beim Darlehensnehmer sind, wenn es sich um ein Darlehen für betriebliche Zwecke handelt, die gezahlten Darlehenszinsen grundsätzlich in voller Höhe als Betriebsausgaben abziehbar.

Die Ausgabe von festverzinslichen (oder variablen) Darlehen löst keine Verkehrsteuer auS

13.2.1.2 Partiarisches Darlehen

Bei einem partiarischen Darlehen handelt es sich um eine Kapitalüberlassung auf schuldrechtlicher Basis. Ein partiarisches Darlehen sieht meist eine gewinnabhängige oder umsatzabhängige Vergütung neben einem festen Zinsanteil vor (kein Verlustbeteiligung).

---

[1] *Dr. Petra Eckl, Rechtsanwältin, Steuerberaterin und Partnerin im Frankfurter Büro von GSK STOCKMANN + KOLLEGEN, entnommen aus der Steuerbroschüre des German Crowdfunding Networks, Stand 19.10. 2014.*

Die Besteuerung entspricht in Deutschland grundsätzlich der Besteuerung wie beim festverzinslichen Darlehen.

Die Ausgabe partiarischer Darlehen unterliegt in Österreich – bis zur Abschaffung per 31.12.2015– der Gesellschaftsteuer, wenn die Darlehen gewinnabhängig verzinst sind.

13.2.1.3 Genussrechte

Steuerlich ist hierbei qualifizierten (beteiligungsähnlichen) Genussrechten, die ein Recht am Gewinn und am Liquidationserlös (in Österreich Liquidationsgewinn) gewähren, und einfachen (obligatorischen) Genussrechten, welche keine Beteiligung am Liquidationserlös (Liquidationsgewinn) gewähren, zu unterscheiden.

- **Deutschland**[2]

Abhängig von der steuerlichen Einordnung hat ein Privatanleger Einkünfte aus Kapitalvermögen im Sinne des § 20 Abs 1 Nr. 7 EStG (einfaches Genussrecht) oder Kapitaleinkünfte im Sinne des § 20 Abs 1 Nr. 1 EStG (qualifiziertes Genussrecht), die jeweils der Abgeltungssteuer unterliegen. Die Unterscheidung der beiden Genussrechtsarten kann ggf. bei einer Veräußerung relevant werden, da für qualifizierte Genussrechte die Spezialregelung des § 17 EStG einschlägig sein kann.

Beim betrieblichen Anleger liegen gewerbliche Einkünfte vor, die mit dem persönlichen Einkommensteuersatz des Anlegers besteuert werden. Für Einkünfte aus qualifizierten Genussrechten gilt dabei das Teileinkünfteverfahren (§ 3 Nr. 40 EStG), so dass 40 % der Einkünfte steuerfrei sind. Bei einer Körperschaft als Anleger sind ggf. 95 % der Einkünfte steuerfrei (§ 8b KStG).

Beim Genussrechtsemittenten sind Ausschüttungen auf einfache Genussrechte Betriebsausgaben. Ausschüttungen auf qualifizierte Genussrechte sind hingegen keine Betriebsausgaben (§ 8 Abs 3 S 2 KStG), sondern stellen eine Gewinnverwendung dar. Im Rahmen der Gewerbesteuer erfolgt für einfache Genussrechte eine gewerbesteuerliche Hinzurechnung in Höhe von 25 % der Entgelte, die den Betrag von € 100.000 übersteigen.

Bei qualifizierten Genussrechten besteht grundsätzlich eine Verpflichtung des Genussrechtsemittenten bzw. des depotführenden Kreditinstitutes, Kapitalertragsteuer einzubehalten (§ 43 Abs 1 Nr. 1, Nr. 1a EStG). Bei einem einfachen Genussrecht besteht nur unter Umständen eine Pflicht zum Kapitalertragsteuereinbehalt (§ 43 Abs 1 Nr. 7 EStG).

[2] *Dr. Petra Eckl, Rechtsanwältin, Steuerberaterin und Partnerin im Frankfurter Büro von GSK STOCKMANN + KOLLEGEN, entnommen aus der Steuerbroschüre des German Crowdfunding Networks, Stand 19.10. 2014.*

- **Österreich**[3]

Qualifizierte (beteiligungsähnliche) Genussrechte gelten steuerlich als Beteiligung. Dementsprechend ist die laufende Gewinnbeteiligung auf Ebene der ausschüttenden Gesellschaft ertragsteuerlich nicht abzugsfähig. Bei einem Privatanleger sind die betreffenden Ausschüttungen mit 25 % KESt/endbesteuert. Ein öffentliches Angebot der Genussrechte ist nicht notwendig.

Im Veräußerungsfall unterliegen die Veräußerungsgewinne aus beteiligungsähnlichen Genussrechten – als realisierte Wertsteigerungen iSd § 27 Abs 3 EStG – unabhängig von einer Behaltedauer und unabhängig vom Beteiligungsausmaß der Einkommensteuerpflicht. Veräußerungsgewinne werden mit dem Sondersteuersatz nach § 27a EStG (25 %) besteuert. Eine KESt/Endbesteuerung kommt nur zum Tragen, wenn die betreffenden Anteile von einem inländischen Kreditinstitut verwaltet werden. Ein Veräußerungsverlust kann mit anderen sondersteuersatz- oder endbesteuerten Veräußerungsgewinnen (auch aus anderen Wertpapieren), und Zinsen aus Forderungswertpapieren sowie Dividenden verrechnet werden; ein Verlustausgleich ist mit Zinsen aus Bankeinlagen sowie Zuwendungen aus Privatstiftungen, weiters auch mit normalbesteuerten Einkünften aus Kapitalvermögen ausgeschlossen.

Ein Verlustvortrag ist nicht möglich.

Obligationenähnliche Genussrechte gelten ertragsteuerlich als Fremdkapital. Dementsprechend ist die laufende Gewinnbeteiligung ertragsteuerlich – nach Maßgabe der allgemeinen Voraussetzungen – als Betriebsausgabe (ähnlich wie bei Zinsen) zu qualifizieren.

Beim Privatanleger unterliegt die laufende Gewinnbeteiligung nur dann der KESt/Endbesteuerung, wenn die obligationenähnlichen Genussrechte verbrieft sind und öffentlich angeboten wurden. Liegen die angeführten Voraussetzungen nicht vor, erfolgt die Besteuerung im Veranlagungswege zum Normalsteuersatz. Dieselbe Systematik kommt für Veräußerungsgewinne zum Tragen: Der Sondersteuersatz bzw die KESt/Endbesteuerung kommt nur bei Verbriefung und öffentlichem Angebot zur Anwendung. Andernfalls werden Veräußerungsgewinne im Veranlagungsweg zum Normalsteuersatz erfasst. Veräußerungsverluste unterliegen dem allgemeinen „Box-System" des § 27 EStG: Sondersteuersatzfähige Einkünfte können mit anderen KESt/endbesteuerten Einkünften (ausgenommen Zinsen aus Bankeinlagen und Zuwendungen aus Privatstiftungen) verrechnet werden. Normalbesteuerte Einkünfte nur mit (anderen) normalbesteuerten Einkünften aus Kapitalvermögen. Einen Verlustvortrag gibt es nicht.

Die Emission von Genussrechten unterliegt der Gesellschaftsteuer (1 % der Einlage). Die Gesellschaftsteuer soll im Jahr 2016 abgeschafft werden.

[3] Uni.Prof. Dr. Sabine Kirchmayr-Schliesselberger, Leitner&Leitner Wien, entnommen aus der Steuerbroschüre des German Crowdfunding Networks, Stand 19.10.2014.

13.2.1.4 Typische stille Beteiligung

Bei einer typischen stillen Beteiligung beteiligt sich ein Dritter am Handelsgewerbe eines Kaufmanns (§§ 230 ff. HGB für Deutschland bzw §§ 179 ff UGB). Es handelt sich hierbei um eine Rechtsbeziehung auf gesellschaftsrechtlicher Basis, die von einer gemeinsamen Zweckverfolgung geprägt ist, wobei dem still Beteiligten aber kein maßgeblicher Einfluss auf die Führung des Handelsgewerbes zukommt. Der stille Beteiligte nimmt am Gewinn und Verlust des Handelsgewerbes teil, ist aber grundsätzlich nicht am Vermögen beteiligt. Die Verlustbeteiligung kann zudem ebenfalls ausgeschlossen werden.

- **Deutschland**[4]

Beim Privatanleger stellen die Einkünfte aus einer stillen Beteiligung Einkünfte aus Kapitalvermögen dar, die der Abgeltungsteuer unterliegen.

Beim betrieblichen Anleger liegen gewerbliche Einkünfte vor, die mit dem persönlichen Einkommensteuersatz des Anlegers besteuert werden (oder ggf. 15 % Körperschaftsteuer (zzgl. 5,5 % SolZ) und Gewerbesteuer (ca. 15 %) bei einer Kapitalgesellschaft als Anleger).

Die an den still Beteiligten gezahlten Gewinnanteile sind grundsätzlich in voller Höhe als Betriebsausgaben zu berücksichtigen. Im Rahmen der Gewerbesteuer erfolgt eine gewerbesteuerliche Hinzurechnung in Höhe von 25 % der Entgelte, die den Betrag von € 100.000 übersteigen.

Vom Handelsgewerbe, an dem die Beteiligung besteht, ist ein Kapitalertragsteuereinbehalt durchzuführen (§ 43 Abs 1 Nr. 3 EStG).

- **Österreich**

Beim Privatanleger sind die laufende Gewinnbeteiligung, der Abschichtungs- und allfälliger Veräußerungsgewinn als normalbesteuerte Einkünfte aus Kapitalvermögen im Veranlagungsweg zu erfassen. Bei inländischen (österreichischen) Anlegern besteht keine KESt-Pflicht.

Auf Ebene des emittierenden Unternehmers gilt die stille Gesellschaft als Fremdkapital. Dementsprechend ist die laufende Gewinnbeteiligung als Betriebsausgabe (ähnlich wie Zinsen aus Fremdkapital) nach Maßgabe der allgemeinen Voraussetzungen als Betriebsausgabe abzugsfähig.

Die Emission von stillen Gesellschaften unterliegt – bis zur Abschaffung per 31.12.2015– der Gesellschaftsteuer (1 % der Einlage).

[4] *Dr. Petra Eckl, Rechtsanwältin, Steuerberaterin und Partnerin im Frankfurter Büro von GSK STOCKMANN + KOLLEGEN, entnommen aus der Steuerbroschüre des German Crowdfunding Networks, Stand 19.10. 2014.*

13.2.1.5 Atypisch stille Beteiligung

Eine atypisch stille Beteiligung liegt vor, wenn eine stille Beteiligung dem Gesamtbild nach einer steuerlichen Mitunternehmerschaft entspricht. Hiervon ist regelmäßig dann auszugehen, wenn der still Beteiligte nicht nur am Gewinn und Verlust, sondern auch am Vermögen der Gesellschaft beteiligt ist und ihm daneben Einflussnahme- und Kontrollrechte eingeräumt werden.

- **Deutschland**[5]

Der Anleger ist als steuerlicher Mitunternehmer anzusehen und erzielt keine Einkünfte aus Kapitalvermögen, sondern gewerbliche Einkünfte. Das gleiche gilt für betriebliche Anleger. Die Einkünfte sind von den Anlegern mit ihrem persönlichen Einkommensteuersatz zu versteuern (oder ggf. 15 % Körperschaftsteuer (zzgl. 5,5 % SolZ) und Gewerbesteuer (ca. 15 %) bei einer Kapitalgesellschaft als Anleger).

Der Gewinnanteil des atypisch still Beteiligten ist keine Betriebsausgabe, sondern Gewinnverteilung. Ein Kapitalertragsteuereinbehalt ist nicht vorzunehmen.

- **Österreich**

Atypisch stille Beteiligungen gelten ertragsteuerlich als Mitunternehmerschaft; das bedeutet, dass der stille Gesellschafter keine Einkünfte aus Kapitalvermögen, sondern anteilig betriebliche Einkünfte erzielt. Die betreffenden Einkünfte sind im Veranlagungsweg zum Normalsteuersatz zu erfassen. Allfällige Verluste sind ebenfalls betriebliche Verluste und als solche grundsätzlich ausgleichs- und nach Maßgabe der allgemeinen Voraussetzungen vortragsfähig.

Die Emission einer atypisch stillen Beteiligung unterliegt – bis zur Abschaffung per 31.12.2015– der Gesellschaftsteuer (1 % der Einlage).

13.2.1.6 Aktien

Eine Aktie ist ein Anteil an einer Aktiengesellschaft (AG), der entsprechende Mitgliedschaftsrechte des Anlegers verbrieft (insbesondere Gewinnbezugsrechte, Stimmrechte und eine Beteiligung am Liquidationserlös). Aktien können als Nennwertaktien oder als Stückaktien herausgegeben werden. Möglich sind auch sog. Vorzugsaktien, die zwar kein Stimmrecht, dafür aber einen erhöhten Gewinnanteil gewähren.

- **Deutschland**[6]

---

[5] *Dr. Petra Eckl, Rechtsanwältin, Steuerberaterin und Partnerin im Frankfurter Büro von GSK STOCKMANN + KOLLEGEN, entnommen aus der Steuerbroschüre des German Crowdfunding Networks, Stand 19.10. 2014.*

[6] Ebenda.

Einkünfte, die aus Dividenden, also Gewinnausschüttungen einer AG resultieren, stellen bei einem Privatanleger Einkünfte aus Kapitalvermögen dar, die grundsätzlich der Abgeltungssteuer unterliegen.

Beim betrieblichen Anleger liegen gewerbliche Einkünfte vor, die mit dem persönlichen Steuersatz des Anlegers besteuert werden, wobei das Teileinkünfteverfahren Anwendung findet (§ 3 Nr. 40 EStG), so dass 40 % der Einkünfte steuerfrei sind. Bei einer Körperschaft als Anleger sind ggf. 95 % der Einkünfte steuerfrei (§ 8b KStG).

Von der AG vorgenommene Gewinnausschüttungen stellen keine Betriebsausgaben, sondern eine Gewinnverwendung (§ 8 Abs 3 S 2 KStG), dar.

Für die AG bzw. für das depotführende Kreditinstitut besteht grundsätzlich die Verpflichtung, Kapitalertragsteuer einzubehalten (§ 43 Abs 1 Nr. 1, Nr. 1a EStG).

- **Österreich**

Gewinnausschüttungen aus Aktien sind beim Privatanleger KESt/endbesteuert bzw. sondersatzbesteuert. Bei inländischen Aktiengesellschaften behält die ausschüttende Aktiengesellschaft die KESt ein. Veräußerungsgewinne unterliegen beim Privatanleger – als Einkünfte aus realisierten Wertsteigerungen – dem Sondersteuersatzregime oder – im Falle einer depotführenden Stelle im Inland – der KESt/Endbesteuerung. Veräußerungsverluste können – nach dem allgemeinen „Boxsystem" des § 27 – mit anderen sondersatzbesteuerten bzw. KESt/endbesteuerten Einkünften (ausgenommen Zinsen aus Bankeinlagen und Zuwendungen aus Privatstiftungen) verrechnet werden. Ein Verlustvortrag besteht nicht.

Schwachstellen des Crowdfundings 14

Crowdfunding steht erst am Anfang seiner Entwicklung. Das Potenzial scheint groß und das damit einhergehende Engagement Vieler könnte einige gesellschaftliche Probleme, wie beispielsweise den Rückgang der Innovationskraft der entwickelten Länder, die sich in den letzten Jahren vermehrt gezeigt haben, lösen.

Damit aber Crowdfunding als alternatives Finanzierungsinstrument allgemeine Anerkennung findet, ist Bewusstseins- und Vertrauensbildung sowie Transparenz notwendig. Dinge, die erst durch eindeutige Begriffsdefinitionen, geregelten Wissensaufbau und Wissenstransfer, Festlegung von Richtlinien und Standards sowie der Akzeptanz durch staatliche Aufsichtsbehörden erreicht werden.

14.1 Fehlende Aufsichtsbehörde, fehlende Regulierungen

Die Diskussionen über das Potenzial des Crowdfundings als alternative Finanzierungsquelle, vor allem für die Kreativwirtschaft und innovative Unternehmen, begannen in den USA etwa zur selben Zeit wie in Europa.

In Europa entwickelte sich der Bereich Crowdinvesting in den letzten Jahren bedingt durch die strengeren US-Regelungen aufgrund einzelner länderspezifischen Initiativen sogar schneller als in den USA. Inzwischen besteht jedoch die Gefahr, dass Europa durch die für 2014 geplante Umsetzung auch des dritten Teils des JOBS Acts CROWDFUND Act in die Rückenlage gerät. Die Bestimmungen des CROWDFUND Act adressieren das Thema Anlegerschutz in einer Weise, die die noch vorhandenen Bedenken ausräumen und zusammen mit den in den USA möglichen Skaleneffekten für einen immensen Erfolg der Crowdinvesting-Plattformen in den USA sorgen könnten. Damit könnte in den USA eine massive Innovationsbewegung durch den hoffentlich einsetzenden Kapitalfluss in Wachstumsunternehmen ausgelöst werden.

E. Sixt, *Schwarmökonomie und Crowdfunding,* DOI 10.1007/978-3-658-02929-6_14

Bedingt durch die in Europa teilweise sehr unterschiedlichen länderspezifischen Regelungen ist länderübergreifendes Crowdfunding in Europa nur sehr eingeschränkt möglich, gleichzeitig agieren die einzelnen Staaten nur sehr langsam und teilweise nur fallspezifisch auf die Anforderungen dieser neuen alternativen Finanzierungsmethode.

Gesetze, Richtlinien und Standards sowie Festlegung der Aufsichtsbehörden zu den einzelnen Crowdfunding-Aktivitäten, vorzugsweise auf Ebene der Europäischen Union, würden Vertrauen schaffen. Vertrauen ist jedoch unbedingt notwendig, um der Idee des Crowdfundings in all ihren unterschiedlichen Varianten auch in Europa zum Durchbruch zu verhelfen.

14.2 Fehlendes Basiswissen/fehlendes Vertrauen

Momentan ist Crowdfunding aufgrund fehlender Information immer noch ein Thema für einen sehr eingeschränkten Teil der Bevölkerung. Um jedoch das notwendige Vertrauen in der Bevölkerung gewinnen zu können, muss mehr Basiswissen über diese alternativen Finanzierungsmethoden verfügbar sein.

Die festzustellende Vielfalt der Ausprägungen der Crowdfunding-Plattformen ist einerseits begrüßenswert, unterstützt aber die zunehmende Verwirrung.

Die Verbreitung von Basiswissen und die Bildung einheitlich anzuwendender Branchenstandards kann auch durch die Bildung von Branchenverbänden und Interessensverbänden rund um das Thema Crowdfunding erfolgen. So hat am 1. Juli 2012 in Brüssel ein Treffen von rund drei Dutzend Playern in der europäischen Crowdfunding-Szene stattgefunden. Damit wurde der Startschuss zur Errichtung des Europäischen Crowdfunding Netzwerkes (European Crowdfunding Network) (Vorsitzender und Gründer ist Oliver Gajda) gegeben.

Primäres Ziel dieses Netzwerkes ist es, eine Präsenz des Themas Crowdfunding gegenüber den EU-Behörden durch ein dementsprechendes Lobbying zu erreichen. Angelehnt ist dieses Netzwerk wohl an das American Crowdfunding Leadership Network, das führend beim Lobbying des JOBS Acts in den USA war und ist. Ähnliche Organisationen bilden sich bereits in den einzelnen Ländern und übernehmen dort ebenfalls die Aufgabe des Lobbying dieser neuen alternativen Finanzierungsmethode gegenüber der Politik und sonstigen Behörden (beispielsweise das German Crowdfunding Netzwerk, oder auch die UK Crowdfunding Association und die UK Peer-to-Peer Finance Association).

14.3 Fehlende Transparenz

Transparenz der Plattformen über das angewandte Geschäftsmodell, die durchgeführten Projekte usw. ist die Voraussetzung für die Akzeptanz und entscheidend für den langfristigen Erfolg dieser Finanzierungsmethode.

Transparenz umfasst dabei einerseits eine Nachvollziehbarkeit der einzelnen Prozessschritte beim Crowdfunding, beginnend mit der Projektauswahl, der Abwicklung der Projekte, der Gebührenstruktur der Plattform, sowie der Betreuung der einzelnen Projekte und Transparenz, andererseits hinsichtlich Vergleichbarkeit der Projekte, zu der Erfolgsquote, zu den misslungenen Projekten usw.

Bestehende Lösungen der Finanzdienstleistungsindustrie, die zur Risikoabschätzung der einzelnen Finanzierungsprojekte eingesetzt wurden, im speziellen Rating-Prozesse, haben sich als zu inflexibel und zu teuer zur Risikobeurteilung von Wachstumsunternehmen oder sonstiger kleiner und mittelständischer Unternehmen erwiesen. Trotz der sehr detaillierten Anforderungen waren diese Rating-Verfahren nicht geeignet, große Marktversagen, wie die US-Subprime-Krise zu antizipieren.

Im Crowdfunding-Bereich muss für die Webunternehmen ein Art Rating-System, basierend auf dem Wissen der Crowd, entwickelt werden. Dafür ist jedoch unbedingte Transparenz der Plattformen und der Projekte notwendig. Vor allem die allgemeine Bildung von Benchmarkingsystemen auf einzelnen branchenspezialisierten Plattformen (beispielsweise Film-, Konsumgüter-, Immobilien -Plattformen usw.), wie sie bereits beobachtbar sind, könnte einen großen Beitrag zur Vertrauensbildung leisten.

Erhöhte Transparenz hinsichtlich der Entwicklung der Portfolios einzelner Benchmarkinginvestoren auf den Plattformen könnte einen Schulungseffekt unerfahrener Investoren bewirken.

Teilweise beginnen die einzelnen Branchen in den verschiedenen Ländern, sich selbst einen Kodex bzw. eine Art Zertifizierungssystem, das auf mehr Transparenz ausgerichtet ist, zu erstellen.

14.4 Hohe Transaktionskosten

Die Erlösmodelle der Crowfunding-Plattformen basieren meist auf einer Erfolgsprovision zwischen 5 und 10 % des aufgebrachten Kapitals. Da zusätzlich meist noch Gebühren bis zu 5 % für den Zahlungsverkehr anfallen[1], können die Kosten dieser Finanzierungsmethode sich bis zu 15 % steigern. Die Gebühren für den Zahlungsverkehr resultieren aus der notwendigen Einschaltung von Zahlungsdienstleistern oder Finanzdienstleistern, deren Gebührenstruktur speziell bei kleinen Crowdfundingbeträgen unverhältnismäßig hoch ist.

Ein Thema, das eventuell mit innovativen Ansätzen, wie der Nutzung von digitalen Währungen, behoben werden kann.

[1] so entstehen bei PayPal mehrmals Transaktionskosten, zuerst beim Einzahlen, dann beim Transfer von einem Konto auf ein anderes und schließlich bei der Auszahlung des Geldes an die Projektinhaber.

14.5 Starke Fragmentierung des Marktes in Europa

Laut einer Mitteilung der Europäischen Kommission vom 27. März 2014 sind 81 % der rewardbasierenden und spendenbasierenden Crowdfunding-Plattformen in Europa grenzüberschreitend tätig. Zusätzliche 14 % wollen das in der nahen Zukunft ebenfalls machen.

Im Vergleich dazu sind nur 38 % der Crowdlending bzw. Crowdinvesting-Plattformen grenzüberschreitend tätig. 50 % dieser Plattformen planen in Zukunft eine vermehrte grenzüberschreitende Tätigkeit. 44 % dieser Plattformen gaben an, das aufgrund fehlender Informationen über anwendbares Recht bis dato auf eine grenzüberschreitende Tätigkeit verzichtet wurde. 27 % haben die hohen Kosten des Erhalts einer Zulassung in einem zusätzlichen Land als Grund für die eingeschränkte Tätigkeit angegeben[2].

Speziell bei den Crowdinvesting-Plattformen erfolgt die Einschränkung auf nationale Projekte und Investoren auch aus dem Gesichtspunkt des Anlegerschutzes. Crowdcube (UK) oder auch Seedmatch (DE) akzeptieren beispielsweise nur Crowdfunding-Projekte britischer bzw. deutscher Unternehmer. Die deutsche Plattform Seedmatch verlangt gleichzeitig von den Investoren ein deutsches Bankkonto – beschränkt somit also auch die Investoren.

Die Behandlung des Anlegerschutzes erfolgt in den einzelnen Staaten sehr unterschiedlich: So lässt die USA momentan nur akkreditierte Investoren zu bzw. plant nach dem CROWDFUND Act eine Beschränkung des Investments abhängig vom Einkommen des Investors. Eine entsprechende Regelung gibt es auch in Großbritannien seit dem 1. April 2014.

Durch die geografische Einschränkung gehen jedoch mögliche Skaleneffekte für die Crowdfunding-Plattformen verloren. Nur eine Plattform, die es schafft, ihr Geschäftsmodell auf mehrere Märkte, auf den EU-Binnenmarkt oder international, auszudehnen, kann von Skaleneffekten profitieren und damit ein profitables Geschäftsmodell aufbauen. In den USA profitieren beispielsweise Kickstarter und Indiegogo vom dem sehr großen Binnenmarkt. Solange die europäischen Crowdinvesting-Plattformen jedoch keine Skaleneffekte nutzen können, verringert sich die Erfolgswahrscheinlichkeit der Plattformen massiv.

14.6 Hoher Anspruch an die Funktionalität/Komplexität der Crowdfunding-Plattformen

Aus der Sicht eines Investors sollte eine Crowdfunding-Plattform das gesamte Portfolio an Crowdfunding-Möglichkeiten abdecken, sodass der Investor auf einer Plattform spenden, supporten und investieren kann.

[2] http://ec.europa.eu/internal_market/finances/docs/financing-growth/long-term/140327-communication_de.pdf. Zugegriffen: 25. Okt. 2014

Aus der Sicht des Projektinhabers könnte es interessant sein, die Crowd entscheiden zu lassen, welche Art von Kapital (Eigenkapital, Fremdkapital, Reward oder Spende) sie dem Projektinitiator zur Verfügung stellen will.

Aus Sicht der Plattform kann ein Angebotsmix von verschiedenen Modellen ebenfalls vorteilhaft sein, dadurch wird eine Diversifizierung und Optimierung des Angebots möglich.

Voraussetzung dafür ist jedoch eine hohe technische Ausgereiftheit der Plattform, damit den Anforderungen an die Komplexität, die sich aus der Zusammenführung mehrerer Ansätze ergibt, auch gerecht werden kann.

Den niedrigen Skaleneffekten der europäischen Plattformen durch die regionalen Gegebenheiten und den noch sehr hohen Transaktionskosten (auch bedingt durch die Einschaltung der teuren Zahlungsdienstleister) stehen damit die hohen Anforderungen an die technische Funktionalität der Plattformen und die dadurch bedingten hohen Investitionen gegenüber.

Die großen US-Crowdfunding-Plattformen finanzieren sich überwiegend mit Risikokapital und verfügen dementsprechend über hohe Finanzmittel und weisen hohe technische Funktionalitäten auf.

14.7 Betrugsprävention und Anlegerschutz

Immer wieder wird das Thema diskutiert, dass vor allem das Crowdinvesting finanzielle und rechtliche Risiken für die Beteiligten birgt, die erst dann realistisch beurteilt werden können, wenn finanzierte Startups an den gesteckten Zielen gemessen werden. Die fehlende gesetzliche Regulierung der Schwarmfinanzierung wird kritisiert und darauf hingewiesen, dass ungleich zu den Business Angels oder Venture-Capital-Gebern die Crowdfunding-Investoren keinen persönlichen Kontakt zu den Projektinhabern haben und diese die Geschäftsmodelle nicht ausreichend verstehen und daher das Risiko der Investition nicht beurteilen können.

Damit Crowdfunding von Startups zu einer langfristigen Alternative zur Seedfinanzierung wird, muss Anlegerschutz und Betrugsprävention gesichert sein:

Zusammenfassend sind diesbezüglich folgende Maßnahmen notwendig:

- Die Funktionstüchtigkeit des Prinzips der Weisheit der Vielen (vgl. auch Abschn. 3. Nutzung der Schwarmintelligenz) im Bereich Research zum Projektteam bzw. zum Projekt und zum Marktfeld des Projektes muss durch Transparenz des Projektes sichergestellt werden.
- Die Vergleichbarkeit der Projekte auf einer Plattform bzw. über die Plattformen hinweg ist durch gehobene Transparenz von Hard und Soft Facts zum Projekt zu verbessern.
- Die Verlässlichkeit der vorgelegten Projektunterlagen muss sichergestellt sein: Es gibt keine einheitlichen Vorschriften über die Plattformen hinweg, welche Daten die Pro-

jektinhaber zu veröffentlichen haben bzw. der Crowfunding-Plattform vorgelegt werden müssen.

- Es müssen für die Branche einheitliche Risikomaßstäbe entwickelt werden, um die Projekte hinsichtlich des inhärenten und externen Risikos über die Plattformen hinweg vergleichbarer machen zu können.
- Risikominimierung: Entsprechend der Risikomessung, die eingeführt werden sollte, sollte auch eine Qualifizierung der Investoren durchgeführt werden.

14.8 Postinvestmentphase und fehlender Sekundärmarkt

Hier können folgende Problembereiche identifiziert werden:

Kontakt zwischen Projektinhaber und Investoren in der Postinvestmentphase
Idealerweise besteht auch in der Postinvestmentphase zwischen dem Projektinhaber und seinen Investoren ein intensiver Kontakt: Der Projektinhaber bekommt auf diese Weise ständig Feedback vom Markt und kostenlose Testnutzer seines Angebotes. Der Nachteil für den Projektinhaber besteht in einem massiven Zeitaufwand durch die Kommunikation mit vielen Kleininvestoren. Hier müssen die Plattformen entsprechende technische Tools entwickeln bzw. zur Verfügung stellen.

Anschlussfinanzierung als Problem
Die Verwaltung vieler Kleininvestoren kann auch zum Hindernis werden für den Zugang zu Venture-Capital-Gebern in einem weiteren Finanzierungsschritt. Auch hier sollten einheitliche Regelungen erarbeitet werden, die ein Miteinander der verschiedenen Finanzierungsmethoden ermöglichen.

Fehlender Sekundärmarkt
Für die Kleinanleger gibt es vor allem auf den europäischen Crowdinvesting-Plattformen noch keine einheitlichen Regelungen hinsichtlich einer Minimumbehaltefrist bzw. hinsichtlich der Regelungen eines eventuellen Weiterverkaufs des Investments. Das Thema eines Sekundärmarkts für den erworbenen Genussrechtsanteil, der erworbenen Forderung aus der stillen Beteiligung usw. wird bis dato so gut wie nicht adressiert.

Die momentan vorgesehenen langen Behaltefristen der Veranlagungen auf den diversen Crowdinvesting-Plattformen können jedoch mit den Liquiditätsbedürfnissen der Anleger im Widerspruch stehen.

14.9 Interessenkonflikte

Interessenkonflikte können beim Crowdfunding entstehen, wenn Insiderwissen über das Projekt genutzt wird, um sich selbst als Plattformbetreiber im Vergleich zu den Investoren der Crowdfunding-Kampagne einen materiellen Vorteil zu verschaffen. Daher ist bei

Crowdfunding-Plattformen, die ein Co-Investmentmodell fahren, unbedingt auf Transparenz und auf nachvollziehbare Vorgänge zu achten. Anzumerken ist, dass im CROWDFUND Act ein explizites Investmentverbot für die Plattformbetreiber vorgesehen ist und das hinsichtlich der Eigentümer und Betreiber der Plattformen entsprechende „fit and proper" Anforderungen vorgesehen sind.

Auch hier muss ein für alle Crowfunding-Plattformen nachvollziehbares Regelwerk entstehen – die *Stakeholder* der Plattformen sind offenzulegen und die operativen Risiken für einen Interessenkonflikt sind zu minimieren.

Der Ausdruck *Stakeholder (Gesellschafter)* stammt aus dem Englischen. „Stake" kann mit Einsatz, Anteil oder Anspruch übersetzt werden, „holder" mit Eigentümer oder Besitzer. Der Stakeholder ist daher jemand, dessen Einsatz auf dem Spiel steht und der daher ein Interesse an Wohl und Wehe dieses Einsatzes hat. Im übertragenen Sinne wird „Stakeholder" heutzutage nicht nur für Personen verwendet, die tatsächlich einen Einsatz geleistet haben, sondern für alle, die ein Interesse am Verlauf oder Ergebnis eines Prozesses oder Projektes haben, beispielsweise also auch Kunden oder Mitarbeiter.[3]

14.10 Urheber- und patentrechtliche Probleme beim Crowdfunding

Grundsätzlich sollte man sich beim Start eines Projekts bewusst sein, dass eine mit wenigen Worten beschriebene Idee urheberrechtlich nicht geschützt ist. Geschützt sind Werke, aber keine Ideen. Das bedeutet, dass man als Projektinhaber der Gefahr ausgesetzt ist, dass die Idee kopiert und von einem Dritten vermarktet wird. Erst wenn ein gewisser Grad an Originalität gegeben ist, kann ein *Copyright* erreicht werden.

Wer ein Werk („persönlich geistige Schöpfung") schafft, ist Urheber dieses Werkes und hält daran alle Rechte (das sogenannte „geistige Eigentum"). Das kann eine Fotografie oder ein Roman oder das Design einer Verpackung sein. Derjenige, der die Verpackung der Blog-Schokolade von Rittersport also designt und zur Abstimmung hochgeladen hat, ist und bleibt also der Urheber.[4]

In Deutschland wird dieses Konzept als Grad der Schöpfungshöhe bezeichnet, entsprechende Regelungen finden sich auch in der EU-Richtlinie zum Urheberrecht in der Informationsgesellschaft.[5]

Eine Filmidee beispielsweise kann grundsätzlich von jedem übernommen werden, ohne dass man juristisch etwas dagegen unternehmen kann. Nur zu dem Zeitpunkt, *wenn schon etwas da ist* – nämlich eine wahrnehmbare schöpferische Leistung – kann rechtlicher Schutz greifen.

[3] http://de.wikipedia.org/wiki/Stakeholder. Zugegriffen: 26. Mai 2014.

[4] übernommen vom Blog http://www.crowdsourcingblog.de/blog/2011/09/14/crowdsourcing-und-recht-%E2%80%93-wo-ist-denn-da-ein-problem/. Zugegriffen: 14. Februar 2014.

[5] Richtlinie 2001/29/EG des Europäischen Parlaments und des Rates zur Harmonisierung bestimmter Aspekte des Urheberrechts und der verwandten Schutzrechte in der Informationsgesellschaft, http://ec.europa.eu/internal_market/copyright/documents/index_de.htm. Zugegriffen: 12. März 2014.

Um urheberrechtlichen Schutz erlangen zu können sind wie in einem Artikel von Raban von Buttlar im Blogbeitrag: Crowdfunding und Urheberrecht auf ikosom.de unterschiedliche Ansätze abhängig vom betroffenen Fachgebiet möglich, muss beispielsweise eine Filmidee so detailliert ausgearbeitet sein, dass am Ende ein fertiges *Treatment* (als Vorstufe zum Drehbuch) vorliegt. Dafür müssen alle Figuren, ihre Beziehungen zueinander und der Handlungsverlauf mit allen wesentlichen Eckpunkten beschrieben werden. Wenn sich das Resultat *vom alltäglichen und routinemäßig Erstellten* abhebt und so die rechtliche Hürde der notwendigen Schöpfungshöhe überschritten ist, liegt ein *Sprachwerk* vor. Die Wahrscheinlichkeit des Erfolgs der Finanzierung eines Projektes ist jedoch wiederum abhängig von der Höhe des Detaillierungsgrades des Projektes. Mit der Höhe des Detaillierungsgrades steigt die Wahrscheinlichkeit des Erfolgs des Projektes.

Dieses Dilemma kann durch verschiedene Ansätze gelöst werden: beispielsweise durch Verwendung von urheberrechtlich geschütztem Material für Teaser und Trailer der geplanten Produktion; Verwendung von Projektideen, die bereits die Schwelle der Originalität übersteigen oder das Sichern der Urheberrechte oder Patente für die Ideen im Vorfeld oder auch durch bewussten Einsatz des *Creative-Common-Ansatzes* für das Projekt zu Werbezwecken[6].

Creative Commons (abgekürzt CC; englisch für *schöpferisches Gemeingut*, *Kreativallmende*) ist eine gemeinnützige Organisation, die 2001 gegründet wurde. Sie veröffentlicht verschiedene Standardlizenzverträge, mit denen ein Autor der Öffentlichkeit auf einfache Weise Nutzungsrechte an seinen Werken einräumen kann. Diese Lizenzen sind nicht auf einen einzelnen Werkstyp zugeschnitten, sondern für beliebige Werke anwendbar, die unter das Urheberrecht fallen, z. B. Texte, Bilder, Musikstücke, Videoclips usw.[7]

Neben Fragen des Urheberrechts können auch patentrechtliche Probleme im Zusammenhang mit Crowdfunding entstehen. Interessanterweise wurde auch die Crowdfunding-Plattform Kickstarter[8] in eine Patenstreitigkeit hineingezogen, als das auf der Webseite sehr erfolgreiches Crowdfunding-Projekt vom Unternehmen Form Labs[9] (Produktion eines günstigen 3D-Druckers) von einem Konkurrenten wegen Patentverletzung geklagt wurde.

Sind die Innovationen nicht patentiert, bieten ausgefeilte Businesspläne einen gewissen Schutz, wenn es um den Diebstahl der Idee geht.

[6] http://www.ikosom.de/2011/04/15/crowdfunding-und-urheberrecht-sind-ideen-geistiges-eigentum/. Zugegriffen: 25. Okt. 2014

[7] http://de.wikipedia.org/wiki/Creative_Commons. Zugegriffen: 26. Mai 2014.

[8] „Kickstarter: in need of protection?", veröffentlicht auf The IPKKat, http://ipkitten.blogspot.fr/2012/12/kickstarter-in-need-of-protection.html. Zugegriffen: 14. Februar 2014.

[9] http://www.kickstarter.com/projects/formlabs/form-1-an-affordable-professional-3d-printer. Zugegriffen: 13. April 2014.

14.11 Crowdfunding und Datenschutz

Dem Thema Erhöhung der Transparenz und Benchmarking der Crowdfunding-Plattformen steht in Zeiten von Big Data[10] das Thema Datenschutz diametral entgegen.

Crowdfunding erfordert sowohl von den Investoren als auch vom Projektinhaber die Preisgabe persönlicher Daten, wie Name, Adresse und Bankverbindung. Daten, die einerseits notwendig sind, um die Crowdfunding-Transaktionen erfolgreich durchzuführen, die jedoch natürlich auch zur Informationsgewinnung in überbordendem Ausmaß genutzt werden können.

Insofern muss ein Mittelweg gefunden werden, um einerseits genügend Transparenz zu schaffen und andererseits noch einen gewissen Informationsschutz zu gewährleisten. Hier müssen auch die Plattformen wieder eine wichtige Rolle spielen: Es muss sichergestellt sein, dass die Daten aus dem Crowdfunding-Projekt ausschließlich dem Projektinhaber gehören.

Die Daten dürfen von den Plattformen nicht anderweitig genutzt werden und nur für die notwendige Abwicklung an Dritte (nach Zustimmung des Projektinhabers) weitergegeben werden.

Insofern haben die Crowdfunding-Plattformen einerseits Datenschutzrichtlinien zu erstellen, die einen gesicherten Umgang mit den Daten erlauben und dies gleichzeitig auch durch die entsprechende Implementierung technischer Voraussetzungen sicherstellen. So hat beispielsweise die Crowdlending-Plattform Finmar[11] die 128-Bit-SSL-Verschlüsselung zur Datenübertragung gewählt und die Social Plugins so weit möglich datenfrei eingestellt. Für den Newsletter wird das Double-Opt-in-Verfahren genutzt. Sobald Finmar merkt, dass ein Nutzer Daten abgreift, wird er für immer gesperrt.

Finmar ist eine der wenigen Plattform, die bis dato das Thema Datenschutz auf ihrer Webseite adressieren.

[10] Big Data bezeichnet den Einsatz großer Datenmengen aus vielfältigen Quellen mit einer hohen Verarbeitungsgeschwindigkeit zur Erzeugung wirtschaftlichen Nutzens, http://de.wikipedia.org/wiki/Big_Data. Zugegriffen: 26. Mai 2014.

[11] Anne-Katrin Maier: „Big Data im Crowdfunding und wie Finmar Sie davor schützt“ – Post # 26, verfasst am 9. Juli 2013, http://blog.finmar.com/2013/07/09/big-data-im-crowdfunding-und-wie-finmar-sie-davor-schutzt-post-26/. Zugegriffen: 12. März 2014.

Crowdfunding in der Europäischen Union 15

...Crowdfunding changes the public opinion of entrepreneurship. Investors in crowdfunding are both young and old. There is a wide range of investors depending on the type of crowdfunding and the sector. But especially for the many young investors, crowdfunding is the very first time they get in touch with entrepreneurship and start-ups. They learn about being an entrepreneur and an investor at the same time and that this may well be an attractive and realistic perspective for their lives. Crowdfunding is „entrepreneurship live..." Crowdfunding_ECN_paper (On the Possibility of Crowdfunding in Europe Presented at the Austrian Ministry of Economy, Family and Youth to Michel Barnier, European Commissioner, Directorate General Internal Market Brussels/Vienna, 30. January 2014).

15.1 Die Strategie *Europa 2020*

Als Reaktion auf die nach der Subprime-Krise 2008 auf den Weltmärkten herrschende Rezession stellte die Europäische Kommission im März 2010 die Strategie *Europa 2020* vor. Ziel dieser Initiative ist es vor allem, die Unternehmen in der Europäischen Union auf die Herausforderungen des kommenden Jahrzehnts vorzubereiten[1]:

> *Europe 2020 is the EU's growth strategy for the coming decade. In a changing world, we want the EU to become a smart, sustainable and inclusive economy. These three mutually reinforcing priorities should help the EU and the Member States deliver high levels of employment, productivity and social cohesion.*

[1] http://ec.europa.eu/europe2020/index_en.htm. Zugegriffen: 12. März 2014.

E. Sixt, *Schwarmökonomie und Crowdfunding,* DOI 10.1007/978-3-658-02929-6_15

Concretely, the Union has set five ambitious objectives – on employment, innovation, education, social inclusion and climate/energy – to be reached by 2020. Each Member State has adopted its own national targets in each of these areas. Concrete actions at EU and national levels underpin the strategy. (Jose Manuel Barroso, President of the European Commission)

Konkret hat sich die Union ambitionierte Ziele in den Bereichen Beschäftigung, Innovation, Bildung, Sozialwesen und Klima/Energie gesetzt, die bis 2020 erreicht werden sollen. Innerhalb der gesetzten EU-Zielvorstellungen hat jedes Mitgliedsland nationale Ziele festgelegt, die es zu erreichen gilt.

Zur Umsetzung des Ziels von intelligentem, nachhaltigem und integrativem Wachstum im EU-Raum wurden sieben Leitinitiativen[2]) Digitale Agenda, Jugend in Bewegung, Innovationsunion, Europäische Plattform gegen Armut, Industriepolitik, Neue Kompetenzen, Ressourcenschonendes Europa)[3] aufgestellt. Im Rahmen dieser Initiativen müssen die EU und die nationalen Verwaltungen ihre Maßnahmen so aufeinander abstimmen, dass diese sich gegenseitig verstärken.

15.1.1 Digitale Agenda (DAE) der Europäischen Kommission

Zu der Leitinitiative für intelligentes Wachstum gehört auch die Initiative *Digitale Agenda* für Europa[4] (verabschiedet 2010). Mit dieser Initiative wurde die grundlegende Rolle definiert, die dem Einsatz der Informations- und Kommunikationstechnologien (IKT) zukommen muss, wenn Europa seine ehrgeizigen Ziele für 2020 verwirklichen will. Die Digitale Agenda (DAE) betont durch die Förderung der digitalen Wirtschaft die Bedeutung von Innovation, Unternehmertum und Wettbewerbsfähigkeit als Voraussetzungen für wirtschaftliches Wachstum in Europa. Der Europäische Rat und das Europäische Parlament haben sich seither für eine weitere Stärkung der digitalen Führungsrolle Europas und die Vollendung des digitalen Binnenmarktes bis 2015 ausgesprochen (Schlussfolgerungen des Europäischen Rates vom 28./29. Juni 2012)[5].

Personell zuständig für die Umsetzung der Digitalen Agenda für Europa ist die Vizepräsidentin der Europäischen Kommission *Nelli Kroes*.

Neelie Kroes (* *19. Juli 1941* in *Rotterdam*) ist eine *niederländische Politikerin* der liberalen *Volkspartij voor Vrijheid en Democratie* (VVD). Seit Februar 2010 ist sie *EU-Kommissarin* für die *Digitale Agenda*. Zuvor war sie ab November 2004 EU-Wettbewerbskommissarin. Sie gehörte mehreren

[2] http://ec.europa.eu/europe2020/europe-2020-in-a-nutshell/flagship-initiatives/index_de.htm. Zugegriffen: 12. März 2014.

[3] http://www.euractiv.de/europa-2020-und-reformen/artikel/sieben-eu-leitinitiativen-termine-in-berlin-003564. Zugegriffen: 9. Juni 2014.

[4] http://ec.europa.eu/digital-agenda/. Zugegriffen: 12. März 2014.

[5] http://www.consilium.europa.eu/uedocs/cms_data/docs/pressdata/en/ec/131388.pdf. Zugegriffen: 28. Mai 2014.

Aufsichtsräten namhafter Unternehmen an und war unter anderem niederländische Verkehrsministerin.[6]

Mit 18. Dezember 2012 hat die Europäische Kommission sieben neue Prioritäten für die digitale Wirtschaft und Gesellschaft verabschiedet. Dies mit der Argumentation, dass die digitale Wirtschaft siebenmal so schnell wie die übrige Wirtschaft wächst, aber dieses Potenzial derzeit aufgrund des lückenhaften gesamteuropäischen politischen Rahmens nur mangelhaft ausgeschöpft wird.

Diese neuen Prioritäten umfassen

1. Schaffung eines neuen und stabilen regulatorischen Umfelds für Breitbandnetze;
2. Neue öffentliche Infrastrukturen für digitale Dienste durch die *Fazilität* „Connecting Europe[7]";
3. Startschuss für die große Koalition für digitale Kompetenzen und Arbeitsplätze;
4. Vorschläge für eine Strategie und eine Richtlinie zur Cybersicherheit;
5. Aktualisierung der EU-Rahmenvorschriften zum Urheberrecht;
6. Beschleunigung des Cloud-Computing durch die Nachfragemacht des öffentlichen Sektors;
7. Einführung einer neuen Strategie für die Elektronikindustrie;

Die Europäische Kommission erwartet sich durch die vollständige Umsetzung dieser aktualisierten Digitalen Agenda eine Erhöhung des BIP der EU in den kommenden acht Jahren um 5 % oder 1500 € pro Person, indem die IKT-Investitionen erhöht, die IKT-Kompetenzen der Arbeitskräfte verbessert, Innovationen im öffentlichen Sektor ermöglicht und generell die Rahmenbedingungen für die Internetwirtschaft reformiert werden. Ohne europaweite Maßnahmen drohen bis 2015 bis zu einer Mio. IKT-Arbeitsplätze unbesetzt zu bleiben, während durch den strukturierten Infrastrukturaufbau 1,2 Mio. Arbeitsplätze geschaffen werden könnten. Auf lange Sicht soll sich diese Zahl auf 3,8 Mio. neue Arbeitsplätze in der gesamten Wirtschaft erhöhen[8].

15.1.2 Startup Europe

Die Startup Europe Initiative ist Teil der Digitalen Agenda unter der personellen Verantwortung der Vize EU-Kommissarin Nelli Kroess und zielt auf die Stärkung der Rahmenbedingungen für Web-und IKT-Unternehmer innerhalb der Europäischen Union ab. Grundannahme dabei ist, dass das Wachstum und die Arbeitsplätze, vor allem für die Jugend, zukünftig weitgehend von Webunternehmen geschaffen werden. Wobei die Re-

[6] http://de.wikipedia.org/wiki/Neelie_Kroes. Zugegriffen: 9. Juni 2014.

[7] Fazilität „Connecting Europe" Zugegriffen: 1. Juni 2014.

[8] http://europa.eu/rapid/press-release_IP-12-1389_de.htm. Zugegriffen: 28. Mai 2014.

levanz der Webunternehmen durch die impliziten Gegebenheiten, wie zunehmende Globalisierung und leistungsstarke neue Funktionalitäten, wie Mobilität, Sensorik, Big Data, Social Media etc., noch zunehmen wird.

Damit europäische Startups zu global agierenden Unternehmen werden, will die Europäische Kommission die Rahmenbedingungen in Europa für die Gründung und die Finanzierung von Webunternehmern verbessern. Eine der Prioritäten ist es, den Zugang zu Finanzierungsmöglichkeiten für Web-Startups zu erleichtern, wodurch Crowdfunding zu einem Thema für die Europäische Kommission wird.

15.1.2.1 Ziele der Startup Europe Initiative

Im Detail sind die Ziele der Startup Europe Initiative wie folgt definiert[9]:

- Es sollen die Netzwerke zwischen den Menschen, den Unternehmen und den Verbänden, die das Startup-Ökosystem der Europäischen Union bilden und bauen verstärkt werden (beispielsweise das European Crowdfunding Network oder das Web Investors Forum usw.);
- es sollen erfolgreiche Rollenmodelle für die Webunternehmer geschaffen werden (z. B. der Leaders Club und das Startup Manifesto oder auch die Startup Europe Roadshow usw.);
- es sollen neue und innovative Start-ups gefeiert und gefördert werden (z. B. mit Initiativen wie Tech All Stars und Europioneers) und ihnen sollen auch vermehrt EU-Fördermittel zur Verfügung stehen.

15.1.2.2 Gründung des Startup Europe Leaders Club

Im Rahmen obiger Initiative wurde bereits im März 2013 ein Startup Europe Leaders Club[10] ins Leben gerufen. Neun erfolgreiche Internetunternehmer Europas: u. a. Spotify-Gründer Daniel Ek und Martin Lorentzon, HackFwd-Gründer Lars Hinrichs und Seedcamp-Partner Reshma Sohoni sollten gemeinsam ihre Vorschläge zur Verbesserung der Situation für Webunternehmen in Europa formulieren.

Spotify (engl. *to spot* ‚entdecken' und *to identify* ‚identifizieren')[1] ist ein Musik-Streaming-Dienst, der es ermöglicht, DRM-geschützte Musik aus einer Reihe von großen Plattenlabels wie Sony, EMI, Warner Music Group und Universal zu hören. Der Dienst wurde im Oktober 2008 von der schwedischen Startup Spotify AB gestartet. Er ist in vielen Ländern der Welt verfügbar.[11]

HackFwd is a European seed fund started in 2010 by Lars Hinrichs. HackFwd only invests in developers with prototypes or demos for a fixed timeframe of 12 months. This timeframe is used to get to beta and create a viable business case. HackFwd provides a support structure doing all administrative work and helps with finding advisors. Of the 30 % equity stake that HackFwd takes, 3 %

---

[9] http://ec.europa.eu/digital-agenda/en/about-startup-europe. Zugegriffen: 28. Mai 2014.

[10] http://ec.europa.eu/digital-agenda/en/leaders-club. Zugegriffen: 28. Mai 2014.

[11] http://de.wikipedia.org/wiki/Spotify. Zugegriffen: 12. März 2014.

are given back to the founders to distribute to advisors and mentors. HackFwd's headquarters are in Hamburg and the company invests across Europe.[12]

Seedcamp is a pan-European London based accelerator launched in May 2007 by a group of 30 European investors that provides startups with seed money, mentorship, office space and support over a yearlong program. In addition to its accelerator program the company also runs initiatives to support the European startup community such as Seedhack and Seedsummit.[13]

Das Resultat dieser Initiative war das Startup Manifesto[14], für das im Herbst 2013 für Unterstützung geworben wurde. Im Manifesto gaben die erfolgreichen Internetunternehmer Empfehlungen für die Bereiche Education & Skills, Access to Talents, Access to Capital, Data Protection, Protection & Policy, Thought Leadership ab.

Im Besonderen wurde gefordert:

- Erhöhung des privaten und institutionellen Venture Capitals für die Webunternehmen: Dies soll durch Übertragung vorteilhafter steuerlicher Begünstigungen wie EIS und SEIS in Großbritannien auf andere europäische Länder erreicht werden;
- Zugang zu einem Börsensegment für *HighGrowth Potentials,* um die Liquidität des Marktes zu fördern und um zu verhindern, dass die Unternehmen für ein Börsenlisting in die USA gehen;
- Beschaffungspolitik der öffentlichen Hand soll mehr auf den KMU-Bereich abstellen (Waren und Dienstleistungen);
- Einführung von Steuererleichterungen für Mitarbeiterbeteiligungsprogramme;
- Einführung einer E-Corporation (E-Corp): einer rechtlichen Einheit, die in allen europäischen Ländern anerkannt wird und damit einhergehend eine Vereinheitlichung der gesellschaftsrechtlichen Vorschriften innerhalb der Europäischen Union darstellt;
- Die Bedingungen zur Gründung eines solchen Unternehmens (E-Corp) sollen drastisch vereinfacht und EU-weit vereinheitlicht werden. Im Speziellen soll die Gründung einer E-Corp längstens 24 h dauern. Das sollte sowohl die Gründung von Unternehmen fördern als auch grenzüberschreitende Kapitaltransaktionen für diese Unternehmen erleichtern.

15.2 Bielsko-Biala-Declaration als europäische Initiative

Parallel zu den Entwicklungen im Rahmen der Digitalen Agenda wurde im September 2012 in einer Stellungnahme des *European Economic and Social Committee (EESC)* neben dem genossenschaftlichen Gedanken auch erstmals Crowdfunding als Möglichkeit einer alternativen Finanzierungsmöglichkeit für den Bereich der (nicht web-basierten) kleinen und mittleren Unternehmen identifiziert.

[12] http://en.wikipedia.org/wiki/HackFwd. Zugegriffen: 12. März 2014.

[13] http://en.wikipedia.org/wiki/Seedcamp. Zugegriffen: 12. März 2014.

[14] Joint the startup manifesto movement, http://startupmanifesto.eu/. Zugegriffen: 12. März 2014.

The European Economic and Social Committee (EESC) is a consultative *body of the European Union* (EU) established in 1958. It is a consultative assembly composed of employers (*employers' organisations*), employees (*trade unions*) and representatives of various other interests. Its seat, which it shares with the *Committee of the Regions*, is the *Jacques Delors building* on 99 Rue Belliard in *Brussels*.[15]

Das war das Resultat der Agorada-2011+-Konferenz, organisiert von der European Association of Development Agencies (Eurada)[16] zum Thema *Towards a new generation of SME support services* anläßlich der die Bielsko-Biala-Declaration verfasst wurde. In dieser Deklaration wird in sechs kurzen Absätzen auf die Möglichkeiten, die Crowdfunding bietet, eingegangen und die Europäische Kommission wurde unmittelbar zum Handeln aufgefordert.

Die Bielsko-Biala-Declaration[17] im Original:

> Maximizing the Opportunities offered by Crowdfunding
> With a view to boosting and better exploiting the future potential of crowdfunding for supporting innovative projects, the participants in the Agorada 2011+ Conference held in Bielsko-Biala ask the EU administration, Member States and Regional Authorities to consider the six recommendations and principles hereafter to design and support the development of crowdfunding sources.

The focus of crowdfunding:

1. *The primary aim of a crowdfunding mechanism is to provide to any types of projects, with a relevant emotional drive, the financial means to leverage entrepreneurship when implementing an innovation, whatever nature it is. Crowdfunding can indeed be tailored to financial requirements from the creative industry (movies, music CDs, design,...), micro-credit seekers, peer to peer lenders, entrepreneurs, to requirements for loans and equity and to social/societal projects. Crowdfunding can take the form of equity investments, loans or donations. In contrast to traditional funding mechanisms, crowdfunding aims at mobilizing investors not only at local and regional level, by the use of IT. Crowdfunding is projectbound and establishes a lasting link between the supported idea and the investor.*
2. *Public authorities should be interested in seeing the development and launch of such a tool in all regions as it can help to overcome barriers for entrepreneurial activity including in the non-for-profit-sector. The main public purpose should be to give; to all would be entrepreneurs, the possibility to demonstrate commitment, involvement and*

[15] http://en.wikipedia.org/wiki/European_Economic_and_Social_Committee. Zugegriffen: 31. Mai 2014.

[16] http://www.eurada.org/index.php?option=com_content&view=article&id = 60&Itemid=71&lang=en. Zugegriffen: 1. Juni 2014.

[17] Bielsko-Biala-Declaration, http://wbc-inco.net/object/event/5524. Zugegriffen: 23. Februar 2014.

market grid, to access to later stages of investment. To allow this, the needs of other investors/stakeholders that could intervene in a second stage, must be taken into proper consideration.

3. *EU and national administrations have to ensure a minimum of professionalism and regulation for crowdfunding activities, but to avoid some of the constraints of any Financial Act (drafting and publicizing a prospectus,). The selection by a public tender of managing bodies with the capability of selecting potential fast growing and impactful projects is suggested. They also have to ensure and facilitate the development of transnational fair and professional deal flows and to promote the creation of a favourable legal framework that allows transnational crowdfunding deals. Moreover if a regulation is needed, public authorities should put in place measures that keep the transaction costs as low as possible, mainly during the launch phase. The administrative procedures and control mechanism should be proportional to the size and type of the funding required.*
4. *Crowdfunding initiatives should be better understood to facilitate a large acceptation. This new sector should be subject to regular surveys intended to collect information regarding the take up of this funding mechanism in Member States, by sectors and types of funding (microcredit, loans, equity, donations). Such data will be useful to demonstrate the importance of the initiatives and to set up benchmarks at national/regional and at crowdfunding provider level.*
5. *Crowdfunding initiatives should be welcome at European, national, regional level as they aim at answering a wide spectrum of demands and needs of innovative stakeholders. The European level can play a role in avoiding the adoption of disturbing framework conditions by national authorities as well as in pointing out national and regional relevant practices to support a wide dissemination of the concept and its benchmark. Furthermore, properly managed crowdfunding platforms could qualify for public co-investment if they generate the creation of new jobs. Public authorities should consider co-investing in crowdfunding platforms as they would do for other forms of start-up support.*
6. *Member States, regions and cities are invited to consider the wider use and promotion of crowdfunding with the objective of supporting all forms of creativity and innovation with a strong societal impact in a cost –efficiency way, especially projects with small size or local interest, and reducing the asymmetry of information and matchmaking opportunities between innovators and would be entrepreneurs on the one hand and between investors, sponsors or donors on the other hand.*

The participants in the Agorada 2011+ Conference held in Bielsko-Biala invite the European Commission to support this declaration by nominating a unit to monitor and ensure the spin-off of initiatives in the field of crowdfunding.

Am 25. März 2013 hat die Kommission ein Grünbuch zur langfristigen Finanzierung der Europäischen Wirtschaft vorgelegt. Mit diesem Grünbuch[18] sollte eine breit angelegte Debatte darüber angestoßen werden, wie das Angebot an langfristigen Finanzierungen verbessert und das System der Finanzvermittlung für Investitionen in Europa gestärkt und diversifiziert werden kann. Im Rahmen dieses Grünbuchs wurde auch die Frage aufgeworfen wie alternative Finanzierungsquellen, beispielsweise Crowdfunding, die offensichtliche Vorteile vor allem bei der Finanzierung von kleineren und mittleren Unternehmen mit sich bringen, unterstützt werden können.

Am 3. Oktober 2013 hat die Europäische Kommission eine öffentliche Konsultation gestartet und bat um Stellungnahmen zu einer (möglichen) Harmonisierung der Crowdfunding-Regelungen. Ziel dieser Konsultation war, *herauszufinden, wie durch das Tätigwerden der EU, auch durch sog. ‚soft law'-Maßnahmen, Crowdfunding in Europa unterstützt werden kann.* Dies unter der Prämisse, dass traditionell die Kommission zu einem starken Verbraucherschutz tendiert. Verschiedene öffentliche Äußerungen deuten darauf hin, dass die Vorteile, die durch die Schaffung eines gemeinsamen Binnenmarktes erlangt werden können, durch gleichzeitige Einführung weiterer regulatorischen Bürden nivelliert werden könnten.[19]

2013 wurde auch das Startup Europe Crowdfunding-Network-Project gestartet, beim Startup Europe Crowdfunding-Network-Projekt[20] handelt es sich um eine Studie, durchgeführt im Auftrag der Europäischen Union vom Europäischen Crowdfunding Netzwerk, die dazu beitragen soll, das Crowdfunding-Umfeld in Europa für Webunternehmen erheben.

Die Studie identifizierte eine Anzahl von offenen Punkten zum Thema Crowdfunding, deren Lösung kritisch für den Erfolg dieser neuen und dringend benötigten Finanzierungsmethode ist:

- Fehlende Bewusstseinsbildung und fehlendes Verständnis über die verschiedenen Arten des Crowdfundings;[21]
- Urheberrechtliche Problemstellungen;
- Konsumenten- und Anlegerschutzthematiken;
- Rechtliche Unsicherheiten und andererseits zu restriktive kapitalmarktrechtliche Bestimmungen.

[18] http://ec.europa.eu/internal_market/finances/financing-growth/long-term/index_de.htm. Zugegriffen: 1. Juni 2014.

[19] „Crowdfunding – die Regulierung hat den Schwarm voll im Griff", veröffentlicht auf der Plattform der Rechtsanwaltskanzlei Osborne Clarke, am 27. November 2013, http://www.osborneclarke.com/connected-insights/publications/crowdfunding-die-regulierung-hat-den-schwarm-fest-im-griff/?lang=de. Zugegriffen: 2. März 2014.

[20] „Fostering the crowdfunding environment in Europe", veröffentlicht auf der Plattform European Crowdfunding Network, am 31. August 2013, http://www.europecrowdfunding.org/2013/08/fostering-the-crowdfunding-environment-in-europe/. Zugegriffen: 12. März 2014.

[21] http://ec.europa.eu/internal_market/finances/docs/crowdfunding/140327-communication_en.pdf. Zugegriffen: 29. Mai 2014.

15.3 Maßnahmenpaket der Europäischen Kommission vom 27. März 2014

Die Europäische Kommission hat mit 27. März 2014 ein Maßnahmenpaket angenommen, das neue und andere Wege zur Erschließung langfristiger Finanzierungsmöglichkeiten aufzeigen und Europas Rückkehr zu einem dauerhaften Wirtschaftswachstum unterstützen soll.

In der Pressemitteilung zum Maßnahmen Paket wird folgendes ausgeführt[22]:

> Die Wirtschafts- und Finanzkrise hat die Fähigkeit des Finanzsektors, Mittel in die Realwirtschaft und insbesondere in langfristige Investitionen zu leiten, beeinträchtigt. In Europa finanziert sich die Realwirtschaft seit jeher überwiegend über die Banken (zwei Drittel der Finanzierungen gegenüber einem Drittel in den Vereinigten Staaten). Da die Banken ihren Fremdkapitalanteil zurückfahren, verringern sich die verfügbaren Finanzierungen für sämtliche Wirtschaftssektoren. So erhielten 2013 nicht einmal ein Drittel der niederländischen und griechischen KMU und nur etwa die Hälfte der spanischen und italienischen KMU die gewünschten Kredite in voller Höhe. Es besteht Handlungsbedarf, um die Voraussetzungen für nachhaltiges Wachstum und tragfähige Investitionen wiederherzustellen. Das bedeutet auch, dass neue Wege gefunden werden müssen, um Mittel in langfristige Investitionen zu leiten.
> Das heute angenommene Maßnahmenpaket umfasst
>
> - eine Mitteilung zur langfristigen Finanzierung der Wirtschaft,
> - einen Gesetzgebungsvorschlag mit neuen Vorschriften für Einrichtungen der betrieblichen Altersversorgung und
> - eine Mitteilung über Crowdfunding.
>
> Die Mitteilung über langfristige Finanzierungen sieht eine Reihe spezifischer Maßnahmen vor, die die Kommission zur Verbesserung der langfristigen Finanzierung der europäischen Wirtschaft ergreifen will[23] Die Maßnahmen umfassen:
>
> - einen Vorschlag mit überarbeiteten Vorschriften für die betriebliche Altersversorgung;[24]
> - eine Mitteilung über Crowdfunding als alternative Finanzierungsquelle für KMU.[25]

Die Maßnahmen lassen sich in sechs Schwerpunktbereiche zusammenfassen (übernommen von der Pressemitteilung vom 27. März 2014[26]):

[22] http://europa.eu/rapid/press-release_IP-14-320_en.htm. Zugegriffen: 28. Mai 2014.

[23] (MEMO/14/238).

[24] (Überarbeitung der Richtlinie 2003/41/EG über die Tätigkeiten und die Beaufsichtigung von Einrichtungen der betrieblichen Altersversorgung – EbAV-Richtlinie), der darauf abstellt, die Weiterentwicklung dieser wichtigen Kategorie langfristig agierender institutioneller Anleger in der EU zu unterstützen (MEMO/14/239);

[25] (MEMO/14/240).

[26] http://europa.eu/rapid/press-release_IP-14-320_en.htm. Zugegriffen: 28. Mai 2014.

1. *Mobilisierung privater Quellen langfristiger Finanzierungen: Dazu gehören die endgültige Ausgestaltung des Aufsichtsrahmens für Banken und Versicherungsunternehmen derart, dass langfristige Investitionen in die Realwirtschaft gefördert werden, die Mobilisierung der persönlichen Altersvorsorgeersparnisse in größerem Umfang als bisher sowie die Prüfung der Fragen, wie die grenzüberschreitende Übertragung von Ersparnissen wirksamer unterstützt werden kann und welche Vorteile mit der Schaffung eines EU-weiten Sparkontos verbunden wären.*

In diesem Bereich dürfte der heute vorgelegte Gesetzgebungsvorschlag mit neuen Vorschriften für die betriebliche Altersversorgung (EbAV 2) einen Beitrag zur Erhöhung der langfristigen Anlagen leisten.

Der Vorschlag hat im Wesentlichen drei Ziele:

- Gewährleistung eines angemessenen Schutzes der Versorgungsanwärter;
- Ausschöpfung der Vorteile des Binnenmarktes für die betrieblichen Altersversorgungssysteme durch Beseitigung der Hindernisse für die grenzübergreifende Erbringung von Dienstleistungen.

Stärkung der Fähigkeit der betrieblichen Altersversorgungssysteme, in Finanzinstrumente mit einem langfristigen wirtschaftlichen Profil zu investieren, und damit Stärkung der Finanzierung des realwirtschaftlichen Wachstums.

2. *Bessere Nutzung öffentlicher Mittel: Darunter fallen die Unterstützung der Tätigkeit nationaler Förderbanken (vom Staat geschaffene Finanzinstitute, die Finanzierungen für wirtschaftsfördernde Investitionen bereitstellen) und die Förderung einer besseren Zusammenarbeit zwischen bestehenden nationalen Ausfuhrkreditsystemen (Einrichtungen, die Exportfinanzierungen zur Verfügung stellen und damit als Vermittlungsstellen zwischen den Behörden und den Exporteuren agieren). Beide Aspekte spielen bei der langfristigen Finanzierung eine wichtige Rolle.*
3. *Entwicklung der europäischen Kapitalmärkte: Diese Maßnahmen sollen den Zugang der KMU zu Kapitalmärkten und zu größeren Systemen gemeinschaftlicher Kapitalanlage erleichtern und umfassen die Schaffung eines liquiden und transparenten Sekundärmarkts für Unternehmensanleihen, die Neubelebung der Verbriefungsmärkte unter angemessener Berücksichtigung der Risiken und der Wesensunterschiede dieser Produkte und die Verbesserung der Rahmenbedingungen für gedeckte Schuldverschreibungen und Privatplatzierungen in der EU.*
4. *Verbesserung des Finanzierungszugangs für KMU: Hinsichtlich dieses Aspekts enthält die Mitteilung über langfristige Finanzierungen unter anderem Maßnahmen zur Verbesserung der Kreditinformationen über KMU, zur Neubelebung des Dialogs zwischen Banken und KMU und zur Bewertung empfehlenswerter Praktiken zur Unterstützung von KMU beim Zugang zu den Kapitalmärkten.*
5. *Mobilisierung privater Finanzierungen für Infrastruktur im Rahmen von Europa 2020: Hier sind die Verbesserung der Verfügbarkeit von Informationen über Pläne für Infrastrukturinvestitionen sowie der Kreditstatistiken zu Infrastrukturdarlehen zu nennen.*
6. *Ausbau des allgemeinen Rahmens für nachhaltige Finanzierung: Der neue Rahmen soll verbesserte Corporate-Governance-Vorschriften für langfristige Finanzierungen*

vorgeben, beispielweise hinsichtlich der Einbindung der Aktionäre (der Vorschlag zur Überarbeitung der Aktionärsrechterichtlinie soll in Kürze angenommen werden), der Mitarbeiterbeteiligung, der Berichterstattung über die Unternehmensführung sowie im Hinblick auf Umwelt-, soziale und Unternehmensführungsaspekte.

15.3.1 Zur Mitteilung über Crowdfunding im Detail

In der Mitteilung über Crowdfunding werden die Sensibilisierung und die Bereitstellung von Informationen zu Projekten als wichtige neue Maßnahmen genannt. In diesem Zusammenhang schlägt die Kommission vor:

- Die Etablierung einer Expertengruppe für Crowdfunding zur Beratung der Europäischen Kommission (European Crowdfunding Stakeholder Forum), mit dem Ziel einschlägige bewährte Verfahren zu fördern, die Öffentlichkeit zu sensibilisieren und die Entwicklung eines Gütezeichens zu erleichtern.
- Die Entwicklung von Crowdfunding-Märkten sowie einschlägiger nationaler Rechtsvorschriften eingehend zu überwachen, regelmäßig zu prüfen, ob seitens der EU weitere Maßnahmen – gegebenenfalls Legislativmaßnahmen – erforderlich sind. Dabei geht es darum, etwaige Hemmnisse zu ermitteln, die angegangen werden müssen, um die Entwicklung des Crowdfunding zu unterstützen.

15.4 Themen, die auf europarechtlicher Ebene zu adressieren sind

In der Mitteilung vom 27. März 2014 identifiziert die Europäische Kommission folgende dringende Themen, die zu adressieren sind:

15.4.1 Anwendbar bei allen Arten des Crowdfundings

- Geldwäschebestimmungen (Anti-money Laundering Rules)

Abhängig davon in welchem EU Land, der von der Plattform verwendete Zahlungsdienstleister ansässig ist, können für die Plattformen unterschiedliche Regelungen hinsichtlich der anwendbaren Geldwäschebestimmungen gelten. Hier soll durch entsprechende Neuregelungen in der Anti-Geldwäscherichtlinie[27], die momentan verhandelt werden[28], eine einheitliche Regelung für den gesamten EU Raum geschaffen werden.

[27] Anti-Money Laundering Directive and Regulation 1781/2006.

[28] Basierend auf Vorschlägen der EU Kommission COM (2013) 44 und COM (2013) 45.

- Schutz des geistigen Eigentums (Intellectual Property Protection)

Auch hier ist die Gesetzgebung im EU Raum sehr fragmentiert. Mit Einführung des europaweit einheitlichen Patentschutzes (Unitary Patent Protection), das mit 17 Dezember 2012 von 25 Mitgliedsstaaten ratifiziert wurde, soll es aber möglich werden ein Europapatent mit Schutzwirkung für den gesamten EU Raum zu erhalten.

15.4.2 Crowdlending und Crowdinvesting

Die Europäische Kommission weist in diesem Bereich darauf hin, dass die einzelnen EU-Ländern unterschiedlich auf die Herausforderungen in diesem Bereich reagieren: So versuchen Länder wie Deutschland, Niederlande und Belgien die bestehenden Unsicherheiten bei diesen Formen des Crowdfundings durch Verlautbarungen der Finanzaufsichtsbehörden zu beseitigen, andere Länder ändern ihre Gesetzeslage um auf das Spannungsfeld zwischen einer Förderung dieser alternativen Finanzierungsform und dem notwendigen Anlegerschutz zu reagieren (z. B. Österreich, UK, Frankreich und Spanien).

Für den Moment begnügt sich die Europäische Kommission mit einer Beobachtung des Markt es und Erhebung der Daten, ist jedoch grundsätzlich auch zu einer gesetzlichen Regelung, falls es notwendig erscheinen sollte, bereit.

Anpassungen, die sich anbieten würden, könnten in folgenden Bereichen notwendig werden.

15.4.2.1 Anpassung der Prospektrichtlinie

Mit der Prospektrichtlinie 2003/71/EC (abgeändert mit 2010/73/EC[29]) wurden am 4. November 2003 durch das Europäische Parlament und den Rat Formalien und Inhalte der Prospekte bestimmt, die bei öffentlichen Angeboten von Wertpapieren oder bei deren Zulassung zum Handel innerhalb der Europäischen Union zu veröffentlichen sind. Sie stellte eine Änderung der Richtlinie 2001/34/EG dar und hat die früheren Börsenprospektrichtlinien von 1980 und 2001 sowie die Emissionsprospektrichtlinie von 2001 abgelöst.

Wesentliche Errungenschaft der Richtlinie war der sogenannte Europäische Pass für Emittenten. Danach können Emittenten, den Emissionsprospekt, der bereits in einem Staat des Europäischen Wirtschaftsraums gebilligt worden ist, europaweit für öffentliche Angebote und Börsenzulassungen nutzen.

Die Prospektrichtlinie war bis zum 1. Juli 2005 in nationales Recht zu übernehmen. Der deutsche Gesetzgeber hat dies mit dem Wertpapierprospektgesetz (WpPG) getan, der österreichische durch das Kapitalmarktgesetz (KMG).

Im Detail ist die Prospektrichtlinie für alle Emissionen ab einem Emissionsvolumen von 5 Mio. € anwendbar. Innerhalb der 5-Mio-Euro-Grenze können die nationalen Gesetzgeber ab einem Emissionsvolumen von 100.000 € ihre eigenen nationalen Regelungen

[29] http://eur-lex.europa.eu/LexUriServ/LexUriServ.do?uri=OJ:L:2010:327:0001:0012:EN:PDF.

treffen. Für Kleinemissionen bis 100.000 € ist eine Ausnahme von der Prospektpflicht in der Prospektrichtlinie vorgesehen.

Diese Regelung resultiert in einer sehr fragmentierten europäischen Landschaft: Die nationalen Regelungen sehen die unterschiedlichsten Anforderungen für Emissionen von 100.000 bis 5 Mio. € vor.

Änderungsvorschlag

In Anlehnung an die Bestimmungen des JOBS Acts könnte ein großer Beitrag zur grenzüberschreitenden Unterstützung des Kapitalmarktes und damit auch des Crowdinvesting-Themas durch den Erlass einheitlicher Regelungen für Emissionen zwischen 100.000 und 5 Mio. € in den Mitgliedsländern geleistet werden.

Obwohl die momentanen Bestimmungen in der Prospektrichtlinie theoretisch nur auf die Verpflichtung der Veröffentlichung eines Prospektes abstellen, wäre es ratsam, auch einheitliche Regelungen zur Vorbereitung und dem Genehmigungsprozess für Prospekte oder sonstige vorzulegende Unterlagen zu treffen.

15.4.2.2 Vereinheitlichung der Gesellschaftsformen

Einer jener Bereiche, in dem bis dato innerhalb des europäischen Wirtschaftsraumes nur geringe Vereinheitlichungserfolge erreicht wurden, ist das Gesellschaftsrecht. Die einzelnen europäischen Länder haben verschiedene Gesellschaftsformen, die unterschiedliche Bestimmungen hinsichtlich Kapitalausstattung, Haftung usw. vorsehen, was grenzüberschreitende Kapitalmarkttransaktionen sehr erschwert bzw. verunmöglicht.

Die Europäische Union hat zu verschiedenen Zeiten versucht, eine einzige Norm für diese Unternehmen zu schaffen. Die bemerkenswerteste ist die Societas Europaea (SE), die europäische Aktiengesellschaft. Mit der Societas Europaea ermöglicht die EU seit dem Jahresende 2004 die Gründung von Gesellschaften nach weitgehend einheitlichen Rechtsprinzipien. Derzeit gibt es in der EU etwa 1900 SE (ca. 290 mit Sitz in Deutschland), wobei etwa die Hälfte weniger als fünf Angestellte hat. Interessant ist, dass von den ca. 290 deutschen SE in Deutschland etwa 180 ihren Sitz in Berlin haben. Unter ihnen finden sich überdurchschnittlich viele Startups.

Das Gesetz sieht vier verschiedene Varianten zur Gründung der SE vor[30]: So kann durch Gründung einer neuen Holding-SE ein europäisches „Dach" für bestehende nationale Kapitalgesellschaften geschaffen werden. Es können aber auch zwei nationale Gesellschaften zu einer einzigen SE „verschmolzen" oder eine nationale AG in eine SE umgewandelt werden. Ferner können zwei nationale Kapitalgesellschaften eine gemeinsame Tochter-SE gründen. Welche Varianten sinnvollerweise infrage kommen, hängt vom Einzelfall und insbesondere auch von den Ausgangsgesellschaftsformen (etwa GmbH

[30] „Vor- und Nachteile der Societas Europaea (Europäische Aktiengesellschaft)", veröffentlicht am 1. Oktober 2013, http://itfconsult.wordpress.com/2013/10/01/societas-europaea/. Zugegriffen: 31. Dezember 2013.

oder AG) ab. Immer ist aber eine (bereits bestehende) grenzüberschreitende Tätigkeit erforderlich. Darüber hinaus muss ein Mindestkapital von 120.000 € aufgebracht werden. Nicht möglich ist hingegen die Gründung einer SE durch natürliche Personen oder durch Unternehmen, die nicht über bereits bestehende Unternehmen verfügen oder die in ein und demselben Mitgliedstaat der EU/EWR ansässig sind.

Die SE bietet alle Vorteile der klassischen nationalen AG. Anteile sind also leicht und günstig übertragbar, was die Kapitalbeschaffung erleichtert. Darüber hinaus kann eine SE – anders als eine nationale Aktiengesellschaft – ihren Sitz innerhalb der EU frei verlegen und in allen EU-Ländern Büros eröffnen. Es müssen also keine Tochtergesellschaften in den einzelnen Ländern errichtet werden. Der Gründungs- und administrative Aufwand ist – wie bei allen Aktiengesellschaften – dagegen groß.

Die Gründung eines Unternehmens in einem anderen Land als dem Heimatland ist für Bürger der Europäischen Union grundsätzlich möglich, ebenso wie die grenzüberschreitende Beteiligung an einem rechtlichen Vehikel. Beide Vorgänge sind jedoch aufgrund der verschiedenen Rechtsordnungen ein zeitraubendes und teures Unterfangen.

Hier ist auf die Forderung der europäischen Startup-Initiative[31] (vgl. Abschn. 15.1.2. Startup Europe) zur Förderung der Webunternehmen hinzuweisen, die in ihrem Manifesto die Einführung einer E-Corp verlangt, also einer Europagesellschaft, die schnell und ohne großen bürokratischen und sonstigen Verwaltungsaufwand gegründet werden kann.

15.4.2.3 Bankenrichtlinie: 2006/48/EC

Nach den europäischen Regelungen ist für die Entgegennahme von rückforderbaren Einlagen eine Banklizenz notwendig. Damit wäre in vielen Ländern auch bei nur temporärer Entgegennahme der Gelder der Investoren eine Banklizenz notwendig – in Deutschland und Österreich umgehen die Crowdfunding-Plattformen dies meist durch Zusammenarbeit mit einer Bank mit einer Bankkonzession, was jedoch wiederum zu erhöhten Transaktionskosten führt und das Geschäftsmodell dieser Crowfunding-Plattformen massiv belastet, dies, obwohl das Geld nicht zum Selbstzweck der Crowdfunding-Plattform entgegengenommen wird und die Geldmittel administrativ getrennt von den Geldmitteln der Plattform gehalten werden. Hier müssten erleichterte Konzessionsbestimmungen Anwendung finden, oder eine Ausnahmebestimmung geschaffen werden um diese Geschäftsmodelle zu unterstützen.

[31] „Startup Europe Leaders Club introduces the E-Corp – create a pan-European company in under 24 hours", veröffentlicht am 3. September 2013 auf Venturevillage, http://venturevillage.eu/startup-europe-manifesto-ecorp. Zugegriffen: 12. März 2014.

Die Situation in den Vereinigten Staaten 16

Die Aufgabenstellung der U.S. Securities and Exchange Commission ist es vor allem, Investoren zu schützen und einen fairen, geordneten und effizienten Markt aufrecht zu erhalten um die Kapitalbildung zu erleichtern. - (U.S. Securities and Exchange Commission (SEC) 2011)

Die rechtliche Situation für die Plattformen in Europa entspricht in weiten Teilen der Situation der US Crowdfunding-Plattformen. Auch in den USA sehen sich die Aufsichtsbehörden verpflichtet, besonders die Kleinanleger bei Eigenkapitalinvestments (Crowdinvesting) zu schützen. Öffentliches Einwerben von Kapital war bis vor kurzem für US Unternehmen nur unter sehr restriktiven Bestimmungen möglich. Dies hat sich jedoch bereits zum Teil geändert bzw. soll sich in den nächsten Monaten noch weiter ändern aufgrund der Bestimmungen des JOBS Acts (Jumpstart Our Business Startups Act).

16.1 Die Regelungen des JOBS Act

Als eine der in den USA vorgenommenen politischen Maßnahmen zur Belebung der Wirtschaft nach der Subprime-Krise und des damit einhergehenden Rückgangs der Bankfinanzierung der Klein- und Mittelunternehmen stellte der Präsident der Vereinigten Staaten von Amerika, Barack Obama, am 31. Januar 2011 seine *Startup-America-Initiative*[1] vor. Im Rahmen dieser Initiative wurden im Laufe der darauf folgenden Monate verschiedene Reformen vorgeschlagen, um den Zugang von kleineren Unternehmen zu neuem

[1] Startup America is a White House initiative that was launched to celebrate, inspire, and accelerate high-growth entrepreneurship throughout the nation; zu finden auf der Webseite: http://www.whitehouse.gov/economy/business/startup-america. Zugegriffen: 14. Februar 2014.

E. Sixt, *Schwarmökonomie und Crowdfunding,* DOI 10.1007/978-3-658-02929-6_16

Kapital zu verbessern. So unterschrieb der US-Präsident am 5. April 2012 den JOBS Act[2] (Jumpstart Our Business Startups Act[3]). Erklärtes Ziel dieses Gesetzes ist es, durch eine Verbesserung des Zugangs zum öffentlichen Kapitalmarkt der USA die Schaffung von Arbeitsplätzen und das Wirtschaftswachstum in den USA zu erhöhen.

Das Gesetz beinhaltet eine Reihe von wesentlichen und sehr interessanten Maßnahmen zur Erleichterung der Kapitalaufnahme im amerikanischen Raum. Mit Erlass des Gesetzes wurde die US Securities Exchange Commission (SEC) von der US-Regierung beauftragt, die Bestimmungen für die einzelnen Regelungen im Detail innerhalb von 270 Tagen, insbesondere hinsichtlich zusätzlicher Regelungen, die notwendig scheinen, um den Schutz der Investoren bei Einführung des CROWDFUND Act (Teil III des JOBS Acts) sicherzustellen, zu erarbeiten.

► An „*emerging growth company*" is defined in the Securities Act and the Exchange Act as an issuer with „total annual gross revenues" of less than $1 billion during its most recently completed fiscal year. The phrase „total annual gross revenues" means total revenues as presented on the income statement presentation under U.S. GAAP (or IFRS as issued by the IASB, if used as the basis of reporting by a foreign private issuer). If the financial statements of a foreign private issuer are presented in a currency other than U.S. dollars, total annual gross revenues for purposes of this test should be calculated in U.S. dollars using the exchange rate as of the last day of the most recently completed fiscal year. In addition, if the financial statements for the most recent year included in the registration statement are those of the predecessor of the issuer, the predecessor's revenues should be used when determining if the issuer meets the definition of an emerging growth company.

Die neuen Gesetzesbestimmungen[4]

- befreien als *emerging growth companies*[5] bezeichnete Unternehmen von bestimmten Berichtspflichten im Wertpapierprospekt und in der laufenden Berichterstattung bis zu maximal fünf Jahren nach dem Börsengang. Dies schließt eine Befreiung von der Verpflichtung ein, die Qualität des Internen Kontrollsystems des Unternehmens durch eine Prüfgesellschaft gem. Section 404 des Sarbanes-Oxley Act bestätigen zu lassen. -

[2] On One-Year Anniversary of Startup America Initiative President Obama Sends Startup America Legislative Agenda to Congress, veröffentlicht auf der Seite des Weißen Hauses in den Vereinigten Staaten, am 31. Januar 2012, http://www.whitehouse.gov/the-press-office/2012/01/31/one-year-anniversary-startup-america-initiative-president-obama-sends-st. Zugegriffen: 3. März 2014.

[3] http://www.sec.gov/spotlight/jobs-act.shtml. Zugegriffen: 26. Mai 2014.

[4] http://de.wikipedia.org/wiki/Jumpstart_Our_Business_Startups_Act, zuletzt zugegriffen am 26. Mai 2014.

[5] http://www.sec.gov/divisions/corpfin/guidance/cfjjobsactfaq-title-i-general.htm, zuletzt zugegriffen am 26. Mai 2014.

Teil I REOPENING AMERICAN CAPITAL MARKETS TO EMERGING GROWTH COMPANIES.

- heben das Verbot der öffentlichen Werbung bei bestimmten Arten von Privatplatzierungen auf. - Teil II ACCESS TO CAPITAL FOR JOB CREATORS.
- schaffen für bestimmte Arten von kleineren Angeboten von Wertpapieren eine neue Ausnahme von der Verpflichtung, öffentliche Angebote von Wertpapieren bei der U.S. SEC zu registrieren. Diese Ausnahme erlaubt die Verwendung von durch die U.S. SEC zugelassenen Internetportalen, deren Verwendung für Privatplatzierungen durch das bisherige Recht äußerst eingeschränkt war. Obwohl es bisher zahlreiche Ausnahmebestimmungen gab, waren die meisten Arten von Angeboten von Wertpapieren, insbesondere jene über das Internet, wegen der rechtlichen Bestimmungen für die Privatplatzierung von Wertpapieren bisher auf qualifizierte Investoren (accredited investors) und eine beschränkte Anzahl von nicht-qualifizierten Investoren (non-accredited investors). - Teil III CROWDFUND Act.
- erhöhen den Maximalbetrag von Wertpapierangeboten im Rahmen der Ausnahmebestimmung Rule 505 der Regulation D von 5 Mio. auf 50 Mio. US-$. Teil IV SMALL COMPANY CAPITAL FORMATION.
- erhöhen die MIndestzahl der Aktionäre einer Gesellschaft, bevor diese ihre Wertpapiere bei der U. S. SEC registrieren lassen muss und im Anschluss deren Berichterstattungspflichten unterliegt. Bisher bestanden diese Verpflichtungen ab einer Bilanzsumme von 10 Mio. US-$ und ab 500 im Aktienbuch eingetragenen Aktionären (shareholders of record). Die Schwelle für die Anzahl der im Aktienbuch eingetragenen Aktionäre wurde durch das Gesetz auf 500 Kleinanleger als Aktionäre) oder 2.000 Aktionäre) erhöht. Anzumerken ist hier, dass gemäß den aktuellen Verordnungsbestimmungen ein Wertpapiermakler (Broker), in dessen Namen im Aktienbuch Aktien eingetragen sind (held in „street name"), nur als ein Aktionär gezählt wird. Da ein Wertpapiermakler diese Aktien für viele seiner Kunden hält und trotzdem nur als ein Aktionär gezählt wird, war es schon bisher möglich und üblich, dass ein Unternehmen tatsächlich Tausende von Aktionären hatte, aber trotzdem nicht verpflichtet war, seine Wertpapiere bei der U. S. SEC zu registrieren.
- erhöhen die Anzahl der Aktionäre, ab der ein lokales Sparkasseninstitut ihre Wertpapiere bei der U. S. SEC registrieren lassen muss, von 500 auf 2.000.

16.1.1 Umsetzung des Teils II—ACCESS TO CAPITAL FOR JOB CREATORS

The SEC now has the job to weigh the comments from the public, insight based on legislative experience, and the risk factors to come up with a comprehensive set of rules to govern crowdfunding transactions. This is not a quick process, even though the answer may appear to be rather simple. (Bethany Wood)

Teil II des JOBS Acts (Section 201 [1]) wurde zum 23. September 2013 mit Inkrafttreten der Rule 506 (c) der Regulation D and Rule 144 A under the Securities Act[6] umgesetzt. Seit diesem Datum dürfen auch nicht börsenotierte Unternehmen in den USA öffentlich Werbung (general solicitation) für ein Beteiligungsangebot machen.

Bis zum Inkrafttreten dieser Regelung konnte in den USA unter Rule 506 der Regulation D zwar ein Private Placement von nicht börsenotierten Unternehmen via Web an eine geschlossene akkreditierte Investorencommunity stattfinden, es durfte jedoch keine öffentliche Werbung, beispielsweise über soziale Kanäle wie Twitter, Facebook oder LinkedIn, geschaltet werden.

Rule 506 of Regulation D is considered a „safe harbor" for the private offering exemption of Section 4(2) of the Securities Act. Companies using the Rule 506 exemption can raise an unlimited amount of money. A company can be assured it is within the Section 4(2) exemption by satisfying the following standards:

The company cannot use general solicitation or advertising to market the securities;

- The company may sell its securities to an unlimited number of „*accredited investors*" and up to 35 other purchases. Unlike Rule 505, all non-accredited investors, either alone or with a purchaser representative, must be sophisticated—that is, they must have sufficient knowledge and experience in financial and business matters to make them capable of evaluating the merits and risks of the prospective investment;
- Companies must decide what information to give to accredited investors, so long as it does not violate the antifraud prohibitions of the federal securities laws. But companies must give non-accredited investors disclosure documents that are generally the same as those used in registered offerings. If a company provides information to accredited investors, it must make this information available to non-accredited investors as well;
- The company must be available to answer questions by prospective purchasers;
- Financial statement requirements are the same as for Rule 505; and
- Purchasers receive „restricted" securities, meaning that the securities cannot be sold for at least a year without registering them.

Entsprechendes galt für Private Resales of Securities to Institutions nach den 144 A Securities Act, bei denen die Aktien des emittierenden Unternehmens von einem oder zwei Finanzintermediären übernommen wurden und dann an Qualitfied Institutional Buyer (QIB) unter Bezug auf die Rule 144A ohne öffentliches Angebot weiterverkauft wurden.

The term „*qualified institutional buyer*" is defined in Rule 144A(a)(1) [17 CFR 230.144A(a)(1)] and includes specified institutions that, in the aggregate, own and invest on a discretionary basis at least $ 100 million in securities of issuers that are not affiliated with such institutions.Banks and other specified financial institutions must also have a net worth of at least $ 25 million. A registered broker-dealer qualifies as a QIB if it, in the aggregate, owns and invests on a discretionary basis at least $ 10 million in securities of issuers that are not affiliated with the broker-dealer.

[6] „Eliminating the Prohibition Against General Solicitation and General Advertising in Rule 506 and Rule 144A Offerings, A Small Entity Compliance Guide", veröffentlicht auf der Webseite der SEC, http://www.sec.gov/info/smallbus/secg/general-solicitation-small-entity-compliance-guide.htm. Zugegriffen: 3. März 2014.

Mittels Private Placements unter Anwendung der Regulation D wurden 2012 insgesamt 903 Mrd. US-$ eingesammelt, 2011 waren es um 40 Mio. US-$ weniger (863 Mrd. US-$). Insgesamt warben Seit 2009 40.000 US-Unternehmen großteils weniger als 2 Mio. US-$ bei einem Regulation D Rule 506 Private Placement ein. In nur 10 % aller Angebote nahmen nicht akkreditierte Personen das Angebot an. Nur 13 % von den Regulation D Angeboten nutzten einen Broker.

Voraussetzung für die Anwendung der neuen Regelung 506(c) ist jedoch, dass – wie schon bisher – nur akkreditierte Investoren das Beteiligungsangebot annehmen und dass das einwerbende Unternehmen schlussendlich auch die Verantwortung für die Überprüfung des akkredierten Status des Investors übernimmt.

Die Definition eines akkreditierten Investors[7] gemäß der SEC findet sich in der Rule 501 der Regulation D:

> a bank, insurance company, registered investment company, business development company, or small business investment company;
> - an employee benefit plan (within the meaning of the Employee Retirement Income Security Act) if a bank, insurance company, or registered investment adviser makes the investment decisions, or if the plan has total assets in excess of $ 5 million;
> - a tax exempt charitable organization, corporation or partnership with assets in excess of $ 5 million;
> - a director, executive officer, or general partner of the company selling the securities;
> - an enterprise in which all the equity owners are accredited investors;
> - an individual with a net worth of at least $ 1 million, not including the value of his or her primary residence;
> - **an individual with income exceeding $ 200,000 in each of the two most recent calendar years or joint income with a spouse exceeding $ 300,000 for those years and a reasonable expectation of the same income level in the current year; or**
> - a trust with assets of at least $ 5 million, not formed only to acquire the securities offered, and whose purchases are directed by a person who meets the legal standard of having sufficient knowledge and experience in financial and business matters to be capable of evaluating the merits and risks of the prospective investment.

Weitere Bedingungen sind, das sich beim Start des öffentlichen Angebots die einwerbenden Unternehmen/Startups bei der U. S. SEC registrieren.[8] Innerhalb von weiteren 15 Tagen sind dann umfangreiche Angaben bezüglich des Angebots an die U. S. SEC nachzuliefern. Weiters unterliegen die Unternehmen mit sämtlichen Informationen, die über Twitter, LinkedIn, Facebook und so weiter gegenüber der Öffentlichkeit gemacht werden der US Anti-Fraud-Gesetzgebung.

Der dokumentierbare Nachweis, dass nur akkreditierte Investoren das Angebot zeichnen, obliegt dem jeweiligen finanzierten Unternehmen.

[7] http://www.sec.gov/answers/accred.htm. Zugegriffen: 26. Mai 2014.

[8] Form D in Rule 506(c).

Nach dem Center of Venture Report haben 2012[9] in den USA 268.160 akkreditierte Business Angels insgesamt 22,9 Mrd. US-$ in Unternehmen investiert. Mit der jetzt durch die Crowdinvesting-Plattformen geschaffenen verbesserten Transparenz soll ein weiterer Teil der 8,99 Mio. US-Haushalte, die aktuell dem Profil eines akkreditierten Investors entsprechen (also über ein Jahreseinkommen von über 200.000 US-$ bzw. über ein Finanzvermögen von mehr als 1 Mio. US-$ verfügen) davon überzeugt werden, ebenfalls in Unternehmen zu investieren.

16.1.2 Umsetzung des Teils III – CROWDFUND Act

Bis dato gibt es eine Beschränkung auf höchstens 35 nicht akkreditierte Investoren, die Wertpapiere bei einem Private Placement Angebot einer Gesellschaft nach Regulation D erwerben können.

Regulation D (or Reg D) contains three rules providing exemptions from the registration requirements, allowing some companies to offer and sell their securities without having to register the securities with the SEC. For more information about these exemptions, read our publications on Rules 504, 505, and 506 of Regulation D.

Mit dem CROWDFUND Act (Teil III des JOBS Acts) soll nun eine Ausnahme geschaffen werden, sodass eine unbeschränkte Anzahl von nicht akkreditierten Investoren eine Beteiligung in einem öffentlichen Angebot eines nicht börsenotierten Unternehmens erwerben kann. Gleichzeitig wird eine Ausnahmeregelung für Internetportale geschaffen, die parallel zu bei der U. S. SEC registrierten Wertpapierdienstleistungsunternehmen entsprechende Crowdfunding-Kampagnen abwickeln können, ohne eine Brokerlizenz innezuhaben.

Der CROWDFUND Act umfasst folgende umfangreiche Änderungen des *Securities Act* 1933 und des *Securities Exchange Act 1934*:

Im *Securities Act Abschn. 4(a)(6)* werden die Voraussetzungen für die Anwendung der *Crowdfunding Regulation* definiert.

- Der Gesamtbetrag an unter Anwendung des CROWDFUND Act eingeworbenen Beteiligungskapital eines US Unternehmens darf 1 Mio. US-$ innerhalb von 12 Monaten nicht überschreiten;
- Die Einzelinvestments der Investoren während einer 12 Monatsfrist sind beschränkt auf: Insgesamt 2000 US-$ oder 5 % des jährlichen Einkommens oder Vermögens des Investors, wenn das jährliche Einkommen oder Vermögen des Investors geringer als 100.000 US-$ ist (Securities Act Abschn. 4(a)(6)(B)) Maximal 10 % des jährlichen Ein-

[9] Center for Venture Research Director, Jeffrey Sohl http://paulcollege.unh.edu/center-venture-research, THE ANGEL INVESTOR MARKET IN 2012: A MODERATING RECOVERY CONTINUES, https://paulcollege.unh.edu/sites/paulcollege.unh.edu/files/2012_analysis_report.pdf. Zugegriffen: 2. Juni 2014.

kommens oder Vermögens, mit dem absoluten Höchstbetrag von jedoch 100.000 USD, wenn das jährliche Einkommen oder Vermögen des Investors mehr als 100.000 US-$ beträgt. Die Bestimmung des „Einkommen“ oder „Vermögens“ erfolgt nach den Definitionen für den akkreditierten Investor (vgl. oben Rule 501 der Regulation D). Was vor allem bedeutet, dass der Hauptwohnsitz des Investors in der Kalkulation des Vermögens nicht berücksichtigt wird und dass das Einkommen und das Nettovermögen gemeinsam mit dem Ehegatten berechnet werden kann.

- Die Crowdfunding-Kampagne muss entweder über die Internetplattform eines bei der SEC registrierten Brokers oder über eine bei der SEC zugelassene Crowdfunding-Plattform („Funding Portal“) durchgeführt werden.

Der *Securities Act Abschn. 4A* sieht umfangreiche Berichtspflichten für das emittierende Unternehmen sowie für die genutzten Internetplattformen in Richtung der Investoren aber auch in Richtung der SEC vor.

Der neu hinzugefügte *Securities Exchange Act Abschn. 3(h)*, verlangt von der SEC festzulegen, unter welchen Bedingungen neue Intermediäre bei Crowdfundingaktivitäten nach dem Securities Act Abschn. 4(a)(6) sogenannte „Funding Portals“ befreit sind von der Verpflichtung sich als Broker entsprechend den Bestimmungen des Exchange Act Abschn. 15 (a)(1) bei der SEC zu registrieren.

Mit *Securities Exchange Act Abschn. 12(g)(6)* wird festgelegt, dass die bei einer Crowdfunding-Kampagne nach Securities Act Abschn. 4(a)(6) emittierten Wertpapiere nicht in die Anzahl der maximal zulässigen Aktionäre, die eine Veröffentlichungsverpflichtung nach dem Securities Act Abschn. 12(g) nach sich ziehen, einzurechnen sind.[10]

Securities Exchange Act Abschn. 4A(f) definiert rechtliche Einheiten, denen es nicht möglich ist eine Crowdfunding-Kampagne gemäß Abschn. 4(a)(6) in den USA durchzuführen, diese umfassen vor allem nicht in den USA registrierte Unternehmen, börsenotierte Gesellschaften und Investmentgesellschaften nach dem Company Act 1940.

16.1.2.1 Regelungsvorschlag der U. S. SEC zur Implementierung obiger Gesetzesbestimmungen

In den USA wurde am 23. Oktober 2013 von der U. S. SEC ein erster – 585 Seiten umfassender – Regelungsvorschlag[11] zur Implementierung obiger neuer Gesetzesbestimmungen veröffentlicht.

Erklärtes Ziel der U. S. SEC bei der Erstellung der Durchführungsregelungen ist es, einen goldenen Mittelweg zwischen den einerseits notwendigen Auflagen und Erforder-

[10] Specifically, Exchange Act Abschn. 12(g)(1) requires any company with „total assets exceeding [$ 10,000,000] and a class of equity security... held of record by five hundred or more... persons“ to register such security under the Exchange Act.

[11] „SEC Issues Proposal on Crowdfunding“, veröffentlicht auf der SEC Webseite am Washington D.C., am 23. Oktober 2013, SEC Rule Proposal, https://www.sec.gov/News/PressRelease/Detail/PressRelease/1370540017677#.UxQv8c76TWB. Zugegriffen: 3. März 2014.

nissen an Offenlegungs- und Berichtsvorschriften zum Schutz der Investoren zu schaffen und andererseits eine übermäßige Belastung der Wachstumsunternehmen und der „Funding Portale" mit Offenlegungs- und administrativen Anforderungen zu vermeiden.

Besprechung der Voraussetzungen des Abschn. 4(a)(6)

1 Million US-Dollar-Begrenzung
Nach den Bestimmungen des Abschn. 4(a)(6) darf ein Unternehmen bzw. eine Unternehmensgruppe innerhalb von zwölf Monaten maximal 1 Mio. US-$ über Crowdfunding-Kampagnen nach den Vorschriften des Abschn. 4(a)(6) einwerben.

Die U. S. SEC hält fest, dass das Unternehmen bzw. die Unternehmensgruppe zusätzlich zu einer Crowdfunding-Kampagne nach den Vorschriften des Abschn. 4(a)(6) sehr wohl noch andere Finanzierungsschritte in den relevanten zwölf Monaten setzen kann und diese nicht zur 1-Million-Grenze gerechnet werden. So kann beispielsweise zusätzlich noch ein betragsmäßig unbeschränktes öffentliches Angebot nach den Bestimmungen der Regulation D 506(c) (Teil II des JOBS Acts) durchgeführt werden.

Definition der Wertpapiere
Die U. S. SEC hält ferner fest, dass unter dem im CROWDFUND Act festgelegten Begriff des securities-based crowdfundings Wertpapiere jeder Art umfasst sind, also sowohl Aktien als Eigenkapital als auch Anleihen als Fremdkapital und Mezzaninekapital.

Veranlagungsgrenzen für den einzelnen Investor
Wenn das Einkommen oder das Nettovermögen eines Investors <100.000 US-$ ist, gilt eine Begrenzung von maximal 2000 US-$ oder 5 % des Einkommens oder des Vermögens über zwölf Monate für den Investor. Wenn das Einkommen oder das Nettovermögen 100.000 US-$ übersteigt, dann ist der Maximalbetrag 10 % des jeweils höheren Betrages, insgesamt aber nie mehr als 100.000 US-$ pro Investor. Diese Grenzen sind sowohl auf akkreditierte als auch auf nicht akkreditierte Investoren anwendbar. Dies gilt auch für Investoren, die nicht in den USA ansässig sind.

Die Kontrolle darüber, ob der Investor die Grenze überschreitet, liegt nicht beim emittierenden Unternehmen, sondern bei den involvierten Internetportalen.

Crowdfunding-Portale
Eine Crowdfunding-Kampagne nach dem Abschn. 4(a)(6) muss mittels eines Intermediärs durchgeführt werden, wobei es sich entweder um einen Broker oder um ein „Funding Portal" nach den Bestimmungen des Abschn. 4A(a) handeln muss. Nach den Bestimmungen des Abschn. 4(a)(6) kann eine Kampagne nur jeweils auf einer Crowdfunding-Plattform durchgeführt werden. Das Durchführen einer Kampagne parallel auf mehreren Plattformen würde nach Ansicht der U. S. SEC dazu führen, dass sich mehrere Crowds bilden und somit kein entsprechender Informationsaustausch unter den Investoren mehr stattfinden kann.

Ausschließlichkeit des Internets als Medium

Der gesamte Ablauf einer Crowdfunding-Kampagne muss über eine elektronische Plattform abgebildet werden. Jeder Investor muss bei Eröffnung eines Nutzerkontos auf der Crowdfunding-Plattform explizit zustimmen, dass die gesamte Transaktion, vor allem der Kaufprozess der Wertpapiere, über die Plattform abgewickelt wird und auch die erworbenen Papiere elektronisch geliefert werden.

Ausschlussbestimmungen des Abschn. 4A(f)

Nach den Bestimmungen des Abschn. 4A(f) Securities Act 1933 können nur US-Unternehmen eine Crowdfunding-Kampagne nach Abschn. 4(a)(6) Securities Act 1933 durchführen, keine börsennotierten Vehikel und keine Investmentgesellschaften oder Hedge Fonds. Zusätzlich sind auch Unternehmen, die bereits eine entsprechende Crowdfunding-Kampagne durchgeführt haben, aber ihren Offenlegungsverpflichtungen in zwei aufeinanderfolgenden Jahren nicht nachkamen, von der Möglichkeit, eine weitere Crowdfunding-Kampagne nach Abschn. 4(a)(6) durchzuführen, ausgeschlossen.

16.1.2.2 Offenlegungsverpflichtungen des emittierenden Unternehmens

Abschn. 4A(b)(1) Securities Act fordert vom emittierenden Unternehmen die Vorlage umfangreicher Informationen bei der U. S. SEC, dem Crowdfunding-Portal sowie gegenüber den Investoren:

- Name, Rechtsform, Sitz und Internetadresse;
- Informationen über den Hintergrund, die Managementerfahrung des Vorstandes (für die letzten drei Jahre) und Details zu allen Personen, die über 20 % Anteile am Unternehmen halten;
- Beschreibung des Geschäftszweckes und des Geschäftsmodells;
- Vorlage eines Businessplans;
- Informationen zur Ertrags-, Finanz- und Vermögenslage des Unternehmens;
- Verwendung des Crowdfundingerlöses;
- Zielbetrag, Zeitplan für die Crowdfundingkampagne sowie den Maximumbetrag einer eventuellen Überfinanzierung;
- Widerrufsrecht für die Investoren bei bereits abgegebener Investmentverpflichtung (bis 48 h vor dem Abschluss der Crowdfunding-Kampagne);
- Angebotspreis, Information zur Art der ausgegebenen Wertpapiere und der angewandten Bewertungsmethodik;
- Offenlegung der Eigentümerstruktur sowie Informationen über die Rechte der neu ausgegeben Wertpapiere;
- Beschreibung der Risiken, die mit einem Minderheitsinvestment verbunden sind, ebenso wie Beschreibung etwaiger Übertragungsrestriktionen (Lock ups), die mit den Aktien verbunden sind;
- die mit den ausgegebenen Aktien verbundenen oder nicht verbundenen Stimmrechten.

Zusätzlich zu den bereits im JOBS Act vorgeschlagenen Offenlegungserfordernissen sollen nach dem Vorschlag der U. S. SEC noch zusätzlich folgende Unterlagen vorgelegt werden:

- Angaben zur Crowdfunding-Plattform, über die die Kampagne durchgeführt wird;
- Offenlegung der Details zum vereinbarten Erfolgshonorar, das an die Crowdfunding-Plattform gezahlt werden muss;
- Risikofaktoren des emittierenden Unternehmens;
- Anzahl der Mitarbeiter des emittierenden Unternehmens;
- Informationen zum Fremdkapital des emittierenden Unternehmens (Ausmaß sowie Laufzeiten);
- Angaben zu wesentlichen Transaktionen zu verbundenen Unternehmen oder sonstigen Parteien (Gesellschafter, Management usw.);
- Informationen zu sonstigen Kapitalmaßnahmen der letzten drei Jahre.

Falls die U. S. SEC es für erforderlich hält, können im Einzelfall zusätzliche Informationen abgefragt werden (Abschn. 4A(b)(1)(1)).

Offenlegungsbestimmungen hinsichtlich der Ertrags-, Finanz- und Vermögenslage des Unternehmens (Abschn. 4A(b)(1)(D))
Abhängig von der Höhe des eingeworbenen Kapitals muss das emittierende Unternehmen folgende Unterlagen vorlegen:

- bis zu 100.000 US-$: Steuererklärungen und den letzten Jahresabschluss (erstellt nach US Generally Accepted Accounting Principles [US GAAP])
- von 100.000 US-$ bis maximal 500.000 US-$: Die Jahresabschlüsse, erstellt nach US GAAP, müssen einen Review-Bericht eines unabhängigen Wirtschaftsprüfer aufweisen.
- mehr als 500.000 US-$ sollen eingeworben werden: Die Jahresabschlüsse, erstellt nach US GAAP, müssen ein uneingeschränktes Testat eines Wirtschaftsprüfers aufweisen.

Obige Erfordernisse sind unabhängig von der Zeitdauer der Existenz des emittierenden Unternehmens anwendbar. Es sind immer die Abschlüsse der letzten zwei Jahre oder falls das Unternehmen noch nicht so lange existiert, seit Gründung des Unternehmens, vorzulegen.

Bei der Berechnung der Höhe des eingeworbenen Kapitals nach Abschn. 4(a)(6) Securities Act 1933 sind eventuelle Beträge, die innerhalb der 12-Monatsfrist nach dieser Bestimmung schon eingeworben wurden, hinzuzurechnen. Es ist vom Maximumüberzeichnungsbetrag auszugehen.

Eine Management Data Analysis hinsichtlich des operativen Ergebnisses und der Liquidität ist vorzulegen (Cashflow des Unternehmens) um die Finanzsituation des Unternehmens abzubilden.

Updates über den Kampagnenfortschritt
Das emittierende Unternehmen muss sowohl die U. S. SEC als auch die Investoren laufend über den Fortschritt der Kampagne informieren.

Berichtspflichten bei wesentlichen Ereignissen während der Kampagne (Amendments to the Offering Statements)

Sollte während der Kampagne ein die Finanz, Ertrags- oder Vermögenslage maßgebliches beeinflussendes Ereignis eintreten, dann muss dieses Ereignis sowohl der U. S. SEC als auch dem Crowdfunding-Portal und den Investoren mitgeteilt werden. Die Investoren haben daraufhin fünf Tage Zeit, ihr Investment noch einmal zu bestätigen.

Laufende Berichtsverpflichtungen

Gemäß den Bestimmungen des Abschn. 4A(b)(4) muss das emittierende Unternehmen innerhalb von drei Monaten nach Abschluss eines Geschäftsjahres seine Jahresabschlüsse der U. S. SEC übermitteln und diese auf der eigenen Webseite offenlegen. Die Qualität der Abschlüsse also ob geprüft oder reviewed, richtet sich nach den ursprünglichen Erfordernissen bei Durchführung der Crowdfunding-Kampagne.

Diese Offenlegungsvorschriften sind anwendbar bis das Unternehmen

- einen Börsengang (Initial Public Offering) durchgeführt hat;
- oder bis alle Anteile, die emittiert wurden, bei der Crowdfunding-Kampagne wieder rückgekauft wurden oder
- bis das Unternehmen liquidiert oder sonst wie vom Markt genommen wurde.

Verbot der Bewerbung der Angebotsbestimmungen

Abschnitt. 4A(b)(2) sieht ein grundsätzliches Werbeverbot hinsichtlich der Crowdfunding-Kampagne für die emittierenden Unternehmen vor. Die Unternehmen dürfen die Crowdfunding-Kampagne immer nur unter Hinweis auf die durchführende Crowdfunding-Plattform (Setzen eines Links oder sonstige Angabe der Kontaktadresse), auf der zusätzliche Informationen zum Angebot zu finden sind, bewerben. Diese Regelung kann auch nicht durch einen Dienstleistungsauftrag einer dritten Partei umgangen werden. Der Sinn und Zweck dieser Regelung ist das der Informationsaustausch der Crowd ausschließlich auf der die Kampagne durchführende Crowdfunding-Plattform stattfinden soll, ausschließlich dort soll auch das emittierende Unternehmen Stellung zu allen offenen Fragen der Crowd unter Nutzung der Kommunikationskanäle dieser Crowdfunding-Plattform nehmen.

Erfolgt die Nutzung der Kommunikationskanäle des Crowdfunding-Portals zum Zweck der Bewerbung des Anbotes durch eine dritte Person, so hat diese Person die Tatsache ihrer Honorierung durch das emittierende Unternehmen offenzulegen.

Anforderungen an die involvierten Crowdfunding-Plattformen

Eine Crowdfunding-Kampagne entsprechend des Abschn. 4(a)(6) muss entweder von einem bei der U. S. SEC registrierten Broker (definiert im Exchange Act Abschn. 3(a)(4)) oder über ein bei der U. S. SEC und der FINRA registriertes Internetportal („Funding Portals") durchgeführt werden.

Exchange Act Abschn. 3(a)(80), hinzugefügt durch Abschn. 304 des JOBS Acts, definiert „Funding Portal" als jede rechtliche Einheit oder Person, die Vermittlungstätigkeiten bei der Emission von Wertpapieren gemäß den Ausnahmebestimmungen des Securities Act Abschn. 4(a)(6) für Rechnung anderer erbringt.

Die Funding Portals und alle mit ihr verbundenen Personen (Geschäftsführung, Eigentümer usw.) dürfen jedoch nicht

- Investmentberatung anbieten oder Investmentempfehlungen abgeben;
- die angebotenen Wertpapiere bewerben;
- Dritte für Werbung der auf der Plattform angebotenen Wertpapiere bezahlen;
- Portfolioverwaltung für die Investoren betreiben;
- Gelder von Investoren entgegennehmen.

Der Securities Act Abschn. 4 A(a)(1) erfordert die Registrierung der „Funding Portals“ und der Broker bei der U. S. SEC. Das Portal muss also entweder als Broker entsprechend des Exchange Act Abschn. 15(b) oder als Funding Portal gemäß Securities Act 4A (a)(1) registriert sein.

Exchange Act Abschn. 4A(a)(2) erfordert weiters die Registrierung der Crowdfunding-Portale nach Securities Act Abschn. 5A(a) als Vermittler bei einer selbstregulierenden Organisation, wie in Exchange Act Abschn. 3(a)(26) definiert. Gleichzeitig fordert Exchange Act Abschn. 3(h)(1)(B) von den Funding Portals eine Registrierung bei einer nationalen Wertpapiervereinigung (National Securities Association). Da die FINRA momentan die einzige registrierte nationale Wertpapiervereinigung ist, müssen die Funding Portals bei der FINRA registriert sein.

Financial Industry Regulatory Authority (FINRA), Die Financial Industry Regulatory Authority (FINRA) ist als Genehmigungsbehörde in den *USA* hauptsächlich verantwortlich für die Beaufsichtigung von Personen, die in der *Wertpapierbranche* involviert sind. Die *Securities and Exchange Commission* (kurz SEC) delegierte diese Verantwortlichkeit zur FINRA. Die FINRA ist eine sich selbst regulierende Organisation (Self Regulatory Organization, kurz SRO) und ist damit keine direkte Behörde der Regierung. Ihr Sitz ist *Washington, D.C.*[12]

Der Exchange Act Abschn. 4A(a)(11) verbietet dem Management bzw. den Eigentümern sowie der rechtlichen Einheit selbst Anteile an einem auf ihrer Plattform emittierenden Unternehmen zu erwerben und zu halten. Es darf als Gegenleistung für die Crowdfunding-kampagne keine Beteiligung an dem Unternehmen angenommen werden.

Maßnahmen zur Betrugsbekämpfung

Der Securities Act Abschn. 4A(5) fordert von den Crowdfunding-Plattformen, entsprechende Maßnahmen zu implementieren, um Betrugshandlungen zu verhindern:

- Durchführung einer Überprüfung des Hintergrunds des emittierenden Unternehmens;
- sowie aller involvierten Personen und Eigentümer (mehr als 20 %) des emittierenden Unternehmens und weiters

[12] http://de.wikipedia.org/wiki/Financial_Industry_Regulatory_Authority. Zugegriffen: 2. Juni 2014.

- Sicherstellung einer ordnungsgemäßen Buchführung über die ausgegebenen Anteile. Wobei die Plattform lediglich verifizieren muss, dass offensichtlich das emittierende Unternehmen entsprechende Maßnahmen gesetzt hat, um eine ordnungsgemäße Erfassung der ausgegebenen Anteile und der Investoren zu gewährleisten.

Sollten die Plattformen keine entsprechenden Hintergrundchecks durchführen können oder den Hinweis haben, dass etwas nicht in Ordnung ist, darf das Projekt nicht durchgeführt werden.

Pflichten bei Registrierung des Investors
Ein potenzieller Investor muss ein Investorenkonto bei der Plattform eröffnen und die Zustimmung zur elektronischen Übermittlung der relevanten Daten erteilen. Bei Kontoeröffnung sind Daten wie Name, Adresse und E-Mail des Investors abzufragen.

Informationsmaterial
Der Securities Act Abschn. 4A(a)(3) verlangt von den Crowdfunding-Plattformen, bei Registrierung, jedem potenziellen Investor elektronisch Informationsmaterial zukommen zu lassen mit folgenden Angaben:

- Beschreibung des Ablaufs eines Investments auf der Plattform;
- Beschreibung der Risiken, die mit einem Investment über die Plattform verbunden sind;
- Beschreibung der Art von Wertpapieren, die vermittelt werden;
- Aufklärung über Verwässerungsmechanismen;
- Details zur Behaltefrist von einem Jahr bzw. sonstige Verkaufsrestriktionen, die mit den Anteilen verbunden sind;
- Information zum Informationsmaterial, das die emittierenden Unternehmen ausgeben;
- Details zu der gesetzlich geforderten Begrenzung der Investmentbeträge;
- Informationen zu den Umständen, unter denen emittierende Unternehmen Investmentzusagen zurückweisen;
- Details zu den Widerrufsmöglichkeiten eines Investors;
- Grundsatzinformationen, dass alle Personen, die entgeltlich tätig sind in der Werbung für das emittierende Unternehmen sich auch dementsprechend deklarieren müssen;
- Information zur Kompensation der Plattform für die Durchführung der Transaktion;
- Sowie alle sonstigen relevanten Investmentinformationen zum Unternehmen.

Erfordernisse bei der Durchführung der Transaktionen
Abschn. 4A(a)(6) verlangt von jeder Crowdfunding-Plattform, 21 Tage vor Beginn der Crowdfunding-Kampagne, die Unterlagen gemäß Abschn. 4A(b) des emittierenden Unternehmens an die U. S. SEC zu übermitteln und auf ihrer Plattform zur freien Einsicht und zum Download bereitzustellen. Zu berücksichtigen ist, dass keine Registrierung auf

der Plattform erforderlich sein darf zur Einsichtnahme in die Unterlagen. Die Unterlagen müssen bis zum Abschluss der Kampagne öffentlich einsehbar sein.

Kontrolle der Einhaltung der Investorenbeschränkung
Abschn. 4A(a)(8) verpflichtet die Crowdfunding-Plattformen sicherzustellen, dass kein Investor die Investitionsgrenzen gemäß Abschn. 4(a)(6)(B) übersteigt. Festgestellt wird dabei, dass die Vermittlungsportale grundsätzlich auf die Aussagen des Investors vertrauen können, wenn nicht anderweitige Informationen darauf hinweisen, dass die Grenzen vom Investor überschritten werden.

Ausdrückliche Bestätigung des Investors, dass er das Risiko dieser Art von Investition versteht (Verständnisbestätigung)
Abschn. 4A(a)(4) verlangt von den Vermittlungs-Plattformen, sicherzustellen, das jeder Investor

- das übermittelte Lehrmaterial durchsieht (reviewed);
- positiv bestätigt, dass das Risiko, das gesamte Investment zu verlieren, akzeptiert und auch wirtschaftlich tragbar ist;
- Fragen beantwortet, die ein Verständnis zeigen, für das mit dem Investment verbundene Risiko, den Grad der Illiquidität und andere Themen, die die U. S. SEC adressiert.

Diese Verständnisbestätigung sowie das Ausfüllen des Fragebogens muss ein Investor bei jedem neuen Investment wiederholen.

Anforderungen an die Kommunikationskanäle der Crowdfunding-Plattformen
Die Plattformen müssen Kommunikationskanäle aufbauen, auf denen die Investoren miteinander und mit den emittierenden Unternehmen kommunizieren können. Zweck ist das Entstehen eines transparenten und zentralisierten Marktplatzes, über die zumindest die gesamten Informationen, die von den emittierenden Unternehmen gegeben werden, erfasst werden.

Die Funding Portals stellen zwar die Kommunikationsregeln auf den Kommunikationskanälen auf, dürfen aber selbst an der Kommunikation nicht teilnehmen. Broker dürfen in einem gewissen Ausmaß hingegen Investmentratschläge abgeben. Die Kommunikationskanäle müssen wiederum öffentlich zugänglich sein – auch für Investoren, die kein Nutzerkonto geöffnet haben. Postings auf den Kanälen dürfen nur von registrierten Konteninhabern der Portale gemacht werden.

Übermittlung der Investmentzusage
Nach Erhalt einer Investmentzusage muss die Plattform dem Investor zu Dokumentationszwecken eine Bestätigung über den verpflichteten Betrag, den Preis des Wertpapiers, soweit er schon feststeht, den Namen des emittierenden Unternehmens und eine Belehrung über die Widerrufsfrist übermitteln.

Geldüberweisung

Der Securities Act Abschn. 4A(a)(7) verpflichtet die Vermittlungsportale, sicherzustellen, dass das Geld nur ausbezahlt wird, wenn der Gesamtbetrag von allen Investoren zumindest den Zielbetrag erreicht (Alles-Oder-Nichts-Prinzip).

Bedingt durch die für die Broker ohnehin existierenden gesetzlichen Vorschriften hinsichtlich der Behandlung von Investorengeldern, unterscheiden sich die Regelungen dadurch, dass für Broker der Exchange Act Rule 15c 2-4(b) anwendbar ist. Für die Funding Portals – die keine Investorengelder in Empfang nehmen dürfen – ist vorgesehen, dass eine dritte Partei – eine Bank – ein Treuhandkonto für die Investoren bzw. für das emittierende Unternehmen führt. Abhängig vom Ergebnis der Crowdfunding-Kampagne wird das Geld entweder rücküberwiesen (falls der Zielbetrag nicht erreicht wird) oder an das emittierende Unternehmen überwiesen (falls der Zielbetrag erreicht oder überschritten wird).

Abschn. 4(A)(a)(7) Securities Act erfordert von den Plattformen, Stornierungsbestimmungen, bestehend aus einem Widerrufsrecht bis 48 h vor Ablauf der Zeichnungsfrist zu implementieren.

Sollte ein Zielbetrag früher erreicht werden, kann die Aktion früher beendet werden, wenn das Angebot zumindest 21 Tage offen war, innerhalb einer Vorlaufzeit von fünf Tagen vor Beendigung des Angebots den Investoren mitgeteilt wurde und die 48h Frist eingehalten wird.

Wenn der Zielbetrag nicht erreicht wurde, müssen innerhalb von fünf Tagen die Investoren darüber informiert werden und innerhalb von weiteren 5 Tagen ist das Geld rückzuüberweisen.

Bestätigung der Transaktion

Die Plattform muss bei Beendigung der Kampagne ebenfalls zu Dokumentationszwecken dem Investor nochmals die Details über ihre Transaktion (Datum der Transaktion, Preis, Art und Anzahl der erworbenen Wertpapiere sowie das an die Plattform für die Durchführung der Transaktion geleistete Entgelt) schriftlich zusammenfassen.

Werbung für die Plattform

Es ist Plattformen untersagt, für die Vermittlung von persönlichen Informationen über Investoren Provisionen oder Finder Fees zu bezahlen. Die Plattform kann aber sehr wohl für die Vermittlung von emittierenden Unternehmen oder die Vermittlung von Investoren eine Provision an Dritte zahlen. Die Höhe der Provision darf jedoch nicht vom Ergebnis einer Crowdfunding-Kampagne abhängen.

Zusätzliche Erfordernisse für Funding Portals

Vereinfachter Registrierungsprozess: Die U. S. SEC sieht einen vereinfachten Registrierungsprozess für die Funding Portals vor. Das zu verwendende Formular ist an das Registrierungsprozedere der Broker angelehnt, doch weniger umfangreich: Angaben zum Geschäftssitz, zur rechtlichen Struktur und zum Geschäftsmodell sind erforderlich. Ebenso sind Informationen zu Geschäftsführung und Eigentümer zu liefern. Non US Entities können sich nur unter Nachweis bestimmter Auflagen als Funding Portals registrieren lassen.

Erfordernis einer Haftpflichtversicherung: Die Funding Portals müssen eine Haftpflichtversicherung abschließen mit einer Mindestdeckungssumme von 100.000 US-$, – dadurch sollen vor allem Schäden abgedeckt werden, die durch das verbotene Halten und Verwalten von Mitteln der Investoren entstehen. Gedacht ist diese Versicherung als Substitut für eine Deckung unter den Securities Investor Protection Corporation (SIPC), unter die ein Broker fällt. Wenn ein Broker in Konkurs geht, deckt die SIPC Vermögensschäden bis zu 500.000 US-$, wobei das Limit für Barmittel 250.000 US-$ beträgt.

Registrierung der Funding Portals: Die Funding Portals müssen keine Brokerlizenz haben, unterstehen jedoch der Aufsicht der U.S. SEC und müssen die Bestimmungen des Chapter X des Exchange Acts einhalten (vor allem Anti Money Laundering Maßnahmen).

Spezialisierung der Plattform: Wenn objektive Maßstäbe angesetzt werden bei der Auswahl der Projekte, dann kann sich eine Plattform auch regional oder auch thematisch für bestimmte Projekte entscheiden, ohne damit indirekt eine Investmentberatung abzugeben. Dies gilt auch für die Spezialisierung bzw. Einschränkung der Plattform auf die Emission bestimmter Klassen von Wertpapieren.

Hervorheben von Projekten: Auch hier kann wieder aufgrund objektiver Kriterien eine Auswahl der emittierenden Unternehmen vorgenommen werden, die auf der Plattform besonders hervorgehoben werden, ohne damit eine Investmentberatungsaktivität für die Funding Portals zu bewirken, so z. B. nach der Art der emittierten Wertpapiere, nach geografischen Kriterien usw.

Zurverfügungstellung von Suchfunktionen: Die Funding Portals können Suchfunktionen zur Verfügung stellen, um den Investoren eine bessere Übersicht über die Projekte zu ermöglichen.

Zurverfügungstellung von Kommunikationskanälen: Diese Kommunikationskanäle sollen den Zugang zu Informationen aus der Crowd für die Investoren erleichtern.

Beratungsdienstleistungen der Funding Portals: Die Funding Portals dürfen die emittierenden Unternehmen bei Strukturierung und Inhalt des Wertpapierangebots beraten.

Kooperationen mit registrierten Brokern: Bedingt durch die engen Rahmenbedingungen, unter denen die Funding Portals arbeiten, ist es naheliegend, Kooperationsverträge mit Börsenmaklern, denen mehr Rechte zustehen, abzuschließen.

Pflichtaufzeichnungen der Funding Portals

Die Plattformen müssen Aufzeichnungen führen, um sicherzustellen, dass sie entsprechend der gesetzlichen Rahmenbedingungen handeln und ihren Verpflichtungen hinsichtlich der Geldwäschevorschriften nachkommen. Es gilt eine gesetzliche Aufbewahrungsfrist von fünf Jahren hinsichtlich der Dokumentation zu Informationen über die Investoren, dem genutzten Lehrmaterial sowie zu den einzelnen Transaktionen (emittierende Unternehmen und die dabei involvierten Personen). Diese Dokumentation muss ebenso aufbewahrt werden wie die gesamte Kommunikation auf dem Portal. Die Transaktionen sind auf einer täglichen Basis chronologisch zu erfassen.

16.1.2.3 Sonstige Regelungen

Behaltefristen für die emittierten Wertpapiere
Es gilt eine grundsätzliche Behaltefrist von einem Jahr für Wertpapiere, die im Zuge einer Crowdfunding-Kampagne gemäß Abschn. 4(a)(6) ausgegeben werden.

Folgende Ausnahmen sind dabei vorgesehen (Abschn. 4A(e) Securities Act):

- Verkauf erfolgt an das emittierende Unternehmen;
- Verkauf erfolgt an einen akkreditierten Investor wie in Rule 501(a) der Regulation D definiert;
- Verkauf erfolgt im Zuge eines Public Offerings des emittierenden Unternehmens;
- Verkauf erfolgt innerhalb der Familie oder eines ähnlichen Naheverhältnisses.

Ausnahme des Abschn. 12(g)
Der Abschn. 12(g) des US Securities Act sieht zum Schutz von Aktionären vor, dass Unternehmen Veröffentlichungsverpflichtungen entsprechend denen von börsenotierten Unternehmen trifft, falls es als nicht börsennotiertes Unternehmen Vermögenswerte über 10 Mio. US-$ und mehr als 2000 Aktionären bzw. 500 nicht akkreditierten Aktionäre aufweist. Diese Regelung hat bereits bei den Unternehmen Google und auch Facebook dazu geführt, dass sich die Unternehmen für ein Börsenlisting entschieden haben.

Der Abschn. 303 JOBS Act sieht vor, dass Wertpapiere, die in einer Crowdfunding-Kampagne nach dem Abschn. 4(a)(6) Securities Act oft 1933 ausgegeben wurden, nicht unter die Regelung des Abschn. 12(g) fallen, das heißt, dass die Anzahl der in einer Crowdfunding-Kampagne nach Abschn. 4(a)(6) gewonnenen Investoren nicht miteinzubeziehen sind bei der Berechnung der Investoren.

Haftungsbestimmung für das emittierende Unternehmen
Securities Act Abschn. 4A(9) sieht eine Haftungsbestimmung für die emittierenden Unternehmen vor, wenn wesentliche Fakten bei Darstellung der Vermögens-, Ertrags- und Finanzlage des emittierenden Unternehmens unrichtig dargestellt oder vernachlässigt wurden. In diesem Fall haftet das emittierende Unternehmen für einen etwaigen entstehenden Schaden.

Disqualifizierungsbestimmungen
Die emittierenden Unternehmen wie auch ihre leitenden Angestellten, Direktoren und Eigentümer (ab 20 % Eigentumsanteil) unterliegen alle den „Bad Actor"-Disqualifizierungsbestimmungen der Wertpapierregelungen in den USA. Verbrechen und Vergehen wegen Wertpapierbetrugsdelikten in den letzten zehn Jahren führen zum Ausschluss des

Unternehmens. Sowohl das emittierende Unternehmen als auch die Crowdfunding-Portale müssen sicherstellen, dass keine Disqualifizierungsbestimmungen anwendbar sind bei der Durchführung einer Crowdfunding-Kampagne nach Abschn. 4(a)(6) Securities Act.

16.1.3 Hintergründe zum CROWDFUND Act

In dem am 23. Oktober 2013 veröffentlichten Regelungsentwurf zum Teil III des JOBS Acts legt die U. S. SEC dar, welche Überlegungen hinsichtlich Risiken, Potenzial und Kosten die Basis für die Umsetzung des CROWDFUND Act und der damit verbundenen Möglichkeit des securitiesbasierenden Crowdfundings bilden.

Mangel an Wachstumskapital
Die U. S. SEC sieht die Notwendigkeit der Schaffung einer alternativen Finanzierungsmöglichkeit in Form des securitiesbasierenden Crowdfundings für Startups und Wachstumsunternehmen aus folgenden Gründen[13]:

- Kosten eines Börsenlistings (beziffert mit dem Einmalbetrag von rund 2,5 Mio. US-$ und durchschnittlich laufenden jährlichen Kosten von 1,5 Mio. US-$[14]) stehen in keiner Relation zum Kapitalbedarf junger Unternehmen.
- Aufgrund der Bankenkrise ist eine Kreditklemme vor allem für die KLein- und Mittelunternehmen in den USA bemerkbar: Laut einer der U. S. SEC vorliegenden Studie hat sich die Kreditfinanzierung für (Small Business)[15] Unternehmen um 100 Mrd. US-$ von 2008 bis 2011 reduziert, 2012 weisen weniger als ein Drittel der Klein- und Mittelunternehmen in den USA einen offenen Bankkredit aus.[16]
- Venture-Capital-Geber investieren so gut wie ausschließlich in Technologieunternehmen, die bereits den Proof of Concept erbracht haben und besonders attraktive Wachstumschancen aufweisen.

Hohe Risiken verbundenen mit den Investments in Wachstumsunternehmen
Gleichzeitig weist die U. S. SEC auf das hohe Risiko hin, dass mit Investitionen in Wachstumsunternehmen verbunden ist:

---

[13] „SEC Issues Proposal on Crowdfunding", veröffentlicht auf der SEC Webseite am Washington D.C., am 23. Oktober 2013, SEC Rule Proposal, https://www.sec.gov/News/PressRelease/Detail/PressRelease/1370540017677#.UxQv8c76TWB. Zugegriffen: 3. März 2014.

[14] Durchschnittliche Zahlen berechnet anhand der Börsengänge des letzten Jahres.

[15] Unternehmen mit weniger als 500 Mitarbeitern.

[16] *See* The Kauffman Foundation, *2013 State of Entrepreneurship Address* (Feb. 5, 2013), *available at* http://www.kauffman.org/uploadedFiles/DownLoadableResources/SOE%20Report_2013pdf.pdf. The report cautions against prematurely concluding that banks are not lending enough to small businesses as the sample period of the study includes the most recent recession.

Eine von der SEC herangezogene Studie aus dem Jahr 2010 zeigt auf, dass von 4022 zufällig ausgewählten Technologiestartups, die 2004 gegründet wurden, 2008 nur mehr noch 68 % aktiv waren.

Von 16.315 durch Venture Capital finanzierte Unternehmen, die ihre erste Finanzierungsrunde zwischen 1980 und 1999 erhielten, ging ein Drittel in Konkurs. Eine weitere Studie der SEC zeigt, das von 2000 Startups, die zwischen 2004 und 2010 gegründet wurden und jeweils von Venture-Capital-Gebern mit zu mindestens 1 Mio. US-$ ausgestattet waren, 75 % in Konkurs gegangen sind und dies trotz der Involvierung von erfahrenen Geldgebern mittels umfangreicher Due Diligence. Grundannahme der U. S. SEC ist daher, dass einem Kleininvestor die Due-Diligence-Möglichkeiten sowie die Kontrollmöglichkeiten eines Venture-Capital-Gebers nicht zur Verfügung stehen und dieser daher nur im Nachteil sein kann. Bei einer Erleichterung der Zugangsbestimmungen für Kleininvestoren in den Wachstumsfinanzierungsbereich ist daher mit großen Ausfallraten zu rechnen.

Errechnung des Potenzials für Finanzbedarf der Klein- und Mittelunternehmen in den USA

2011 hat es 5 Mio. Unternehmen mit Arbeitnehmern unter 500 Mitarbeiten in den USA gegeben. Der Kapitalbedarf dieser Unternehmen kann annähernd errechnet werden durch Addition des ausstehenden Kreditvolumens an Klein- und Mittelunternehmen von 626 Mrd. US-$ und rund 30 Mrd. US-$, die von Venture Kapitalgebern und Business Angels in US Wachstumsunternehmen jährlich investiert werden.

Anzahl der Unternehmen, die für ein securitiesbasierendes Crowdfunding infrage kommen

Um eine Schätzung der Anzahl der Unternehmen, die eine Crowdfunding-Kampagne nach Abschn. 4(a)(6) Securities Act durchführen zu können, zieht die U. S. SEC folgende Zahlen heran:

15.616 US Unternehmen haben zwischen 2009 und 2012 ein Private Placement nach den Bestimmungen der Regulation D mit einem Emissionserlös von weniger oder gleich 1 Mio. US-$ abgeschlossen.

Nach dem Massolution Report 2012 wurden bis dato 430.920 donation- oder rewardbasierende based Crowdfunding-Kampagnen in den USA durchgeführt von etwa 181.440 Unternehmen.

Nach einem Bericht der SBA (Small Business Administration) haben 2011 54.500 Klein- und Mittelunternehmen einen geförderten Kredit bei der SBA beantragt.

Basierend auf diesen Daten geht die SEC geht bei ihren Berechnungen davon aus, dass im ersten Jahr nach Inkrafttreten der Bestimmungen 2300 Unternehmen eine Crowdfunding-Kampagne nach den Bestimmungen des Abschn. 4(a)(6) Securities Act mit einem durchschnittlichen Emissionsvolumen von 1 Mio. US-$ durchführen werden.

Schätzung der Anzahl der Crowdfunding-Portale

Die U.S. SEC schätzt weiters, dass die Zahl der securitiesbasierenden Crowdfunding-Plattformen sich im ersten Jahr nach Inkrafttreten der Bestimmungen auf 110 belaufen wird: Diese 110 Crowdfunding-Plattformen werden sich dabei wie folgt verteilen: 10 neue Crowdfunding-Plattformen, die von Brokern neu gegründet werden, 50 Crowdfunding-Plattformen, die bereits als Broker registriert sind und ungefähr 50 neu registrierte Funding Portals. Die Kosten für die Neuregistrierung als Broker und für die gesetzlich erforderliche Mitgliedschaft bei einer nationalen Wertpapierbehörde, um Crowdfunding-Aktivitäten gemäß Abschn. 4(a)(6) überhaupt durchführen zu können, schätzt die U. S. SEC auf ungefähr 550.000 US-$ als einmalige Kosten sowie jährlich anfallende Kosten von 230.000 US-$. Die Registrierungskosten für ein Funding Portal werden mit Einmalkosten von 100.000 US-$ und laufenden Kosten von 10.000 US-$ angegeben. Die Kosten für die Erstellung einer entsprechenden Crowdfunding-Plattform wird mit 400.000 US-$ eingeschätzt und mit laufenden jährlichen Kosten von 40.000 US-$.

Überlegungen zum Potenzial des CROWDFUND Act

In dem Artikel[17] *JOBS Act Title II for Accrediteds NOT MUCH HELP for Entrepreneurs* im Onlinemagazin CrowdfundBeat erläutert Howard Leonhardt, Serial Biotechunternehmer, warum er sich von der Möglichkeit des öffentlichen Bewerbens von Beteiligungsangeboten, solange sich der Investorenkreis nach 506(d) bestimmt (nur akkreditierte Investoren und bis zu maximal 35 nicht akkreditierte Investoren), so gut wie keine Auswirkungen auf die Startup-Szene in den USA erwartet.

Nach den von ihm angeführten Studien sank die Zahl der akkreditierten Business Angels in den USA um 15,8 % auf 268.000 im Jahr 2012. Von diesen akkreditierten Investoren haben lediglich 35 % oder 93.800 Interesse an Investitionen in Unternehmen, die sich in der Seed-Phase befinden. Von diesen 93.800 potenziellen Investoren für Unternehmen in der Seed-Phase investieren nur 33 % oder 30.945 Investoren nicht in Unternehmen, bei denen sie die Gründer nicht persönlich kennen. Von diesen 30.945 wiederum investieren 61 % ausschließlich in Projekte in den Bereichen Gesundheitswesen, Software und Biotechnologie. Zusammengefasst stehen somit nur 12.072 akkreditierte Investoren zur Verfügung für Investments in andere Bereiche. Bei weniger als 1 % der amerikanischen Bevölkerung handelt es sich um akkreditierte Investoren. Dadurch, dass sich Teil II des JOBS Acts immer noch auf das „Old Boys Network" der akkreditierten Investoren beschränkt, ist nach Howard Leonhardt keine Veränderung in der Finanzierungssituation der Startups in den USA zu erwarten.

Howard Leonhardt erwartet sich große Auswirkungen durch die Umsetzung des CROWDFUND Act.

Laut den durchgeführten Erhebungen sind 58 % aller Erwachsenen in den USA daran interessiert, Crowdinvestments in Startups vorzunehmen. Durchschnittlich wären sie bereit bis zu 1300 US-$ zu investieren, 61 % können sich dabei vorstellen, diesen Betrag

[17] JOBS ACT Title II for Accrediteds NOT MUCH HELP for Entrepreneurs Howard Leonhardt, veröffentlicht auf CrowdFundBeat, http://crowdfundbeat.com/jobs-act-title-ii-for-accrediteds-not-much-help-for-entrepreneurs/. Zugegriffen: 14. Februar 2014.

ein- bis zweimal pro Jahr zu investieren, 20 % beabsichtigen sogar, öfter als dreimal pro Jahr zu investieren.

16.2 Crowdfunding-Syndizierung auf AngelList

Seit der Unterschrift des Präsidenten Barack Obama unter den JOBS Act hat sich in den USA eine Crowdinvesting-Industrie entwickelt, die begierig auf die Umsetzung des CROWDFUND Acts wartet.

Es haben sich zahlreiche Crowdinvesting-Plattformen entwickelt, die sich basierend auf den momentan gegebenen Möglichkeiten auf die akkreditierten Investoren konzentrieren.

Diese ergänzen die bereits seit einigen Jahren in den USA vorhandenen Webplattformen wie AngelList[18] und Gust (AngelSoft)[19] die sich bereits vor dem JOBS Act als Präsentationsplattformen bzw. als Marktplätze für Startups etabliert haben. Auf diesen Plattformen präsentieren sich einerseits Startups (create a „professional investor relations website") und andererseits können akkredierte Investoren (inklusive Venture Capital Geber) sich mit ihren Investments vorstellen.

Sowohl auf AngelList[20] als auch der Plattform Gust registrieren sich Investoren und Startups aus der ganzen Welt: Auf der Ebene der Investoren werden über AngelList als Plattform Syndikate gebildet. Jedes Syndikat steht unter der „Leitung" eines Lead Angels. Diese laden andere Investoren ein, ebenfalls in das jeweilige Startup zu investieren. Das Prinzip beschreibt AngelList mit folgendem Beispiel: Sara will 250 US-$ in ein Startup investieren, davon hat sie selbst 50 US-$. Den Rest syndiziert sie über AngelList. AngelList stellt dem Syndikat eine rechtliche Struktur für jedes individuelle Investment aus dem Syndikat in Form eines Special Purpose Vehicles zur Verfügung.

Weder AngelList noch der leitende Investor erhalten eine Vergütung für die Transaktion als solche. Sie werden ausschließlich im Erfolgsfall, also im Falle eines Exits, mittels des sogenannten Carried Interest oder Carry honoriert.

Damit können Investoren gemeinsam mit bekannten Business Angels investieren, ohne die sonst bei VC Transaktionen üblichen Management Fees zu zahlen. Momentan können sich aufgrund der rechtlichen Bedingungen nur akkreditierte Investoren auf der Plattform registrieren, AngelList will aber nach Inkrafttreten des CROWDFUND Act den Investorenkreis ausweiten.

---

[18] https://angel.co/. Zugegriffen: 26. Mai 2014.

[19] https://gust.com Zugegriffen: 26. Mai 2014.

[20] https://angel.co/investing. Zugegriffen: 26. Mai 2014.

Der Blogger Mark Suster[21] sieht für diese neue interessante Entwicklung im Bereich der Crowdinvestingmöglichkeiten nur Vorteile:

> Solche Syndikate seien schneller beim Deal und leichter für Start-ups zu behandeln als eine Vielzahl von Einzelinvestoren und auch für VCs sei dies ein Vorteil. Vor allem seien sie aber vorteilhaft für die BusinessAngels. Beim Lead sei dies ohnehin klar, aber auch die Follower hätten Vorteile: Durch das „Packaging“ der Anteile werde ihre Marktmacht im Verhältnis zu anderen Investoren größer.

Ein interessanter Ansatz, rechtlich sollte es – solange es sich bei all diesen Investoren um akkreditierte Anleger handelt – keinen Ansatz für die U. S. SEC geben, dieses Modell nicht zu unterstützen. In Deutschland gibt es diesbezüglich noch keinerlei Entwicklungen.

16.3 Beispiele für sonstige US-Crowdinvesting-Plattformen

CircleUp[22], eine Crowdinvesting-Plattform, die sich auf wachstumsstarke Konsumgüterunternehmen konzentriert, hat im Sommer 2013[23] eine Finanzierungsrunde über 7,5 Mio. US-$ von Union Square Ventures, Google Ventures, Maveron and Clayton Christensen's Rose Park Advisors durchgeführt. Die Plattform wurde 2011 von zwei MBA-Studenten gegründet und ist seit April 2012 online.

Mindestanforderung an die auf der Plattform zugelassenen Unternehmen ist ein realisierter Jahresumsatz von 1 Mio. US-$ sowie bereits vorhandene nationale Vertriebskanäle. Die Plattform führt eine umfangreiche Due Diligence der Bewerber vor Zulassung auf der Plattform durch, was in einer rigiden Selektion und in einer Annahmequote von nur 3 % resultiert. Momentan richtet CircleUp sich ausschließlich an akkreditierte Investoren. Es wurde jedoch bereits die Brokerlizenz beantragt, die Plattform will sich zukünftig auch an Kleinanleger wenden. Hinsichtlich der Honorierung der angebotenen Dienstleistungen will sich die Plattform zukünftig an den Sätzen der Investmentbanken orientieren. Das Volumen des eingeworbenen Kapitals beträgt meist um die 1 Mio. US-$. Rory Eakin[24], COO von CircleUp und Mitgründer, ist davon überzeugt, dass mit Einführung des CROWDFUND Act sich ein gewaltiges Finanzpotenzial für seine Unternehmen ergeben wird.

[21] Mark Suster: „Is @AngelList Syndicates Really Such a Big Deal?“ veröffentlicht auf der Webseite bothsidesofthetable, am 29. September 2013, http://www.bothsidesofthetable.com/2013/09/29/is-angellist-syndicates-really-such-a-big-deal/. Zugegriffen: 3. März 2014.

[22] https://www.circleup.com. Zugegriffen: 26. Mai 2014.

[23] J.J. Colao: „Crowdfunding For Food: CircleUp Raises $ 7.5 M from Union Square Ventures“, veröffentlicht auf Forbes, am 7. Mai 2013. http://www.forbes.com/sites/jjcolao/2013/05/07/crowdfunding-for-food-circleup-raises-7-5m-from-union-square-ventures/. Zugegriffen: 3. März 2014.

[24] Jonathan Sandlund: „CircleUp Explored: Crowdfunding Insight from Co-Founder, Rory Eakin“, veröffentlicht am 4. Februar 2013 http://www.thecrowdcafe.com/equity-crowdfunding-circleup-interview/. Zugegriffen: 3. März 2014.

Wefunder[25]), ein YCombinator Startup, will ebenfalls im securitiesbasierenden Crowdfunding tätig werden. Ab einem Investment von 1000 US-$ können Unternehmensanteile erworben werden. Bei den bis dato auf der Plattform finanzierten Projekten handelt es sich ausschließlich um YCombinator-Projekte. Auch diese Plattform konzentriert sich momentan gezwungenermaßen auf akkreditierte Investoren und wartet begierig auf die Umsetzung des Teil. III des JOB Acts.

Interessanterweise wird über Wefunder nicht nur in Aktien investiert, manche Startups bieten auch Wandelanleihen an. Eine Wandelanleihe ist ein Darlehen, das in Eigenkapital umgewandelt wird, sobald anhand von Finanz- und Wirtschaftsberichten eine Bewertung erstellt werden kann und ein fairer Preis ermittelt wird. Wandelanleihen werden oft für Seedfinanzierungsrunden verwendet, da sie die schwierige Aufgabe der Bewertung des Unternehmens zu einem Zeitpunkt hinausschieben, sofern aufgrund mangelnder Vergangenheitsergebnisse keine Bewertung erstellt werden kann. Mittels einer Wandelanleihe kann das Startup zwar über das Geld sofort verfügen, aber die Anzahl der Aktien, die die Investoren bekommen, wird erst bei der nächsten Finanzierungsrunde bestimmt. Bis dahin weist das Unternehmen eine operative Geschichte auf, die es ermöglichen sollte, eine faire Bewertung zu erstellen.

Zwei weitere wichtige Komponenten der Wandelanleihe sind

- der Zinssatz: Wandelanleihen sind technische Darlehen. Im Gegensatz zu herkömmlichen Darlehen werden diese Zinsen jedoch in zusätzliche Aktien bei Wandlung in Aktien übertragen.
- Fälligkeit: Die Fälligkeit bestimmt, wann der Umtausch fällig ist bzw. wann, wenn kein Umtausch aufgrund einer nicht zustande gekommenen Finanzierungsrunde stattfinden kann, die Anleihe rückzuzahlen ist.

16.4 Rechtliche Grundlagen für Crowdlending-Plattformen in den USA

Die US-Börsenaufsicht SEC drohte am 24. November 2008 der amerikanischen P2P-Plattform Prosper mit einer Unterlassungsklage, sollte sie weiterhin gegen den „Securities Act of 1933" verstoßen. Hauptangriffspunkte der U. S. SEC waren dabei, dass offensichtlich ein Angebot oder der Verkauf von Wertpapieren ohne eine Registrierung oder eine gültige Befreiung von der Registrierung seitens der U. S. SEC durch die Plattform erfolgte.

Nach neunmonatigen Verhandlungen mit der U. S. SEC durfte Prosper im Juli 2009 seine Geschäfte mit einigen Auflagen fortführen. Die aus dieser Intervention entstandenen wichtigsten Änderungen bei Prosper sind (Koch, 2013, Seite 52ff):

[25] https://www.wefunder.com. Zugegriffen: 26. Mai 2014.

- Registrierung nach Formblatt S-1 des „Securities Act of 1933“ bei der U. S. SEC.
- Eröffnung der Trading-Plattform „FolioInvesting“: Einer der Kritikpunkte der U. S. SEC war, dass die kreditnehmenden Personen zwar vorzeitig ihre Kredite tilgen durften, die kreditgebenden Personen diese Möglichkeit jedoch nicht vorfanden. Aus diesem Grund eröffnete Prosper eine Handelsplattform, über die Anleger die Schuldscheine handeln konnten und es ihnen somit ebenfalls möglich war, vorzeitig aus dem Kreditengagement auszusteigen. Diesbezüglich wurde auch ein eigener Wertpapierprospekt über 500 Mio. US-$ an Schuldverschreibungen bei der U. S. SEC eingereicht.
- Abänderung des Geschäftsmodelles durch Einführung eines Bewertungsmodelles für die potenziellen Kreditnehmer, um das Kreditrisiko für die Anleger ersichtlich zu machen. Nach dem neuen Geschäftskonzept bestimmen nicht mehr die kreditgebenden Personen im Rahmen einer Auktion über den Zinssatz; vielmehr wird der Zinssatz nach Feststellung der Bonität der kreditnehmenden Personen errechnet. Die Anlegerinnen und Anleger können sich dann anhand des festgelegten Zinssatzes entscheiden, ob sie sich an der Kreditvergabe beteiligen.

Auch die rigide Vorgangsweise der U.S. SEC anhand des Beispiels Prosper zeigt, wie sehr und wie intensiv sich die Finanzmarktaufsicht in den Vereinigten Staaten mit dem Thema Crowdfunding auseinandersetzt.

Ausblick

Die nächsten Jahre werden entscheidend sein für den Erfolg der alternativen Finanzierungsform Crowdfunding. Wünschenswert wäre die rasche Schaffung eines regulatorischen Umfelds sowohl in Europa als auch in den USA, das die Rahmenbedingungen für eine entsprechende Entwicklung dieser Finanzierungsform unter Berücksichtigung der Interessen aller Beteiligten sichert. Vorbildwirkung könnte dabei die britische Vorgangsweise haben, denn sowohl die aktuellen Kombinationsmöglichkeiten der steuerlichen Förderinstrumente (EIS oder SEIS) mit Crowdinvestingaktivitäten als auch die direkten Förderungen der Crowdlendingaktivitäten durch die Business Finance Partnership[1] (vgl. Abschn. 10.2) unterstützen die Entwicklung der neuen alternativen Finanzierungsmethoden massiv.

Weitere für den Erfolg dieser neuen Finanzierungsform entscheidende Themen der Zukunft sind:

- Realisierbarkeit von Skaleneffekten im europäischen Raum;
- Nutzung digitaler Währungen auch im Crowdfundingbereich; durch die prognostizierbare Zunahme der grenzüberschreitenden Transaktionen verbunden mit dem bestehenden hohen Druck auf die Transaktionskosten und der zunehmende Brisanz des Themas Anonymität wird das Thema digitale Währung auch im Crowdfundingbereich immer aktueller.
- Entwicklung von Sekundärmärkten für die auf den Crowdinvesting-Plattformen erworbenen Anteile.
- Nutzung der neuen Finanzierungsformen auch durch Unternehmen, deren Geschäftszweck nicht web-affin ist bzw. auf spätere Finanzierungsphasen und andere Finanzierungszwecke von Unternehmen (z. B. Sanierungsfinanzierung).

Wir stehen wohl erst am Anfang einer jedenfalls sehr interessanten Entwicklung.

[1] https://www.gov.uk/government/policies/making-it-easier-to-set-up-and-grow-a-business-6/supporting-pages/encouraging-private-sector-investment. Zugegriffen: 1. Juni 2014.

E. Sixt, *Schwarmökonomie und Crowdfunding,* DOI 10.1007/978-3-658-02929-6

Druck: KN Digital Printforce GmbH · Schockenriedstraße 37 · 70565 Stuttgart